计算机应用基础

于 辉／主编

容 强　孟金昌　唐坤剑　史克红　刘 鹏　杜广周／副主编

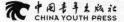
CHINA YOUTH PRESS

图书在版编目（CIP）数据

计算机应用基础 / 于辉主编 . — 北京：中国青年出版社，2011.9

ISBN 978-7-5153-0208-9

I. ①计 … II. ①于 … III. ① 电子计算机 – 中等专业学校 – 教材 IV. ① TP3

中国版本图书馆 CIP 数据核字（2011）第 186617 号

计算机应用基础

于辉　主编

容强　孟金昌　唐坤剑　史克红　刘鹏　杜广周　副主编

出版发行：中国青年出版社

地　　址：北京市东四十二条 21 号

邮政编码：100708

电　　话：（010）59521188 / 59521189

传　　真：（010）59521111

企　　划：北京中青雄狮数码传媒科技有限公司

策划编辑：郭 光　　张 军

责任编辑：刘美辰

封面设计：王 蓉

印　　刷：北京联兴盛业印刷股份有限公司

开　　本：787 × 1092　1/16

印　　张：20

版　　次：2011 年 9 月北京第 1 版

印　　次：2011 年 9 月第 1 次印刷

书　　号：ISBN 978-7-5153-0208-9

定　　价：39.80 元

本书如有印装质量等问题，请与本社联系　电话：（010）59521188 / 59521189

读者来信：reader@cypmedia.com

如有其他问题请访问我们的网站：www.lion-media.com.cn

"北大方正公司电子有限公司"授权本书使用如下方正字体。

封面用字包括：方正雅宋系列

前　言

进入 21 世纪以来，科技发展更加迅猛，高端技术日新月异，使得计算机技术得以更加广泛地应用，计算机日益渗透于生活、学习、工作的各个角落，不掌握计算机技术将是新一代的"文盲"。有鉴于此，计算机技术已成为当今科技时代下人人必须具备的基本技能。

本书根据计算机日常操作需要、对学生的学习情况研究和笔者多年的教学探索，将计算机应用技术基础知识归纳为"计算机基础"（计算机的发展、应用，键盘指法练习以及计算机中信息的表示形式）、"计算机硬件组成"、"计算机操作系统"（DOS、Windows Server 2003、Unix、Linux 等）、"中文 Windows XP 操作系统"、"计算机网络"、"Internet 的应用"、"计算机的安全"、"Word 2007"、"Excel 2007"、"PowerPoint 2007"、"多媒体技术"、"常用工具软件" 12 大部分，并对各部分中的基本知识、重要内容进行了详细讲解。

全书并非单独对知识点进行讲解，而是将知识点融入到大量具体的实际例子中，通过详细的操作步骤对例子进行讲解的同时使读者自然地学会、掌握这些知识点；并在每章末尾结合该章内容附有填空、选择、问答和上机操作等丰富题型，通过练习这些习题达到巩固所学知识和进行举一反三的目的。同时，本书采用通俗易懂的语言对各知识点进行讲解，尽量避免艰涩、难懂的专业术语出现，旨在让初学者能快速入门、熟练掌握，从而高效应用于工作、生活、学习中去。

本书图文并茂、层次清晰、语言通俗、步骤简洁、提示丰富，不仅适合想要快速入门的计算机初学者，也适合作为职业学校和电脑培训班的相关教材，以及具有相关计算机知识读者的参考书。

由于编者水平有限，加之时间仓促、疏漏之处在所难免，恳请各位读者、朋友批评指正。

作　者

目　　录

第四章 中文 Windows XP 操作系统

第七章　计算机的安全

第八章　Word 2007

第十章 PowerPoint 2007

第一章　计算机基础

1.1　计算机的发展及应用

电子数字计算机是可自动进行高速度算术和逻辑运算的电子设备，它的发明和应用标志着人类文明进入了一个新的历史阶段。可以说在人类发展史上，电子数字计算机的发明引起了一场影响极为深远的电子革命。

1.1.1　计算机的诞生

1. 计算机定义

计算机（Computer）是一种能接收和存储信息，并按照存储在其内部的程序（这些程序是人们意志的体现）对输入的信息进行加工、处理，然后把处理结果输出的高度自动化的电子设备。现代计算机也称为电脑或电子计算机，本书此后简称为计算机，它能代替人的部分脑力劳动。

计算机具有以下几个特征。

（1）运算速度快。

（2）计算精度高。

（3）具有记忆能力和逻辑判断能力。

（4）程序运行自动化。

2. 计算机的诞生

计算机孕育于英国，诞生于美国，遍布于全世界。对计算机的发展贡献最大的是英国的阿伦·马西森·图灵（Alan Mathison Turing，1912~1954年）和美籍匈牙利人约翰·冯·诺依曼（John Von Neumann，1903~1957年）。

美国于1946年2月14日正式通过验收名为ENIAC（Electr-onic Numerical Integrator And Calculator）的电子数值积分计算机，宣告了人类第一台电子计算机的诞生。当时的电子数值积分计算机占地约170平方米，重达30吨，使用了约18000多个电子管，而运算的速度仅约5000次/秒，操作运

图 1-1　世界上第一台计算机

行也相当复杂。在当时它并不具备现代计算机的主要原理特征——存储程序和程序控制，但是却标志着计算机的诞生。

人类第一台具有内部存储程序功能的电子离散变量自动计算机（Electronic Discrete Variable Automatic Computer，EDVAC）是根据冯·诺依曼的构想制造成功的，并于1952年正式投入运行。

冯·诺依曼的构想在EDVAC上体现为如下特征。

（1）采用了二进制表示程序和数据。

（2）能存储程序和数据，并能自动控制程序的执行。

（3）具备运算器、控制器、存储器、输入设备和输出设备5大基本部分。

事实上，世界上第一台实现程序内存的计算机是英国剑桥大学的威尔克斯（M. V. Willkes）根据冯·诺依曼的思想领导设计的电子延迟存储自动计算器（Electronic Delay Storage Automatic Calculator，EDSAC）。冯·诺依曼提出的程序内存的思想和他规定的计算机硬件的基本结构沿袭至今，因此程序内存工作原理也称为冯·诺依曼原理。人们也常把发展至今的整个4代计算机习惯地称为"冯氏计算机"或"冯·诺依曼式计算机"。

1.1.2 计算机的发展阶段

计算机的发展，从一开始就和电子技术，特别是半导体微电子技术和通信技术紧密相关。按照构成计算机所采用的电子器件及其电路的不同，把计算机划分为若干"代"，用"代"来标志计算机的发展，这已成为一种常识。

电子计算机的发展按电子逻辑器件可划分为4代。

第一代计算机（1946年~1957年），电子管时代，用光屏管或汞延时电路作为存储器，输入和输出采用穿孔纸带或卡片。软件处于初始阶段，没有系统软件，语言只有机器语言或汇编语言。应用以科学计算为主。

第二代计算机（1958年~1964年），晶体管时代，用磁芯和磁鼓作为存储器，产生了高级程序设计语言和批量处理系统。应用领域扩大至数据处理和事务处理，并逐渐用于工业控制。

第三代计算机（1965年~1970年），中小规模集成电路时代，主存储器开始采用半导体存储器，外存储器有磁盘和磁带，有操作系统和标准化的程序设计语言与人机会话式的Basic语言。不仅应用于科学计算，还应用于企业管理、自动控制、辅助设计和辅助制造等领域。

第四代计算机（1970年至今），超大规模集成电路时代，计算机的应用涉及各个领域，如办公自动化、数据库管理、图像识别、语音识别、专家系统，并且进入了家庭。

上述四代计算机的发展总结如表1-1所示。

表 1-1 计算机的发展

代别	起止年份	代表机器	硬件			软件	应用领域
			逻辑元件	主存储器	其他		
第一代	1946~1957	ENIAC ADVCA UNIVAC-1 IBM-704	电子管	水银、延迟线、磁鼓、磁片	输入、输出主要采用穿孔卡片	机器语言、汇编语言	科学计算
第二代	1958~1964	IBM-7090 ATLAS	晶体管	普遍采用磁芯	外存开始采用磁带、磁盘	高级语言、管理程序、监控程序、简单操作系统	科学计算、数据处理、事务管理
第三代	1965~1970	IBM-360 CDC-6000 PDP-11 NOVA	集成电路	磁芯、半导体	外存普遍采用磁带、磁盘	多种功能较强的操作系统、会话式语言	实现标准化、系列化，应用各个领域
第四代	1970至今	IBM-4300 IBMPC	超大规模集成电路	半导体	各种专用外设、大容量磁盘、光盘	可视化操作系统、数据库、多媒体、网络软件	广泛应用于所有领域

1.1.3 计算机的分类及性能指标

1. 计算机的分类

计算机可按信息表示方式、用途或规模等进行多方面划分，如图1-2所示。

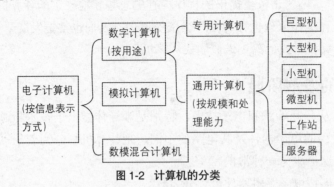

图 1-2 计算机的分类

按信息表示方式可把计算机划分为以下三类。

（1）数字计算机：计算机处理时输入和输出的数值都是数字。按用途可分为以下两类。

1）专用机：适用于解决某个特定方面的问题，配有用于解决这些问题的软件和硬件，如生产过程自动化控制、工业智能仪表等专门应用。

2）通用机：适用于解决多种一般问题，该类计算机使用领域广泛、通用性较强，在科学计算、数据处理和过程控制等多种用途中都能适应。通用机按规模又可分为以下6类。

①巨型计算机：应用于国防尖端技术和现代科学计算中。巨型机的运算速度可达每秒百万亿次，是否能够研制巨型机是衡量一个国家经济实力和科学水平的重要标志。

②大型计算机：具有较高的运算速度，每秒可以执行几千万条指令，而且有较大的存储空间。常用于科学计算、数据处理等高难度计算。

③小型计算机：规模较小、结构简单、对运行环境要求较低，一般应用于工业自动控制、测量仪器、医疗设备中的数据采集等方面。小型机在辅助巨型计算机系统方面也起了重要作用。

④微型计算机：中央处理器（CPU）采用微处理器芯片，体积小巧轻便，广泛用于商业、服务业、工厂的自动控制，办公自动化以及大众化的信息处理。

⑤工作站：以个人计算环境和分布式网络环境为前提的高机能计算机，工作站不单纯是进行数值计算和数据处理的工具，还是支持人工智能作业的作业机，通过网络连接包含工作站在内的各种计算机可以互相进行信息的传送、资源和信息的共享以及负载的分配。

⑥服务器：在网络环境下为多个用户提供服务的共享设备，一般分为文件服务器、打印服务器、计算服务器和通信服务器等。

（2）模拟计算机：处理的数据对象为连续的电压、温度、速度等模拟数据。

（3）数字模拟混合计算机：输入和输出的数值既可是数字也可是模拟数据。

2. 计算机的性能指标

不同用途的计算机对不同部件的性能指标要求有所不同。例如：对于以科学计算为主的计算机，其对主机的运算速度要求很高；对于以大型数据库处理为主的计算机，其对主机的内存容量、存取速度和外存储器的读写速度要求较高；对于用于网络传输的计算机，则要求有很高的I/O速度，因此应当有高速的I/O总线和相应的I/O接口。

（1）运算速度

计算机的运算速度是指计算机每秒钟执行的指令数。单位为每秒百万条指令（简称MIPS）或者每秒百万条浮点指令（简称MFPOPS）。它们都是用基准程序来测试的。影响运算速度的有如下几个主要因素。

1）CPU的主频。指计算机中央处理器的时钟频率。它在很大程度上决定了计算机的运算速度。例如，Intel公司的CPU主频最高已达3.20GHz以上，AMD公司的可达400MHz以上。

2）字长。CPU进行运算和数据处理的最基本、最有效的信息位长度。PC机的字长已由准16位（运算用16位，I/O用8位）发展到现在的32位、64位。

3）指令系统的合理性。每种机器都设计了一套指令，一般均有数十条到上百条，例如：加、浮点加、逻辑与、跳转等等，它们一起组成了指令系统。

（2）存储器的指标

1）存取速度。内存储器完成一次读（取）或写（存）操作所需的时间称为存储器的存取时间或者访问时间。而连续两次读（或写）所需的最短时间称为存储周期。对于半导体存储器来说，存取周期约为几十到几百ns（10^{-9}秒）。

2）存储容量。存储容量一般用字节（Byte）数来度量。PC机的内存储器已由286机配置的1MB，发展到现在Intel酷睿i7配置的8GB，甚至最大32GB。内存容量的加大，对于运行大型软件十分必要，否则会慢到让人无法忍受。

（3）I/O速度

主机I/O的速度，取决于I/O总线的设计。这对于慢速设备（如键盘、打印机）影响不大，但对于高速设备则很重要。现在的硬盘其外部传输率已可达20Mb/s、40Mb/s以上。

1.1.4 计算机的发展趋势

计算机的发展趋势为：巨型化、微型化、网络化、智能化和多媒体化。

1. 巨型化

巨型化是指发展高速、存储容量较大和功能强大的巨型计算机，这主要是为了满足如原子、天文、核技术等尖端科学以及探索新兴领域的需要。巨型化水平反映了一个国家科学技术的发展水平。

2. 微型化

因大规模、超大规模集成电路的出现，计算机迅速向微型化方向发展。因为微型计算机可以渗透到仪表、家电、导弹弹头等中、小型机无法进入的领域，所以21世纪以来发展异常迅速。

3. 网络化

计算机网络是计算机技术发展的又一重要分支，是现代通信技术与计算机技术相结合的产物。网络化就是利用现代通信技术和计算机技术，将分布在不同地点的计算机连接起来，按照网络协议互相通信，共享软件、硬件和数据资源。

4. 智能化

第五代计算机要实现的目标是"智能"计算机，让计算机模拟人的感觉、行为、思维过程，使计算机具有视觉、听觉、语言、推理、思维、学习等能力，成为智能型计算机。

5. 多媒体化

多媒体是指"以数字技术为核心的图形、声音与计算机、通信等融为一体的信息环境"，实质上是利用计算机以更接近自然的方式交换信息。

1.1.5 计算机的应用领域

计算机的应用范围，从大的方面可以分为数值处理和非数值处理。按其应用特点可分为科学计算、信息处理、过程控制、计算机辅助系统、多媒体技术、计算机通信、人工智能等。

1. 科学计算

指将计算机应用于完成科学研究和工程技术中所提出的数学问题（数值计算）。一般要求计算机速度快、精度高，存储容量相对大。科学计算是计算机最早的应用方面。

2. 信息处理

信息处理主要是指非数值形式的数据处理，包括对数据资料的收集、存储、加工、分类、排序、检索和发布等一系列工作。信息处理包括办公自动化（OA）、企业管理、情报检索、报刊编排处理等。特点是要处理的原始数据量大，而算术运算较简单，有大量的逻辑运算与判断，结果要求以表格或文件形式存储、输出。要求计算机的存储容量大，对速度的要求则不高。信息处理目前应用最广，占所有应用的80%左右。

3. 过程控制

把计算机用于科学技术、军事领域、工业、农业等各个领域的过程控制。且计算机控制系统中，需有专门的数字-模拟转换设备和模拟-数字转换设备（称为D/A转换和A/D转换）。由于过程控制一般都是实时控制，有时对计算机速度的要求不高，但要求可靠性高、响应及时。

4. 计算机辅助设计 / 计算机辅助制造（CAD/CAM）

计算机辅助设计CAD（Computer Aided Design）和计算机辅助制造CAM（Computer Aided Manufacturing）是工程设计人员和工艺设计人员在计算机系统的辅助下，根据一定的设计和制造流程进行产品设计和加工工作的专门技术。CAD/CAM是工程设计和工业制造部门计算机应用的领域。其特点是有大量的图形交互操作。

将CAD/CAM和数据库技术、网络技术等集成在一起，形成计算机集成制造系统（CIMS）技术，可实现设计、制造和管理的高度自动化。

目前流行的计算机辅助教学（CAI,Computer Assisted Instruction）使用于很多课程教学，更适用于学生个体化、自主学习。

5. 多媒体技术

把数字、文字、声音、图形、图像和动画等多种媒体有机组合起来，利用计算机、通信和广播电视技术，使它们建立起逻辑联系，并能进行加工处理（包括对这些媒体的录入、压缩和解压缩、存储、显示和传输等）的技术。目前多媒体计算机技术的应用领域正在不断拓宽，除了知识学习、电子图书、商业及家庭应用外，在远程医疗、视频会议中都得到了极大的推广。

6. 计算机通信

是计算机技术与通信技术结合的产物，计算机网络技术的发展将处在不同地域的计算机用通讯线路连接起来，配以相应的软件，达到资源共享的目的。

7. 人工智能

研究解释和模拟人类智能、智能行为及其规律的一门学科。其主要任务是建立智能信息处理理论，进而设计可以展现某些近似于人类智能行为的计算系统。人工智能学科包括：知识工程、机器学习、模式识别、自然语言处理、智能机器人和神经计算等多方面的研究。

1.2 键盘指法练习

键盘指法练习对于熟练使用计算机有着非常重要的意义。

1.2.1 熟悉键盘布局

熟悉键盘布局是进行指法练习的第一步。

1. 键盘概述

键盘是最常用也是最主要的输入设备，通过键盘，可以将英文字母、数字、标点符号等输入到计算机中，从而向计算机发出命令、输入数据等。键盘的按键有83键、93键、96键、101键、102键、104键、106键、108键等，目前最为普遍的是101键和104键的键盘。

2. 键盘分类

一般台式机键盘的分类可以根据按键数、按键工作原理、键盘外形分类。

按照键盘的工作原理和按键方式的不同，可以划分为以下4种。

（1）机械式键盘。采用类似金属接触式开关，工作原理是使触点导通或断开，具有工艺简单、易维护的特点，缺点是噪音大。

（2）塑料薄膜式键盘。塑料薄膜式键盘内部是一片双层胶膜，胶膜中间夹有一条条的银粉线，胶膜与塑料薄膜式键盘结构按键对应的位置会有一碳心接点，按下按键后，碳心接触特定的几条银粉线，即会产生不同的讯号。就如机械式键盘的按键一样，每个按键都可送出不同的讯号。这种键盘的特点在于按键时噪音较低，每个按键下面的弹性硅胶可做防水处理，万一不小心将水倒在键盘上，较不易造成损坏，因此薄膜键盘又称为无声防水键盘。其优点是：无机械磨损、低价格、低噪音和低成本。

（3）导电橡胶式键盘。触点的结构是通过导电橡胶相连。键盘内部有一层凸起带电的导电橡胶，每个按键都对应一个凸起，按下时把下面的触点接通。

（4）电容式键盘。使用类似电容式开关的原理，通过按键时改变电极间的距离引起电容容量改变，从而驱动编码器。特点是无磨损且密封性较好。

3. 键盘分区配置

标准键盘面可分为以下4个区。

（1）功能键区包括F1~F12共12个键，分布在键盘左侧最上一排。在不同软件系统环境下功能键作用也有所不同。用户可以根据软件的情况自己加以定义。

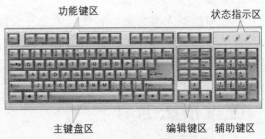

图1-3 常见键盘   图1-4 常用计算机键盘键位分布

（2）主键盘区（又称英文主键盘区、字符键区），包括：字母键、数字键、运算符号键、特殊键（!@＃$&*_，。；''"等）、特定功能符号键，在104键的Windows键盘中还增加了两个Windows徽标键和一个功能菜单键。主键盘区的按键如下。

1）双符号键：包括字母、数字、符号键等48个。

2）Esc键：强行退出键。中止程序执行，在编辑状态下放弃编辑的数据。

3）Tab键：跳格键。用来右移光标，每按一次向右跳8个字符。也可用来切换选定对象。

4）Caps Lock键：大小写字母转换键。系统默认输入的字母为小写，按下CapsLock指示灯亮，输入的是大写字母，灯灭时输入的是小写字母。

5）Shift键：换档键，适用于双符号键。按住Shift键再按某个双符号键，输入该键的上档字符。Shift键也能进行大小写字符转换。

6）Ctrl键：控制键。此键一般与其他键同时使用，实现某些特定的功能。

7）Alt键：组合键。此键一般与其他键同时使用，完成某些特定的操作，特别常用于汉字输入方式的转换。

8）Enter或Return键：Enter键。换行或确认操作。

9）Backspace或←键：退格键。用来删除当前光标所在位置前的字符，且光标左移。

（3）编辑键区，包括Print Screen键、Scroll Lock键、Pause Break键、Insert键、Delete键、Home键、End键、Page Up键、Page Down键以及方向键。

1）Print Screen键：屏幕拷贝键。若使用Shift+Print Screen快捷键，打印机将屏幕上显示的内容打印出来，如使用Ctrl+Print Screen快捷键，则打印任何由键盘输入及屏幕显示的内容，直到再次按这两个键。

2）Scroll Lock键：屏幕锁定键。当屏幕处于滚动显示状况时，若按下该键，键盘右上角的Scroll Lock指示灯亮，屏幕停止滚动，再次按此键，屏幕再次滚动。

3）Pause Break键：强行中止键。按此键暂停屏幕的滚动。同时按Ctrl键和Pause Break键，可以中止程序的执行。

4）Insert键：插入键。在当前光标处插入一个字符，或切换插入/改写状态。

5）Delete键：删除键。删除当前光标所在位置后的字符，或删除选定文件。

6）Home键：视图切换到页面的顶部，或光标移动到本行第一个字符前。

7）End键：视图切换到页面的底部，或光标移动到本行中最后一个字符后。

8）Page Up键：翻页键。按键向前翻一页。

9）Page Dowm键：翻页键。按键向后翻一页。

10）→ ← ↑ ↓键：方向键。

（4）辅助键区（又叫小键盘区），有0~9共10个数字键、运算符号键和键盘锁定键。

Num Lock键：键盘锁定键。按下此键，键盘右上方的Num Lock指示灯亮，可启用各数字键的运算功能（输入数字和运算符）。再按此键，指示灯灭，则启用数字键的编辑功能（与编辑键区中各键功能相同）。

1.2.2 熟悉常用输入法

常用的汉字输入法主要有：五笔字型输入法、智能ABC输入法、全拼输入法等。

五笔字型输入法（形码）的优势在于适用面广，速度较快，受南、北方言的限制少，只要见到汉字就可以输入。但它相对其他输入法更为难学、难记。

智能ABC输入法可以只输入拼音的开头来进行智能的汉字输入，受到许多人的青睐。

全拼输入法（音码）相对容易学一些，只要会说普通话就可以进行汉字输入，其缺点是：单字重码率高，汉字的输入速度较慢，南方人用起来较困难。

按下Ctrl+Shift快捷键，可以在已装入的输入法之间进行切换。中文输入法与英文输入法之间的切换也可以按住Ctrl键的同时按下空格键。

另一种切换输入法的操作是单击任务栏右边的输入法按钮，然后单击想要的输入法，屏幕下方会出现所选输入法的工具栏。如图1-5所示。

图1-5 切换输入法

1. 全拼输入法

（1）输入单个汉字

以"学"字为例，具体输入步骤如下。

Step 01 切换到中文输入状态，选择全拼输入法。

Step 02 依次输入"学"字的汉语拼音字母x、u、e，屏幕上列出相应的汉字，如图1-6所示。

Step 03 按"学"所对应的数字键1或用鼠标单击"学"字，"学"字就显示在插入点所在的位置上。

图1-6 用全拼输入法输入"学"字

（2）字母ü的处理

在全拼输入法中，一般用英文字母v来代替拼音字母ü。以"绿"字为例，具体步骤如下。

Step 01 进入中文输入状态，选择全拼输入法。

Step 02 依次输入"绿"字的汉语拼音字母l、v，屏幕上列出相应的汉字，如图1-7所示。

Step 03 按"绿"所对应的数字键1，"绿"字就显示在插入点所在的位置上。

图1-7 用全拼输入法输入"绿"字

（3）翻页查找

汉字中的同音字很多，当同音字多于10个时，提示行就不能显示出所有的同音字。如果没有出现所需的汉字，可以按方向键向前或向后翻页查找。以"辈"字为例，如图1-8、图1-9所示。

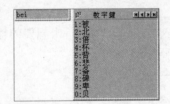

图1-8 输入"bei"后提示文字

图1-9 按方向键翻页后提示文字

（4）输入词语

输入词语的基本方法是：依次输入每个字的拼音字母，然后在提示行选取需要的词语。

如果要输入"汉字"一词，依次输入"汉字"的汉语拼音字母h、a、n、z、i，屏幕上列出相应的汉字，按数字键1，即可输入"汉字"。

（5）利用查询键

全拼输入法的查询键是？键。其操作过程为：在输入任何有效字母后，键入？键，系统会在提示区显示以这个字母开始编码的汉字或符号序列，？代表一位编码，多位查询可键入多个？。

2. 智能 ABC 输入法

（1）简拼输入

如果对汉语拼音把握不甚准确，可以使用简拼输入。规则：取各个音节的第一个字母组成，对于包含zh、ch、sh的音节，也可以取前两个字母组成。

例如：长城 changcheng的简拼可为c'c，c'ch，ch'c，ch'ch。

隔音符号'是汉语拼音使用的特殊符号，例如xian（先），在加入隔音符号后为xi'an（西安），拼音含义发生变化。

（2）混拼输入

汉语拼音开放式、全方位的输入方式即是混拼输入。规则：两个音节以上的词语，有的音节全拼，有的音节简拼。隔音符号在混拼时起着分隔音节的重要作用。

例如：金沙江 jinshajiang可混拼为jin's'j或j'sha'j。

（3）笔形输入

笔形输入的方法如下。

1）进入笔形输入：用鼠标右键单击"智能ABC输入法"状态条，屏幕上就会出现"属性设置"选项，单击"属性设置"选项，即可进入"智能ABC输入法设置"对话框。勾选"笔形输入"复选框，最后单击"确定"按钮可进入笔形输入。

2）独体字的取码：按笔画顺序取码。

3）合体字的取码：可以分为左右、上下或内外两块的字称为合体字。合体字的输入方法是每个字块最多取三个笔画，如果第一个字块不足三笔，则按顺序取第二个字块的笔画。

（4）双打输入

双打输入规则：一个汉字在双打方式下，击键次数奇次为声母，偶次为韵母。

有些汉字只有韵母，称为零声母音节，输入时要选奇次键入o字母（o被定义为零声母），再击键偶次输入韵母。

提示：

1）在双打状态，下列输入不起双打作用。

①大写字母；

②第一键为u，u用于输入用户定义的新词；

③第一键为i或I，用于输入中文数量词。

2）在双打状态下，简拼的输入全部采取大写。

3. 五笔字型输入法

五笔字型汉字输入法是把汉字的笔画形象地概括为"横、竖、撇、捺、折"5种基本笔画（五笔），并考虑了汉字的三种基本字型（左右型、上下型、杂合型）而得名。

（1）了解汉字

1）汉字的层次

汉字由字根组成，字根由笔画构成，笔画、字根、单字是汉字的三个层次。

笔画：汉字的笔画归纳为横、竖、撇、捺、折5种。

字根：由若干笔画复合连接、交叉形成的相对不变的结构组合就是字根。它是构成汉字的最重要、最基本的单位。

单字：字根按一定的位置关系拼合起来就构成了单字。

由此可见，字根是构成汉字的最基本的单位，字根是汉字的灵魂，笔画只起辅助作用。

2）汉字的基本笔画

不间断地一次连续写成的一个线条叫作汉字的一个笔画。在五笔字型方法中，汉字的笔画有横、竖、撇、捺（点）、折5种。

3）汉字的字型

汉字分为三种类型：左右型、上下型、杂合型。左右、上下两型称合体字。两部分合在一起的汉字称为双合字，三部分合在一起的汉字称为三合字。杂合型分单体、内外、包围三种类型。

4）汉字的结构

①单体结构：指基本字根本身就单独成为一个汉字。这种字根叫作成字字根。

②离散结构：指构成汉字的基本字根之间的相互位置关系为左右、上下、杂合之一。

③连笔结构：指一个基本字根连一个单笔画。连的另一种情况是"带点结构"。例如："勺、术、太、主"等。

④交叉结构：指几个基本字根交叉套叠之后构成的汉字。如："夷"是由"一、弓、人"交叉构成的。

提示：

①成字字根有单独编码方法，不必利用字型信息。

②连笔结构的汉字视为杂合型。

③主要对离散结构、交叉结构的汉字，要区分字型。

（2）五笔字型字根总图

常见的五笔输入法有86版和98版，86版较常用，86版五笔字型字根如图1-10所示。

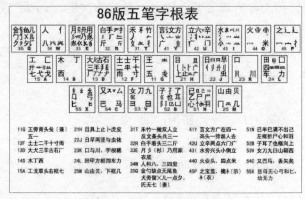

图1-10 86版五笔字型字根总图

（3）基本字根的排列规律

1）与键名字根形态相近。

2）字根的首笔代号与其所在的"区号"保持一致外，另外一部分字根的第二笔代号还与其"位号"保持一致。

3）键位代码还表示了组成字根的笔画种类和数目，即：位号与该键位上复合散笔字根的笔画数目保持一致。

4）有少量字根考虑到形相近，字源相同，便于联想，所以分布规律例外。

（4）字根助记词的理解

1）第一区（横起类）字根助记词

11 王旁青头戈（兼）五一 12 土士二干十寸雨 13 大犬三羊古石厂

14 木丁西 15 工戈草头右框七

2）第二区（竖起类）字根助记词

21 目具上止卜虎皮 22 日早两竖与虫依 23 口与川，字根稀

24 田甲方框四车力 25 山由贝，下框几

3）第三区（撇起类）字根助记词

31 禾竹一撇双人立，反文条头共三一 32 白手看头三二斤 33 月彡（衫）乃用家衣底

34 人和八，三四里 35 金勺缺点无尾鱼，犬旁留×儿一点夕，氏无七（妻）

4）第四区（捺起类）字根助记词

41 言文方广在四一，高头一捺谁人去 42 立辛两点六门扩 43 水旁兴头小倒立

44 火业头，四点米 45 之宝盖，摘ネ（示）ネ（衣）

5）第五区字根（折起类）字根助记词

51 已半巳满不出己，左框折尸心和羽 52 子耳了也框向上 53 女刀九臼山朝西

54 又巴马，丢矢矣 55 慈母无心弓和匕，幼无力

（5）五笔字型汉字拆分原则

1）汉字的结构拆分

通常先根据之前介绍过的汉字结构进行拆分，特殊字型要特别对待。

连笔结构拆成为单笔与基本字根。交叉结构或交连混合结构按书写顺序拆分成为几个已知的最大字根，以增加一笔不能构成已知字根来决定笔画分组。

2）汉字的末笔字型交叉识别码

末笔字型交叉识别码是用来避免产生重码的，根据汉字字型结构和最后一笔的笔画来确定，如表1-2所示，当汉字的全码少于4位时可用。例如，"她"字拆分为"女"和"也"，五笔码为v、b，但输入"v、b"后首选字是"好"，这时如再输入"她"的识别码n，首选字即变为"她"。

拆分口诀：

能散不连，兼顾直观；能连不交，取大优先。

表1-2 汉字的末笔字型交叉识别码

末笔笔画\字型代号	左右型1	上下型2	杂合型3
横1	11（一）G	12（二）F	13（三）D
竖2	21（丨）H	22（刂）J	23（川）K
撇3	31（丿）T	32（彡）R	33（彡）E
捺4	41（、）Y	42（氵）U	43（氵）I
折5	51（乙）N	52（巜）B	53（巛）V

（6）五笔编码输入

1）单个汉字的编码输入

单个汉字的编码规则如下。

五笔字型均直观，依照笔顺把码编；键名汉字打四下，基本字根请照搬；

一二三末取四码，顺序拆分大优先；不足四码要注意，交叉识别补后边。

2）简码的输入

①一级简码（又称高频字）

一级简码就是只需敲打一次键就能出现的汉字，由于五笔字根表中只使用了25个键（Z为学习键），所以一级简码只有25个。

五笔输入法正常情况下打一字需要敲打4次键位，但为了提高输入速度，于是挑选出25个最常用的汉字，将其设置为一级简码。一级简码的出现大大提高了五笔的输入速度、对五笔学习初期也有极大的帮助。

一级简码所包含的25个汉字

一（G）地（F）在（D）要（S）工（A）

上（H）是（J）中（K）国（L）同（M）

和（T）的（R）有（E）人（W）我（Q）

主（Y）产（U）不（I）为（O）这（P）

民（N）了（B）发（V）以（C）经（X）

因这25个汉字为最常用的汉字，如果记住一级简码所对应的汉字，输入速度将大幅度提高。

②二级简码

二级简码共589个，占整个汉字频度的60.04%，指只输入该字的前两个字根码再加上空格键即可出现的汉字。示例如下。

红：纟工 XA   张：弓长 XT   妈：女马 VC   克：古儿 DQ

③三级简码

三级简码由单字的前三个字根码组成，只要一个字的前三个字根码在整个编码体系中是惟一的，一般都选做三级简码，共计有4000个之多。此类汉字，只要打其前三个字根代码再加空格键即可输入。示例如下。

毅：全码UEMC 简码UEM   唐：全码YVHK 简码YVH

4. 学习键 Z 键的使用

在计算机的26个英文字母键上，只有Z键没有安排字根。Z键叫"万能学习键"，用它可以代替其他25个字母键中任何一个键输入汉字。

1.2.3 打字练习

打字练习对于熟练使用计算机有着重要的作用。

1. 打字姿势

正确的打字姿势如下。

（1）身体保持端正，两脚平放。桌椅的高度以双手可平放在桌上为准，桌、椅之间的距离以手指能放在基本键位上为准。

（2）两臂自然下垂，两肘贴于腋边。肘关节呈垂直弯曲状，手腕平直，身体与打字桌的距离为20~30厘米。击键的速度主要取决于手腕，所以手腕要下垂不可弓起。

（3）打字文稿放在键盘的左边，或用专用夹夹在显示器旁边。打字时眼观文稿，身体不要跟着倾斜，开始时一定不要养成看键盘输入的习惯，视线应专注于文稿和屏幕。

（4）应默念文稿，不要出声。

（5）要有充足的光线，这样眼睛不宜疲劳。

2. 基本指法

准备打字时，除拇指外其余的8个手指分别放在基本键上，拇指放在空格键上，十指分工，包键到指，分工明确，如图1-11所示。

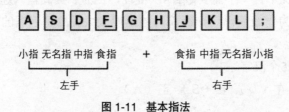

图 1-11 基本指法

每个手指除了指定的基本键外，还分工有其他字键，即范围键。如图1-12所示。

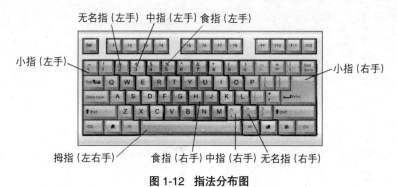

图 1-12　指法分布图

3. 练习的方法

初学打字，掌握适当的练习方法，对于提高自己的打字速度，成为一名打字高手是必要的。

（1）一定要把手指按照分工放在正确的键位上；

（2）有意识地记忆键盘各个字符的位置，体会不同键位上的字键被敲击时手指的感觉，逐步养成不看键盘的输入习惯；

（3）进行打字练习时必须集中注意力，做到手、脑、眼协调一致，尽量避免边看原稿边看键盘，这样容易分散注意力；

（4）初级阶段的练习即使速度慢，也一定要保证输入的准确性。

总之：正确的指法+键盘记忆+集中精力+准确输入=打字高手。

1.3　计算机中信息的表示形式

计算机中信息的表示形式有很多种，而这些形式之间是可以相互转换的。

1.3.1　信息的表示与存储

在计算机中，无论是指令，数值还是非数值数据（文字、图像等）都是用二进制数来表示的，也就是用0和1来表示。

1. 为什么采用二进制数

（1）二进制数容易用物理器件实现。两个物理状态就可以分别代表0和1。

（2）二进制数具有良好的可靠性。因为只有两个物理状态，数据传输和运算过程中，不会因为干扰而发生错误。

（3）二进制运算法则简单。例如在二进制加法中，只需要考虑三种情况。

（4）二进制中使用的1和0，可分别用来代表逻辑运算中的"真"和"假"，可以很方便地实现逻辑运算。

2. 整数在计算机中的表示

二进制数据　十进制数据

00000000　　　0

00000001　　　1

00000010	2
00000011	3
00000100	4
00000101	5
00000110	6
00000111	7

......

01100100	100
01100101	101
01100110	102
01100111	103

......

3. 图像在计算机中的表示

一幅图片可以是由若干个点（像素）组成。图像的大小可用"水平像素×垂直像素"来表示。

每一个像素在计算机中用若干二进制位来表示。例如，一个像素若用8位二进制数表示，则可以表示出256种黑白灰度或256种色彩。如果一个像素用24位二进制表示，则可以表现出1677万种颜色，一般称为真彩色。

1.3.2 信息的存储单位

位（bit）：计算机中存储信息的最小单位。对应一个二进制位，可以是1或者是0。

字节（byte）：8个二进制位构成一个字节。字节常用来衡量计算机的存储容量。

通常1024个字节称为1K字节，记做1KB。

1024KB称为1M字节，记做1MB。

1024MB称为1G字节，记做1GB。

1024GB称为1T字节，记做1TB。

字（word）：计算机中若干个字节组成一个字。CPU中一次操作或总线上一次传输的数据单位（和机器有关）。

字长（word size）：是计算机的一个很重要的区别性特征，指一个字所包含的二进制位数。计算机中常用的字长有8位、16位、32位、64位等。例如：字长是64的计算机，一次操作总线上可以传送64个二进制位。

指令：指挥计算机执行某种基本操作的命令称为指令。一条指令规定一种操作，由一系列有序指令组成的集合称为程序。

1.3.3 进制转换

1. 数制

按进位的原则进行计数，称为进位计数制，简称数制。数制的特点：逢N进一、位权表示。

计算机中除了使用二进制，为了编程方便还常使用八进制、十六进制。

（1）二进制数

二进制数的数码为0、1共两个，进数规则为逢二进一，借一当二。一般用B表示，也可以用2直接标注下标。

（2）十进制数

十进制数的数码为0、1、2、3、4、5、6、7、8、9共10个，进数规则为逢十进一，借一当十。一般可以省略也可用D表示，还可以用10直接标注下标。

（3）八进制数

八进制数的数码为0、1、2、3、4、5、6、7共8个，进数规则为逢八进一，借一当八。一般用O表示，也可以用8直接标注下标。

（4）十六进制数

十六进制数的数码为0、1、2、3、4、5、6、7、8、9、A、B、C、D、E、F共16个，其中数码A、B、C、D、E、F分别代表十进制数中的10、11、12、13、14、15，进数规则为逢十六进一，借一当十六。一般用H表示，也可以用16直接标注下标。

表 1-3 常用计数制的对照表

十进制	二进制	八进制	十六进制
0	0	0	0
1	1	1	1
2	10	2	2
3	11	3	3
4	100	4	4
5	101	5	5
6	110	6	6
7	111	7	7
8	1000	10	8
9	1001	11	9
10	1010	12	A
11	1011	13	B
12	1100	14	C
13	1101	15	D
14	1110	16	E
15	1111	17	F

2. 二进制数转换为十进制数

二进制数要转换成十进制数非常简单，只需将每一位数字乘以它的权2^n，再以十进制的方法相加就可以得到它的十进制的值（注意，小数点左侧相邻位的权为2^0，从右向左，每移一位，幂次加1）。转换原则是按权展开。

例1：$(111010.1)_2 = 1 \times 2^5 + 1 \times 2^4 + 1 \times 2^3 + 0 \times 2^2 + 1 \times 2^1 + 0 \times 2^0 + 1 \times 2^{-1}$

$= 32 + 16 + 8 + 0 + 2 + 0 + 0.5$

$= (58.5)_{10}$

例2：$(101101)_2 = 1 \times 2^5 + 0 \times 2^4 + 1 \times 2^3 + 1 \times 2^2 + 0 \times 2^1 + 1 \times 2^0$

$\qquad = 32 + 0 + 8 + 4 + 0 + 1$

$\qquad = (45)_{10}$

例3：$(10110.011)_2 = 1 \times 2^4 + 0 \times 2^3 + 1 \times 2^2 + 1 \times 2^1 + 0 \times 2^0 + 0 \times 2^{-1} + 1 \times 2^{-2} + 1 \times 2^{-3}$

$\qquad = 16 + 0 + 4 + 2 + 0 + 0 + 0.25 + 0.125$

$\qquad = (22.375)_{10}$

3. 十进制转换为二进制

十进制数据转换成二进制采用的转换原则是：整数部分按"倒序除2取余"的原则进行转换；小数部分按"顺序乘2取整"的原则进行转换。

（1）整数部分

例1：用倒序除2取余法将$(35)_{10}$转换为二进制整数如下。

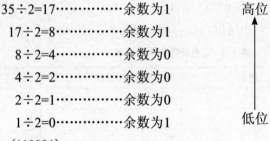

$35 \div 2 = 17 \cdots\cdots\cdots$ 余数为1

$17 \div 2 = 8 \cdots\cdots\cdots$ 余数为1

$8 \div 2 = 4 \cdots\cdots\cdots$ 余数为0

$4 \div 2 = 2 \cdots\cdots\cdots$ 余数为0

$2 \div 2 = 1 \cdots\cdots\cdots$ 余数为0

$1 \div 2 = 0 \cdots\cdots\cdots$ 余数为1

高位 ↑ 低位

故 $(35)_{10} = (110001)_2$

（2）小数部分

例2：用顺序乘2取整法将小数$(0.6875)_{10}$转换为二进制形式如下。

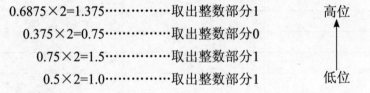

$0.6875 \times 2 = 1.375 \cdots\cdots\cdots$ 取出整数部分1

$0.375 \times 2 = 0.75 \cdots\cdots\cdots$ 取出整数部分0

$0.75 \times 2 = 1.5 \cdots\cdots\cdots$ 取出整数部分1

$0.5 \times 2 = 1.0 \cdots\cdots\cdots$ 取出整数部分1

高位 ↑ 低位

最后剩0结束。

故 $(0.6875)_{10} = (0.1011)_2$

例3：将十进制0.3765转换为二进制小数如下。

$0.3765 \times 2 = 0.753 \cdots\cdots\cdots$ 取出整数部分0

$0.753 \times 2 = 1.506 \cdots\cdots\cdots$ 取出整数部分1

$0.506 \times 2 = 1.012 \cdots\cdots\cdots$ 取出整数部分1

$0.012 \times 2 = 0.024 \cdots\cdots\cdots$ 取出整数部分0

$0.024 \times 2 = 0.048 \cdots\cdots\cdots$ 取出整数部分0

高位 ↑ 低位

以下进入无限循环小数。

故 $(0.3765)_{10} \approx (0.1100)_2$（小数点后保留4位小数）

4. 二进制转换成八进制

将二进制数转换成八进制数的原则是：以小数点为界，将二进制数整数部分从低位开始，小数部分从高位开始，每三位一组，头尾不足三位的补0，然后将各组的三位二进制数分别转换为相应的八进制数，顺序排列。

例：把 $(1101010110011.1111)_2$ 转换为八进制数如下。

 001   101   010   110   011 . 111   100
  1   5   2   6   3 . 7   4

即：$(1101010110011.1111)_2 = (15263.74)_8$

5. 八进制转换成二进制

将八进制数转换成二进制数的原则是：将八进制数每一位分别转换为三位二进制数并顺序排列。

例：把 $(376)_8$ 转换为二进制数如下。

  3   7   6
 011 111 110

即：$(376)_8 = (11111110)_2$

6. 二进制转换成十六进制

将二进制数转换成十六进制数的原则是：以小数点为界，将二进制数整数部分从低位开始，小数部分从高位开始，每4位一组，头尾不足4位的补0，然后将各组的4位二进制数分别转换为相应的十六进制数，顺序排列。

例：把 $(1110101101.01011)_2$ 转换为十六进制数如下。

 0011 1010 1101 . 0101 1000
  3   A   D . 5   8

即 $(1110101101.01011)_2 = (3AD.58)_{16}$

7. 十六进制转换成二进制

将十六进制数转换成二进制数的原则是：将十六进制数每一位分别转换为4位二进制数并顺序排列。

例：把十六进制数35B.3C转换为二进制数如下。

  3   5   B . 3   C
 0011 0101 1011 .0011 1100

即：$(35B.3C)_{16} = (1101011011.001111)_2$

1.4 思考与练习

1. 填空题

（1）世界上第一台电子计算机诞生于_____年_____月。

（2）计算机中的一个字节由_____位二进制数组成。

（3）计算机的发展经历了_____代的发展，今天我们所用的PC机属于第_____代。

2. 计算题

（1）将二进制数 $(1011.101)_2$ 转换成十进制数。

（2）将二进制数 $(1011.011)_2$ 转换成十进制数。

（3）将十进制数 $(115.625)_{10}$ 数转换成二进制数。

（4）将十进制数 $(255.125)_{10}$ 数转换成二进制数。

（5）将八进制数 $(35)_8$ 转换成十进制数和二进制数。

（6）将十六进制数 $(E3)_{16}$ 转换成十进制数、二进制数和八进制数。

3. 简答题

（1）冯·诺依曼计算机的三个基本特征是什么？

（2）计算机中为什么要采用二进制？

4. 键盘练习

利用Word或记事本按照下面文字进行打字练习。

宋词

宋词是继唐诗之后的又一种文学体裁，基本分为婉约派、豪放派两大类。婉约派的代表人物有南唐后主李煜、宋代女词人李清照等；豪放派的代表人物有辛弃疾、岳飞等。

宋词是中国古代文学皇冠上光辉夺目的一颗巨钻，在古代文学的阆苑里，她是一块芬芳绚丽的园圃。她以姹紫嫣红、千姿百态的娇媚，与唐诗争奇，与元曲斗妍，历来与唐诗并称双绝，都代表一代文学之胜。远从《诗经》、《楚辞》及汉魏六朝诗歌里汲取营养，又为后来的明清小说输送了有机成分。直到今天，她仍在陶冶着人们的情操，给我们带来很高的艺术享受。

宋词的初期极尽艳丽浮华，流行于市井酒肆之间，像曾因写过"且把浮名换了浅斟低唱"而得罪当时皇帝的柳永，郁郁不得志，一生流连于歌坊青楼之间，给歌妓们写写词，所谓凡有井水饮处，必有柳词之说，以至于宋朝的一个宰相，他的名字我不太记得了，好像叫什么宴殊的，在当上宰相之后，他对以前所做的词都不承认是他写的。我们也都知道，宋朝的艳妓之多、水平之高为其他朝代所罕有，她们和宋朝的士大夫们一起，构成了宋朝虚华的享乐主义文化。

一个朝代，一个国家，若强盛，那么它在文与质两方面是并重的，这里文指的是文风或者说一个社会的风气。我们知道，一个人若专门读书、钻研学问的话，那么就必须脱离生产劳动，也不能去打仗，这在宋朝就叫做养士。八股确立之后，天下的秀才就专门来钻这个东西捞取功名利禄养活自己，所以也就没工夫去思考事情，造反了，如果一个国家文风越盛，那么做实事的人就越少，这个国家也就会出问题了。历朝写诗的人很多，宋诗也很有名，为什么独独诗以唐命名呢？唐诗就算是歌颂风花雪月，也有一股质朴的美，透露出这个民族质朴，粗野与宏伟的气魄。而宋词则是比较多矫饰浮夸的文风，一个国家的文化若是推动着这个国家的发展的，那么它就是强势的，有生命力的。

在进化论和历史上，从来就没有"如果"和"假设"，只有残酷的现实，宋朝被野蛮民族灭掉，这就是结果，而士大夫群体人格的堕落，在这个帮闲享乐的社会中早就开始出现征兆了。

第二章　计算机硬件组成

2.1　计算机硬件概述

我们现在所使用的计算机都是冯·诺依曼计算机体系结构。根据冯·诺依曼计算机体系结构，计算机硬件设备可分为运算器、控制器、存储器、输入设备和输出设备。

运算器用于进行算术运算和逻辑运算，运算器内设有算术运算部件和逻辑运算部件，可以进行各种数学计算和逻辑运算，也可以对图片进行计算处理。运算器能执行多少种操作和操作速度，标志着运算器能力的强弱，甚至标志着计算机本身的能力。

控制器是计算机的指挥中心，负责决定执行程序的顺序，用来控制和协调计算机各个部分正常工作，控制器通过读取存储器中的指令来控制计算机运行，控制器的功能是从内存中取出一条指令，并指出下一条指令在内存中位置，对指令进行译码或测试，并产生相应的操作控制信号，以便启动规定的动作，指挥并控制CPU、内存和输入/输出设备之间数据流动的方向。控制器根据事先给定的命令发出控制信息，使整个电脑指令执行过程一步一步地进行，是计算机的神经中枢。

CPU（中央处理器）由运算器和控制器组成，CPU主要的性能指标是主频，也叫时钟频率，单位是MHz，用来表示CPU的运算速度。CPU的主频=外频×倍频系数。另一指标为字长，一般说来，计算机在同一时间内处理的一组二进制数称为一个计算机的"字"，而这组二进制数的位数就是"字长"。所以能处理字长为16位数据的CPU通常就称为16位的CPU。同理32位的CPU就能在单位时间内处理字长为32位的二进制数据。

存储器（Memory）是计算机系统中的记忆设备，用来存放程序和数据。计算机中的全部信息，包括输入的原始数据、计算机程序、中间运行结果和最终运行结果都保存在存储器中。它根据控制器指定的位置存入和取出信息。存储器是用来存储程序和数据的部件，有了存储器，计算机才有记忆功能，才能保证正常工作。存储器按用途可分为主存储器（内存）和辅助存储器（外存）。

输入设备（Input Device）是向计算机输入数据和信息的设备，是计算机与用户或其他设备通信的桥梁。输入设备是用户和计算机系统之间进行信息交换的主要装置之一。键盘、鼠标、摄像头、扫描仪、光笔、手写输入板、游戏杆、语音输入装置等都属于输入设备，是人或外部与计算机进行交互的一种装置，用于把原始数据和处理这些数据的程序输入到计算机中。

输出设备（Output Device）是人与计算机交互的另一种部件，用于数据的输出。它把各种计算结果数据或信息以数字、字符、图像、声音等形式表示出来，常见的有显示器、打印机、绘图仪、影像输出系统、语音输出系统、磁记录设备等。

2.2 计算机硬件系统

计算机硬件系统包括主板、CPU、内存储器、外存储器、显卡、打印机等。

2.2.1 主板

主板是计算机中最重要的部件之一，是整个计算机工作的基础，主板的组成部分如下。

主板的英文名称叫做Motherboard，从Mother一词可以看出主板在计算机中的重要性。主板不但是整个计算机系统的平台，还负担着系统中的信息交流、电流传输的重任。好的主板可以让计算机更稳定地发挥系统性能，反之，系统则会变得不稳定。主板的平面是一块PCB（印刷电路板），一般采用四层板或六层板。相对而言，为节省成本，低档主板多为四层板：主信号层、接地层、电源层、次信号层，而六层板则增加了辅助电源层和中信号层，因此，六层板的主板抗电磁干扰能力更强，主板也更加稳定。

图 2-1　主板实拍图

在电路板上面，是错落有致的电路布线；在其上焊接的则为棱角分明的各个部件：插槽、芯片、电阻、电容等。当主机加电时，电流会在瞬间通过CPU、南北桥芯片、内存插槽、AGP插槽、PCI插槽、IDE接口以及主板边缘的串口、并口、PS/2接口等。随后，主板会根据BIOS（基本输入输出系统）来识别硬件，并进入操作系统发挥出支撑系统平台工作的功能。下面详细介绍主板上的各个部件。

BIOS芯片：是一块方块状的存储器，里面存有与该主板搭配的基本输入输出系统程序。能够让主板识别各种硬件，还可以设置引导系统的设备，调整CPU外频等。BIOS芯片是可以写入的，这方便用户更新BIOS的版本，以获取更好的性能及对电脑最新硬件的支持，当然不利的一面便是会让主板遭受诸如CIH病毒的袭击。

南北桥芯片：横跨AGP插槽左右两边的两块芯片就是南北桥芯片。南桥多位于PCI插槽的上面；而CPU插槽旁边被散热片盖住的就是北桥芯片。北桥芯片主要负责处理CPU、内存、显卡三者间的"交通"，由于发热量较大，因而需要散热片散热。南桥芯片则负责硬盘等存储设备和PCI之间的数据流通。南桥和北桥合称芯片组。芯片组在很大程度上决定了主板的功能和性能。需要注意的是，AMD平台中部分芯片组因AMD CPU内置内存控制器，可采取单芯片的方式，如NVIDIA nForce 4便采用无北桥的设计。

RAID控制芯片：相当于一块RAID卡，可支持多个硬盘组成各种RAID模式。目前主板上集成的RAID控制芯片主要有两种：HPT372 RAID控制芯片和Promise RAID控制芯片。

内存插槽：内存插槽一般位于CPU插座下方。以DDR SDRAM插槽为例，这种插槽的线数为184线。

AGP插槽：颜色多为深棕色，位于北桥芯片和PCI插槽之间。AGP插槽有1×、2×、4×和8×之分。AGP4×的插槽中间没有间隔，AGP2×则有。在PCI Express出现之前，AGP显卡较为流行，其传输速度最高可达到2133Mbps(AGP8×)。

PCI Express（也称PCI-E）插槽：随着3D性能要求的不断提高，AGP已越来越不能满足视频处理带宽的要求，目前主流主板上显卡接口多转向PCI Exprss。PCI Exprss插槽有1×、2×、4×、8×和16×之分。

PCI插槽：PCI插槽多为乳白色，是主板的必备插槽，可以插上软Modem、声卡、股票接受卡、网卡、多功能卡等设备。

CNR插槽：多为淡棕色，长度只有PCI插槽的一半，可以接CNR的软Modem或网卡。这种插槽的前身是AMR插槽。CNR和AMR不同之处在于：CNR增加了对网络的支持性，并且占用的是ISA插槽的位置。共同点是它们都是把软Modem或是软声卡的一部分功能交由CPU来完成。这种插槽的功能可在主板的BIOS中开启或禁止。

硬盘接口：硬盘接口可分为IDE接口和SATA接口。在型号老些的主板上，多集成两个IDE口，通常IDE接口都位于PCI插槽下方，从空间上则垂直于内存插槽（也有横着的）。而新型主板上，IDE接口大多缩减，甚至没有，代之以SATA接口。

软驱接口：连接软驱所用，多位于IDE接口旁，比IDE接口略短一些，因为它是34针的，所以数据线也略窄一些。COM接口（串口）：目前大多数主板都提供了两个COM接口，分别为COM1和COM2，作用是连接串行鼠标和外置Modem等设备。COM1接口的I/O地址是03F8h-03FFh，中断号是IRQ4；COM2接口的I/O地址是02F8h-02FFh，中断号是IRQ3。由此可见COM2接口比COM1接口的响应具有优先权。

PS/2接口：PS/2接口的功能比较单一，仅能用于连接键盘和鼠标。一般情况下，鼠标的接口为绿色、键盘的接口为紫色。PS/2接口的传输速率比COM接口稍快一些，是目前应用最为广泛的接口之一。

USB接口：USB接口是现在最为流行的接口，最大可以支持127个外设，并且可以独立供电，其应用非常广泛。USB接口可以从主板上获得500mA的电流，支持热拔插，真正做到了即插即用。一个USB接口可同时支持高速和低速USB外设的访问，由一条四芯电缆连接，其中两条是正负电源，另外两条是数据传输线。高速外设的传输速率为12Mbps，低速外设的传输速率为1.5Mbps。此外，USB 2.0标准最高传输速率可达480Mbps。

LPT接口（并口）：一般用来连接打印机或扫描仪。其默认的中断号是IRQ7，采用25脚的DB-25接头。并口的工作模式主要有以下三种。一是SPP标准工作模式，SPP数据是半双工单向传输，传输速率较慢，仅为15Kbps，但应用较为广泛，一般设为默认的工作模式；二是EPP增强型工作模式，EPP采用双向半双工数据传输，其传输速率比SPP高很多，可达2Mbps，目前已有不少外设使用此工作模式；三是ECP扩充型工作模式，ECP采用双向全双工数据传输，传输速率比EPP还要高一些，但支持的设备不多。

MIDI接口：声卡的MIDI接口和游戏杆接口是共用的。接口中的两个针脚用来传送MIDI信号，可连接各种MIDI设备，例如电子键盘等。

图 2-2 主板各部件图

2.2.2 CPU（中央处理器）

CPU是中央处理单元（Central Process Unit）的缩写，它可以被简称为微处理器。（Micro-processor），不过经常被人们直接称为处理器（Processor）。不要因为这些简称而忽视它的作用，CPU是计算机的核心，其重要性好比心脏对于人一样。实际上，处理器的作用和大脑更相似，因为它负责处理、运算计算机内部的所有数据，而主板芯片组则更像是心脏，它控制着数据

图 2-3 CPU

的交换。CPU的种类决定了使用的操作系统和相应的软件。CPU主要由运算器、控制器、寄存器组和内部总线等构成，是PC的核心，再配上存储器、输入/输出接口和系统总线组成为完整的PC。如图2-3所示。CPU主要的性能指标如下。

1. 主频

主频也叫时钟频率，单位是MHz，用来表示CPU的运算速度。CPU的主频＝外频×倍频系数。很多人认为主频就决定着CPU的运行速度，这种观点不仅是片面的，而且对于服务器来讲，这个认识也是不正确的。至今，没有一条确定的公式能够实现主频和实际的运算速度两者之间的数值关系，即使是两大处理器厂家Intel和AMD在这点上也存在着很大的争议，我们从Intel的产品的发展趋势可以看出Intel很注重加强自身主频的发展。有人曾经拿过一块1GB的全美达来做比较，它的运行效率相当于2GB的Intel处理器。

所以，CPU的主频与CPU实际的运算能力是没有直接关系的，主频表示在CPU内数字脉冲信号震荡的速度。在Intel的处理器产品中，我们也可以看到这样的例子：1 GHz Itanium芯片能够表现得与2.66 GHz Xeon/Opteron几乎一样快，或是1.5 GHz Itanium 2与4 GHz Xeon/Opteron几乎一样快。CPU的运算速度还要看CPU流水线上各方面的性能指标。

当然，主频和实际的运算速度是有关的，只能说主频仅仅是CPU性能表现的一个方面，而不代表CPU的整体性能。

2. 外频

外频是CPU的基准频率，单位也是MHz。CPU的外频决定着整块主板的运行速度。说白了，在台式机中，我们所说的超频，都是超CPU的外频，相信这点是很好理解的。但对于服务器CPU来讲，超频是绝对不允许的。前面说到CPU决定着主板的运行速度，两者是同步运行的，如果服务器CPU超频了，改变了外频，会产生异步运行（台式机很多主板都支持异步运行），这样会造成整个服务器系统的不稳定。

目前的绝大部分计算机系统中外频也是内存与主板之间的同步运行的速度，在这种方式下，可以理解为CPU的外频直接与内存相连通，实现两者间的同步运行状态。外频很容易与前端总线（FSB）频率混为一谈，后面在介绍前端总线时会具体介绍两者的区别。

3. CPU 的位和字长

位：在数字电路和计算机技术中采用二进制，代码只有0和1，其中无论是0或是1在CPU中都是一"位"。

字长：计算机技术中将CPU在单位时间内（同一时间）能一次处理的二进制数的位数称为字长。所以能处理字长为8位数据的CPU通常就叫8位的CPU。同理32位的CPU就能在单位时间内处理字长为32位的二进制数据。由于常用的英文字符用8位二进制就可以表示，所以通常就将8位称为一个字节。字长的长度是不固定的，对于不同的CPU、字长的长度也不一样。8位的CPU一次只能处理一个字节，而32位的CPU一次就能处理4个字节，同理字长为64位的CPU一次可以处理8个字节。

4. 缓存

缓存大小也是CPU的重要指标之一，而且缓存的结构和大小对CPU速度的影响非常大，CPU内缓存的运行频率极高，一般是和处理器同频运作，工作效率远远大于系统内存和硬盘。实际工作时，CPU往往需要重复读取同样的数据块，而缓存容量的增大，可以大幅度提升CPU内部读取数据的命中率，而不用再到内存或者硬盘上寻找，以此提高系统性能。但是由于CPU芯片面积和成本的因素等考虑，缓存都很小。

L1 Cache（一级缓存）是CPU第一层高速缓存，分为数据缓存和指令缓存。内置的L1高速缓存的容量和结构对CPU的性能影响较大，不过高速缓冲存储器均由静态RAM组成，结构较复杂，在CPU管芯面积不能太大的情况下，L1级高速缓存的容量不可能做得太大。一般服务器CPU的L1缓存的容量通常在32KB~256KB之间。

L2 Cache（二级缓存）是CPU的第二层高速缓存，分内部和外部两种芯片。内部的芯片二级缓存运行速度与主频相同，而外部的二级缓存则只有主频的一半。L2高速缓存容量也会影响CPU的性能，原则是越大越好，以前家庭用CPU容量最大的是512KB，现在笔记本电脑中也可以达到2MB，而服务器和工作站上用CPU的L2高速缓存更高，可以达到8MB以上。

L3 Cache（三级缓存），分为两种，早期的是外置，现在的都是内置的。而它的实际作用即是，L3缓存的应用可以进一步降低内存延迟，同时提升大数据量计算时处理器的性能。降低内存延迟和提升大数据量计算能力对游戏都很有帮助。而在服务器领域增加L3缓存在性能方面仍然有显著的提升。比如具有较大L3缓存的配置利用物理内存会更有效，故其比较慢的磁盘I/O子系统可以处理更多的数据请求。具有较大L3缓存的处理器可提供更有效的文件系统缓存行为及较短的消息和处理器队列长度。

5. CPU 内核和 I/O 工作电压

从586CPU开始，CPU的工作电压分为内核电压和I/O电压两种，通常CPU的核心电压小于等于I/O电压。其中内核电压的大小是根据CPU的生产工艺而定，一般制作工艺越小，内核工作电压越低；I/O电压一般都在1.6V~5V之间。低电压能解决耗电过大和发热过高的问题。

6. 制造工艺

制造工艺的微米是指IC内电路与电路之间的距离。制造工艺的趋势是向密集度愈高的方向发展。密度愈高的IC电路设计，意味着在同样大小面积的IC中，可以拥有密度更高、功能更复杂的电路设计。现在主要的制造工艺有180nm、130nm、90nm、65nm、45nm。而最近的CPU都已经开始使用32nm的制造工艺了。

几大CPU厂商介绍如下。

1. Intel 公司

Intel是生产CPU的老大哥，它占有80%多的市场份额，Intel生产的CPU就成了事实上的x86CPU技术规范和标准。最新的酷睿I系列已经成为装机的首选CPU。

2. AMD 公司

对Intel公司最具挑战力的就是AMD公司，其最新的弈龙系列CPU具有很高的性价比。

3. 国产龙芯

龙芯（GodSon）小名狗剩，是国有自主知识产权的通用处理器，目前已经有两代产品，已经能达到现在市场上Intel和AMD的低端CPU的水平。

2.2.3　主存储器

计算机的存储器可分为主存储器和辅助存储器。主存储器（又叫做内存储器）分为随机存取存储器（RAM,Random Access Memory）、只读存储器（ROM,Read Only Memory）和高速缓冲存储器（Cache）。

下面介绍一下随机存取存储器和只读存储器。

1. 随机存取存储器

我们通常所说的内存指的就是随机存取存储器，它的特点就是可以随机地写入信息和读出信息，在通电的情况下才可以存储信息，一旦断电信息就会丢失。

图 2-4　主存储器

现在市场上比较流行的随机存取存储器有DDR1（Double Data Rate 1）、DDR2（Double Data Rate 2）和DDR3（Double Data Rate 3）。

2. 只读存储器

只能读取数据不能写入数据，计算机中的开机自检程序，引导程序都存储在只读存储器中，用户开机时看到屏幕上的数据就是只读存储器上的数据和计算机自检数据。

2.2.4 辅助存储器（外存储器）

在市场上的辅助存储器种类繁多，如硬盘、光盘、U盘和各种存储卡等。

1. 硬盘

硬盘是计算机中最重要的辅助存储器，它的容量比较大，存储着计算机中所有的程序和数据，由一个或者多个铝制或者玻璃制的碟片组成。这些碟片外覆盖有磁性介质，依靠磁性介质来存储信息。现在主流的硬盘尺寸有1.8英寸、2.5英寸和3.5英寸这三种。目前台式机硬盘主要是3.5英寸，笔记本电脑硬盘主要是2.5英寸（常用作移动硬盘的盘芯），1.8英寸的硬盘因为容量很小，已渐渐退出历史舞台。硬盘的接口分为串口（SATA）和并口（IDE），现在市场上流行的是串口硬盘。一般的硬盘容量在3GB到3TB之间，现在市场选择比较多的磁盘是160GB，250GB，350GB，500GB，也可根据自己的需求选择更大容量的硬盘。

2. 光盘

光盘是依靠激光束存储信息和读取信息的，光盘是一种特殊的存储介质，大部分光盘是不能存储信息的，只能读取信息，但也有能存储信息的光盘（CD-RW、DVD-RW），需要具有刻录功能的光驱（光盘刻录机）才能使用。光盘主要分为CD、DVD、蓝光光盘等几种类型，光盘的容量，CD光盘的最大容量大约是650MB，DVD盘片单面容量为4.7GB（双面8.5GB），蓝光的则比较大，其中HD DVD单面单层容量为15GB、双层容量为30GB；BD单面单层容量为25GB、双面容量为50GB。

3. U盘

U盘的称呼最早来源于朗科公司生产的一种新型存储设备，名为"优盘"，使用USB接口进行连接。而之后生产的类似技术的设备由于朗科已进行专利注册而不能再称之为"优盘"，而改称谐音的"U盘"或形象地称之为"闪存"。而直到现在这两者也已经通用，并对它们不再作区分。其最大的特点就是：小巧便于携带、存储容量大、价格便宜，是移动存储设备之一。一般的U盘容量有128MB、256MB、512MB、1GB、2GB、4GB、8GB，16GB等。

4. 存储卡

存储卡是用于手机、数码相机、便携式电脑、MP3和其他数码产品上的独立存储介质，一般是卡片的形态，故统称为"存储卡"，由于大多数存储卡都具有良好的兼容性，便于在不同的数码产品之间交换数据。近年来，随着数码产品的不断发展，存储卡的存储容量不断得到提升，应用也快速普及。常见的存储卡有CF卡、MMC卡、SD卡、XD图像卡、SM卡等。

5. 移动硬盘

移动硬盘也在很多情况下得到普及，移动硬盘是将普通硬盘装在具有USB连接功能的壳子里以便携带使用。相比U盘和存储卡，移动硬盘一般具有更大的容量，并且速度也更快。

6. 固态硬盘

固态硬盘是近几年才出现的一种新技术，具体原理是将多块闪存芯片通过专用的控制器连接在一起充当硬盘使用。相比于传统机械硬盘，固态硬盘都由电子芯片组成，在抗震性、速度、重量等方面都有极其优秀的表现，但是容量较小，现阶段价格相当昂贵。

2.2.5　计算机的功能卡

计算机的功能卡主要有显卡和网卡。

1. 显卡

显卡作为电脑主机里的一个重要组成部分，承担输出显示图形的任务，对于喜欢玩游戏和从事专业图形设计的人来说非常重要。目前民用显卡图形芯片供应商主要包括AMD（ATi）和NVIDIA两家。

图 2-5　显卡

图像数据从CPU到显示屏，必须通过以下4个过程。

（1）图像数据通过总线输送到GPU（图形处理器）——将 CPU 送来的数据送到GPU（图形处理器）里面进行处理。

（2）从显卡芯片组进入显存——将芯片处理完的数据送到显存。

（3）显卡显存读取出数据再送到 RAM DAC（数模转换器）进行数据转换的工作（数码信号转模拟信号）。

（4）从数模转换器进入显示器——将转换完的模拟信号送到显示屏。

如果是集成显卡，这些工作将由 CPU 和内存完成，占用大量的系统资源，造成显示性能下降。

显卡的组成如下。

（1）GPU（类似于主板的CPU）

全称是Graphic Processing Unit，中文翻译为"图形处理器"是NVIDIA公司在发布GeForce 256图形处理芯片时首先提出的概念。GPU使显卡减少了对CPU的依赖，并完成部分原本属于CPU的工作，尤其是在处理3D图形时。GPU所采用的核心技术有硬件T&L（几何转换和光照处理）、立方环境材质贴图和顶点混合、纹理压缩和凹凸映射贴图、双重纹理四像素256位渲染引擎等，而硬件T&L技术可以说是GPU的标志。

（2）显存（类似于主板的内存）

显示内存的简称。顾名思义，其主要功能就是暂时储存显示芯片要处理的数据和处理完毕的数据。图形核心的性能越强，需要的显存也就越大。以前的显存主要是SDR的，容量也不大。而现在市面上基本采用的都是DDR3规格的，在某些高端卡上更是采用了性能更为出色的DDR4或DDR5代内存。显存主要由传统的内存制造商提供，比如三星、现代、英飞凌等。

（3）显卡BIOS（类似于主板的BIOS）

显卡BIOS 主要用于存放显示芯片与驱动程序之间的控制程序，另外还存有显示卡的型号、规格、生产厂家及出厂时间等信息。计算机在启动时会通过显示BIOS内的一段控制程序将这些信息反馈到屏幕上。早期显示BIOS 是固化在ROM 中的，不可以修改，而现在的多数显示卡则采用了大容量的EPROM，即所谓的Flash BIOS，可以通过专用的程序进行改写或升级。

（4）显卡PCB板（类似于主板的PCB板）

就是显卡的电路板，它把显卡上的其他部件连接起来，功能类似主板。

（5）其他

比如GPU风扇等。

2. 网卡

计算机与外界局域网的连接是通过主机箱内的一块网络接口板（或者是笔记本电脑中的一块PCMCIA卡）实现的。网络接口板又称为通信适配器或网络适配器（Adapter）或网络接口卡NIC（Network Interface Card），但是现在更多的人愿意使用更为简单的名称："网卡"。

网卡是工作在数据链路层的网路组件，是局域网中连接计算机和传输介质的接口，不仅能实现与局域网传输介质之间的物理连接和电信号匹配，还涉及帧的发送与接收、帧的封装与拆封、介质访问控制、数据的编码与解码以及数据缓存的功能等。

网卡上面装有处理器和存储器（包括RAM和ROM）。网卡和局域网之间的通信是通过电缆或双绞线以串行传输方式进行的。而网卡和计算机之间的通信则是通过计算机主板上的I/O总线以并行传输方式进行。因此，网卡的一个重要功能就是要进行串行/并行转换。由于网络上的数据率和计算机总线上的数据率并不相同，因此在网卡中必须装有对数据进行缓存的存储芯片。

在安装网卡时必须将管理网卡的设备驱动程序安装在计算机的操作系统中。这个驱动程序以后就会告诉网卡，应当从存储器的什么位置上将局域网传送过来的数据块存储下来。网卡还要能够实现以太网协议。

网卡并不是独立的自治单元，因为网卡本身不带电源而是使用所插入的计算机的电源，并受该计算机的控制。因此可把网卡看成为一个半自治的单元。当网卡收到一个有差错的帧时，它就将这个帧丢弃而不必通知它所插入的计算机。当网卡收到一个正确的帧时，它就使用中断来通知该计算机并交付给协议栈中的网络层。当计算机要发送一个IP数据报时，它就由协议栈向下交给网卡组装成帧后发送到局域网。

3. 声卡

声卡（Sound Card）也叫音频卡。声卡是多媒体技术中最基本的组成部分，是实现声波／数字信号相互转换的一种硬件。声卡的基本功能是把来自话筒、磁带、光盘的原始声音信号加以转换，输出到耳机、扬声器、扩音机、录音机等声响设备，或通过音乐设备数字接口（MIDI）使乐器发出美妙的声音。

声卡是计算机进行声音处理的适配器。它有三个基本功能：一是音乐合成发音功能，二是混音器（Mixer）功能和数字声音效果处理器（DSP）功能，三是模拟声音信号的输入和输出功能。声卡处理的声音信息在计算机中以文件的形式存储。声卡应有相应的软件支持，包括驱动程序、混频程序和CD播放程序等。

声卡是多媒体电脑用来处理声音的接口卡。声卡可以把来自话筒、收录音机、激光唱机等设备的语音、音乐等声音变成数字信号交给电脑处理，并以文件形式存盘，还可以把数字信号还原成为真实的声音输出。声卡尾部的接口从机箱后侧伸出，上面有连接麦克风、音箱、游戏杆和MIDI等设备的接口。

2.2.6 计算机的外设

计算机的外设即外部设备，包括打印机、扫描仪等。

1. 打印机

打印机是计算机的输出设备之一，用于将计算机处理结果打印在相关介质上。衡量打印机好坏的指标有三项：打印分辨率、打印速度和噪声。

打印机是将计算机的运算结果或中间结果以人所能识别的数字、字母、符号和图形等，依照规定的格式印在纸上的设备。打印机目前正向轻、薄、短、小、低功耗、高速度和智能化方向发展。

打印机的种类很多，按打印元件对纸是否有击打动作可分为击打式打印机与非击打式打印机。按打印字符结构可分为全形字打印机和点阵字符打印机。按一行字在纸上形成的方式可分为串式打印机与行式打印机。按所采用的技术可分为柱形、球形、喷墨式、热敏式、激光式、静电式、磁式、发光二极管式等打印机。

打印机著名品牌有如下几个。

（1）HP（惠普）打印机（1939年美国加州，世界品牌）。

（2）Epson（爱普生）打印机（世界品牌）。

（3）Canon（佳能）打印机（世界品牌）。

（4）Samsung（三星）打印机（韩国品牌，世界500强企业之一）。

（5）Lenovo（联想）打印机（世界品牌，中国名牌）。

2. 扫描仪

扫描仪是一种计算机外部仪器设备，通过捕获图像并将之转换成计算机可以显示、编辑、储存和输出的数字化输入设备。照片、文本页面、图纸、美术图画、照相底片、菲林软片甚至纺织品、标牌面板、印制板样品等三维对象都可作为扫描对象。扫描仪可提取和将原始的线条、图形、文字、照片、平面实物转换成可以编辑及加入文件中的格式。

扫描仪中属于计算机辅助设计（CAD）中的输入系统，通过计算机软件和计算机输出设备（激光打印机、激光绘图机）接口，组成网印前计算机处理系统，适用于办公自动化（OA），广泛应用在标牌面板、印制板、印刷行业等。

扫描仪可分为三大类型：滚筒式扫描仪、平面扫描仪和笔式扫描仪。

平面扫描仪：平面扫描仪获取图像的方式是先将光线照射到扫描的材料上，光线反射回来后由CCD光敏元件接收并实现光电转换。

当扫描不透明的材料如照片、打印文本、标牌、面板、印制板等实物时，由于材料上暗的区域反射较少的光线，亮的区域反射较多的光线，而CCD器件可以检测图像上不同光线反射回来的不同强度的光，将反射光波转换成为数字信息，用1和0的组合表示，最后控制扫描仪操作的扫描仪软件读入这些数据，并重组为计算机图像文件。

而当扫描透明材料如制版菲林软片、照相底片时，扫描工作原理相同，有所不同的是此时不是利用光线的反射，而是让光线透过材料，再由CCD器件接收、扫描透明材料时需要特别的光源补偿——透射适配器（TMA）装置来完成这一功能。

滚筒式扫描仪：滚筒式扫描仪是目前最精密的扫描仪器，它一直是高精密度彩色印刷的最佳选择。它也称为"电子分色机"，它的工作过程是将正片或原稿用分色机扫描存入电脑，因为"分色"后的图档是以CMYK或RGB的形式记录正片或原稿的色彩信息，这个过程就被称为"分色"或"电分"（电子分色）。而实际上，"电分"就是我们所说的用滚筒式扫描仪扫描。滚筒式扫描仪与平台式扫描仪的主要区别是它采用PMT（光电倍增管）光电传感技术，而不是CCD，能够捕获到正片和原稿的最细微的色彩。一台4000 dpi分辨率的滚筒式扫描仪，按常规的150线印刷要求，可以把一张4×5的正片放大13倍。现在的滚筒式扫描仪可以毫无问题地与苹果机或PC机相连接，扫描得到的数字图像可用Photoshop等软件进行需要的修改和色彩调整。

笔式扫描仪：笔式扫描仪又称为扫描笔或微型扫描仪，是2000年左右出现的产品，刚开始的扫描宽度大约只有4号汉字的宽度，使用时需贴在纸上一行一行地扫描，主要用于文字识别；而从2002年开始，3R推出普兰诺RC800后，可以扫描A4幅度大小的纸张，最高可达400dpi，也是贴着纸张拖动扫描；到了2009年10月，3R推出第三代扫描笔，艾尼提微型扫描笔HSA600，其不仅可扫描A4幅度大小的纸张，而且扫描分辨率可高达600dpi，并以其TF卡即插即用的移动功能可随处扫读数据，扫描输出彩色或黑白的JPG图片格式。笔式扫描仪无需安装任何驱动，使得扫描操作更便捷。

2.3 思考与练习

1. 选择题

（1）在下列设备中，哪个属于输出设备？（　　　）

    A．显示器　　　　　　B．键盘　　　　　　　C．鼠标　　　　　　　D．微机系统

（2）下列主板接口中显卡专用的有（　　　）。

    A．ISA接口　　　　　B．PCI接口　　　　　C．PCI-E接口　　　　D．VGA接口

（3）笔记本电脑通常使用的硬盘盘体大小为（　　　）。

    A．5.25英寸　　　　　B．3.5英寸　　　　　C．2.5英寸　　　　　D．1.8英寸

（4）可以读写的光盘片为（　　　）。

    A．CD-ROM　　　　　B．DVD-ROM　　　　C．VCD　　　　　　　D．DVD-RW

2. 填空题

（1）根据冯·诺依曼计算机体系结构，计算机硬件设备可分为_____、_____、_____、输入设备和输出设备。

（2）一张普通的CD-ROM光盘片的存储容量大约为_____。

（3）现在市场上比较流行的内存有_____、_____、_____。

3. 简答题

（1）简述计算机常见的输入输出设备的功能。

（2）主存储器（内存）与辅助存储器（外存）的区别是什么？常用的辅助存储器有哪几种？

第三章 计算机操作系统

3.1 操作系统简介

操作系统是一种系统软件，是操作计算机不可缺少的基础程序。

3.1.1 操作系统概述

计算机是一个高速运转的复杂系统，计算机系统由硬件和软件两部分组成，硬件是指可以看得见摸得着的物理设备和器件的总称，如CPU、内存储器、外存储器、各种各样的输入输出设备等。硬件就其逻辑功能而言，是用来完成信息变换、信息存储、信息传输和信息处理的，硬件是计算机系统实现各种操作的物质基础。软件是计算机程序及相关文档的总称，如在系统中运行的程序、数据等。软件就其逻辑功能而言，主要是描述实现数据处理的规则和流程。软件又分为系统软件和应用软件两大类，而系统软件就包含了操作系统、语言编译系统以及其他系统工具软件。如果没有一个对计算机内的数据资源进行统一管理的软件，计算机就不可能协调一致、高效率地完成用户交给它的任务，我们把这个用于系统管理计算机各种硬、软件的软件（接口）称之为操作系统。一台没有安装操作系统的计算机通常称之为"裸机"，而"裸机"无法进行任何的工作，不能从键盘、鼠标接收信息和操作命令，也不能在显示器屏幕上显示信息，更不能运行可以实现各种操作的应用程序。

当开启计算机后，计算机就开始运行程序，进入工作状态。计算机运行的第一个程序就是操作系统。为什么要首先运行操作系统，而不直接运行像Word这样的应用程序呢？因为操作系统是应用程序与计算机硬件的"中间人"，没有操作系统的统一安排和管理，计算机硬件就没有办法执行应用程序的命令。操作系统为计算机硬件和应用程序提供了一个交互的界面，为计算机硬件选择要运行的应用程序，并指挥计算机各部分硬件的基本工作，如图3-1所示。

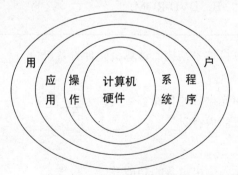

图 3-1 操作系统与计算机各组成部分关系示意图

操作系统（Operating System，OS）是最重要的计算机系统软件，是配置在计算机硬件上最贴近硬件的第一层软件，是对硬件系统的首次扩充，是用于管理计算机的软硬件资源，并且提供用户和计算机的交互界面，是用户和计算机的接口，也是计算机系统软件的核心，对计算机非常重要。

操作系统在计算机系统中占据了特别重要的地位，而其他的诸如汇编程序、编译程序、数据库管理系统等系统软件以及大量的应用软件，都依赖于操作系统的支持。计算机发展到今天，从微型机到高性能计算机，无一例外都配置了一种或多种操作系统，操作系统已经成为现代计算机系统不可分割的重要组成部分。

从资源管理的角度看，操作系统是为了合理、方便地利用计算机系统，而对其硬件资源和软件资源进行管理的软件。它是系统软件中最基本的一种软件，也是每个使用计算机的人员必须学会使用的一种软件。

从用户的角度看，操作系统是用户和计算机之间的界面。用户看到的是操作系统向用户提供的一组操作命令，用户可以通过这些命令来使用和操作计算机。因而学会正确使用这些命令便成了学会使用计算机的第一步。

3.1.2　操作系统的作用和功能

操作系统的任务是完成用户与计算机的交流，而它的作用和功能具体如下。

1. 操作系统的作用

操作系统的作用是调度、分配和管理所有的硬件设备和软件系统，使其统一协调地运行，以满足用户实际操作的需求。操作系统的主要作用体现在两个方面。

（1）有效地管理计算机资源

操作系统要合理地组织计算机的工作流程，使软件和硬件之间、用户和计算机之间、系统软件和应用软件之间的信息传输和处理流程准确畅通；有效地管理和分配计算机系统的硬件和软件资源，使得有限的系统资源能够发挥更大的作用。

（2）方便用户使用计算机

操作系统通过内部极其复杂的综合处理，为用户提供友好、便捷的操作界面，以便用户无需了解计算机硬件或系统软件的有关细节及原理就能方便地使用计算机。

2. 操作系统的主要功能

操作人员只有熟悉操作系统提供的命令和服务项目，才能在它的支持下方便、灵活、有效地使用计算机资源，提高计算机的利用效率。操作系统主要有五大管理功能，即处理器管理、存储管理、设备管理、文件管理和作业管理。这些管理工作是由一套规模庞大复杂的程序来完成的。

（1）处理器管理

处理器管理的目的是为了让CPU有条不紊地工作。由于系统内一般都有多道程序存在，这些程序都要在CPU上执行，而在同一时刻，CPU只能执行其中一个程序，故需要把CPU的时间合理、动态地分配给各道程序，使CPU得到充分利用，同时使得各道程序的需求也能够得到满足。需要强调的是，因为CPU是计算机系统中最重要的资源，所以，操作系统的CPU管理也是操作系统中最重要的管理。

（2）存储管理

存储管理是指操作系统对计算机系统内存的管理，目的是使用户合理地使用内存。其主要功能如下。

1）合理分配和及时回收内存。即操作系统按一定策略给程序合理地分配内存空间，并及时将不用的空间回收。

2）对内存的保护。即操作系统采取相应的管理措施来防止多道程序之间对内存的相互干扰，尤其是操作系统存储区，是禁止用户使用的。

3）扩充内存。即操作系统采用覆盖、交换和虚拟等存储管理技术实现内存空间的扩充。

（3）设备管理

设备管理是指对除CPU和内存外所有外部设备的管理，设备管理的目标如下。

1）用户使用设备的方便性。

2）设备工作的并行性。

3）设备分配的均衡性。

4）设备的无关性。

（4）文件管理

文件管理是指对计算机系统中软件资源的管理，目的是为用户创造一个方便安全的信息使用环境。其功能如下。

1）对文件的结构及存取方法的管理。

2）对文件的目录机构及有关内容的处理。

3）对文件存储空间的管理。

4）对文件的共享和保护。

5）对文件的操作和使用。

（5）作业管理

作业管理是指在程序、数据以及在运行这些程序和处理这些数据的过程中，实现用户的各种要求。作业管理的功能是提供给用户一个使用计算机系统的界面，使用户能方便地运行自己的作业，并对进入系统的所有用户作业进行管理和组织，以提高整个系统的运行效率。

3.1.3　操作系统的分类

对操作系统进行严格的分类是困难的。不同的硬件结构，尤其是不同的应用环境，应有不同类型的操作系统，以实现不同的追求目标。早期的操作系统，按用户使用的操作环境和功能特征的不同，可分为三种基本类型：批处理系统、分时系统和实时系统。随着计算机体系结构的发展，又出现了嵌入式操作系统、分布式操作系统和网络操作系统等。

1. 根据使用环境和功能特征分类

按使用环境和功能特征的不同通常把操作系统分为如下几类。

（1）单用户操作系统

单用户操作系统的基本特征是：在一个计算机系统内，一次只支持一个用户程序的运行，系统的全部资源都提供给该用户使用，用户对整个系统有绝对的控制权。它是针对一台机器、一个用户设计的操作系统。目前微机上运行的部分操作系统属于这一种，如MS-DOS、OS/2等。

（2）批处理操作系统

批处理（Batch Processing）操作系统的工作方式是：用户将作业交给系统操作员，系统操作员将许多用户的作业组成一批作业，之后输入到计算机中，在系统中形成一个自动转接的连续的作业流，然后启动操作系统，系统自动、依次执行每个作业。最后由操作员将作业结果交给用户。它把提高系统的处理能力，即作业的吞吐量，做为主要设计目标，同时也兼顾作业的周转时间。所谓周转时间就是从作业提交给系统到用户作业完成并取得计算结果的运转时间。批处理系统可分为单道批处理系统和多道批处理系统两大类。单道批处理系统较简单，类似于单用户操作系统。

批处理操作系统的特点是：多道和批量处理。

（3）分时操作系统

分时（Time Sharing）操作系统的工作方式是：一台主机连接了若干（几十甚至上百）个终端，每个终端有一个用户在使用。用户交互式地向系统提出命令请求，系统接受每个用户的命令，采用时间片轮转方式处理服务请求，并通过交互方式在终端上向用户显示结果。用户根据上一步结果发出下一道命令。

分时操作系统将CPU的时间划分成若干个片段，称为时间片。操作系统以时间片为单位，轮流为每个终端用户服务。每个用户轮流使用一个时间片而使每个用户并不感到有别的用户存在。分时系统具有多路性、交互性、"独占"性和及时性的特征。多路性指同时有多个用户使用一台计算机，宏观上看是多个人同时使用一个CPU，微观上是多个人在不同时刻轮流使用CPU。交互性是指用户根据系统响应结果进一步提出新请求（用户直接干预每一步）。"独占"性是指用户感觉不到计算机为其他人服务，就像整个系统为他所独占。及时性指系统对用户提出的请求及时响应。在这种系统中，各终端用户可以独立地工作而互不干扰，宏观上每个终端好像独占处理机资源，而微观上则是各终端对处理机的分时共享。

常见的通用操作系统是分时系统与批处理系统的结合。其原则是：分时优先，批处理在后。分时操作系统侧重于及时性和交互性，一些比较典型的分时操作系统有Unix、Xenix、VAX/VMS等。

（4）实时系统

实时操作系统（Real Time Operating System，RTOS）是指使计算机能及时响应外部事件的请求，在规定的严格时间内完成对该事件的处理，并控制所有实时设备和实时任务协调一致地工作的操作系统。

实时操作系统大都具有专用性，种类多，而且用途各异。实时系统是很少需要人工干预的控制系统，它的一个基本特征是事件驱动设计，即当接受了某些外部信息后，由系统选择某一程序去执行，完成相应的实时任务。其目标是及时响应外部设备的请求，并在规定时间内完成有关处理，这种系统时间性强、响应快，多用于生产过程控制和事务处理。

（5）网络操作系统

网络操作系统（Net Operating System，NOS）用于对多台计算机的软件和硬件资源进行管理和控制，提供网络通信和网络资源的共享功能。它可以保证网络中信息传输的准确性、安全性和保密性，提高系统资源的利用率和可靠性。

网络操作系统允许用户通过系统提供的操作命令与多台计算机软件和硬件资源打交道。常用的网络操作系统有：NetWare、Windows2000、Windows Server2003、Windows 2008等，这类操作系统通常用在计算机网络系统中的服务器上。

（6）分布式操作系统

分布式操作系统（Distributed System）是利用计算机网络，让系统中的若干台计算机互相协作来完成一个共同任务。即把一个计算问题分成若干个子计算，每个子计算可以由分布在网络中的各台计算机完成。这种用于管理分布式计算机系统中资源的操作系统称为分布式操作系统。

（7）多媒体操作系统

目前的计算机已不再局限于对文字信息的处理，还能处理图形、声音、图像等其他媒体信息。这种能够对各种媒体信息和资源进行处理和管理的操作系统就称之为多媒体操作系统。

2. 根据使用操作系统的用户数量分类

根据使用操作系统的用户数量通常把操作系统分为如下几类。

（1）单用户单任务操作系统

单用户单任务操作系统是指一台计算机同时只能有一个用户在使用，该用户一次只能提交一个作业，一个用户独自享用系统的全部硬件和软件资源。

常用的单用户单任务操作系统有：MS-DOS、PC-DOS、CP/M等，这类操作系统通常用在微型计算机系统中。

（2）单用户多任务操作系统

这种操作系统也是为单个用户服务的，但它允许用户一次提交多项任务。例如，用户可以在运行程序的同时开始另一文档的编辑工作。Windows XP就是一种单用户多任务操作系统。

（3）多用户多任务分时操作系统

多用户多任务分时操作系统允许多个用户共享同一台计算机的资源，即在一台计算机上连接几台甚至几十台终端机，终端机可以没有自己的CPU与内存，只有键盘与显示器，每个用户都通过各自的终端机使用这台计算机的资源，计算机按固定的时间片轮流为各个终端服务。由于计算机的处理速度很快，用户感觉不到等待时间，似乎这台计算机专为自己服务一样。常见的网络操作系统均属这一种。

Unix就是典型的多用户多任务分时操作系统，这类操作系统通常用在大、中、小型计算机或工作站中。

操作系统仍在发展之中，一些新的系统正在出现，例如一个称作Linux的类Unix操作系统就正在日益受到广泛注意。该操作系统功能强大、源码公开、免费提供，因此越来越受欢迎。

3.1.4 操作系统的特征

现代操作系统的功能之所以越来越强大，这与操作系统的基本特征是分不开的。

1. 并发性

在计算机中（具有多道程序环境）可以同时执行多个程序。

2. 共享性

多个并发执行的程序（同时执行）可以共同使用系统的资源。由于资源的属性不同，程序对资源共享的方式也不同。互斥共享方式，限于具有"独享"属性的设备资源（如打印机、显示器），只能以互斥方式使用；同时访问方式，适用于具有"共享"属性的设备资源（如磁盘、服务器），允许在一段时间内由多个程序同时使用。

3. 虚拟性

即把逻辑部件和物理实体有机结合为一体的处理技术。通过虚拟技术可以把一个物理实体对应于多个逻辑对应物。物理实体是实的（实际存在），而逻辑对应物是虚的（实际不存在）。通过虚拟技术，可以实现虚拟处理器、虚拟存储器、虚拟设备等。

4. 不确定性

在多道程序系统中，由于系统共享资源有限（如只有一台打印机），并发程序的执行受到一定的制约和影响。因此，程序运行顺序、完成时间以及运行结果都是不确定的。

3.2 DOS 操作系统

DOS实际上是Disk Operation System（磁盘操作系统）的简称。顾名思义，这是一个基于磁盘管理的操作系统。与我们现在使用的操作系统最大的区别在于它是靠输入命令来进行人机对话，即通过命令的形式把指令传给计算机，让计算机实现操作。DOS操作系统属于单用户单任务操作系统。

3.2.1 DOS 操作系统概述

1979年，IBM公司为开发16位微处理器Intel 8086，请微软公司为IBM PC设计一个磁盘操作系统，微软公司慷慨承诺，但当时手头仅有Xenix操作系统，Xenix操作系统要求处理器支持存贮管理和保护设备的功能，可PC机的CPU 8086/8088 均不具备此功能。微软公司急于满足PC机的要求，购买了由西雅图公司工程师Tim Paterson研制的、可在8088上运行的CP/M-86"无性系"-SCP-DOS操作系统的销售权，将SCP-DOS改称MS-DOS V1.0发表。为避"偷梁换柱"的嫌疑，微软公司又于1981年8月推出了支持内存为320KB 的MS-DOS 1.1版。随后IBM 公司向微软公司购得MS-DOS使用权，将其更名为PC-DOS 1.0。MS-DOS又称PC-DOS，就是这个原因。

通常所说的DOS一般是指MS-DOS。从早期1981年不支持硬盘分层目录的DOS 1.0，到当时广泛流行的DOS 3.3，再到非常成熟、支持CD-ROM的DOS 6.22，以及后来隐藏到Windows 9X下的DOS 7.X，前后已经经历了20年，至今仍然活跃在PC舞台上，扮演着重要的角色。其发展、相应版本和主要性能如表3-1所示。

表 3-1 MS-DOS 发展简表

版本号	推出时间	主要性能
DOS 1.0	1981.10	以单面软盘为基础的 PC 第一个操作系统
DOS 1.1	1982.10	支持 5.25 英寸双面软盘
DOS 2.0	1983.3	支持 10MB 固定盘，响应 PC/XT 的推出，采用树状文件结构
DOS 2.10	1984.3	支持对错误精确定位
DOS 3.0	1984.8	支持以 80286 为 CPU 的 PC/AT 机，支持 1.2MB 软盘
DOS 3.10	1984.11	具有支持网络的功能，首先被用于 IBM PC Network 局域网
DOS 3.20	1986.1	支持 3.5 英寸的 720KB 软盘
DOS 3.30	1986	支持 3.5 英寸的 1.44MB 软盘，硬盘 DOS 分区可达 32MB，使用磁盘高速缓存
DOS 3.31	1987.4	支持大于 32MB 的硬盘分区
DOS 4.0	1988.8	支持 2GB 硬盘分区，支持 EMS4.0 扩充内存，有 DOS Shell
DOS 5.0	1991.7	支持 3.5 英寸 2.88MB 软盘，支持扩充内存和延伸内存，完善的 DOS Shell，全屏幕编辑器和 QBasic

(续表)

版本号	推出时间	主要性能
DOS 6.0	1993	更为完善的硬盘管理和内存管理，提供了更丰富的外部命令
DOS 6.2	1993	非常成熟，支持 CD-ROM
DOS 6.3	1993	增加了很多 GUI 程序，如 Scandisk 等，还增加了磁盘压缩功能，增强了对 Windows 的支持
DOS 7.0	1995.8	增加了长文件名支持、LBA 大硬盘支持
DOS 7.1	1996.8	全面支持 FAT32 分区、大硬盘、大内存支持等
DOS 8.0	2000	MS-DOS 的最后一个版本，可以用来运行 Windows 9X 或 ME

3.2.2　DOS 操作系统的功能和组成

DOS的主要功能是管理磁盘文件，管理显示器、键盘、磁盘驱动器、打印机等各种设备，负责监视计算机及执行的处理过程，以便有效地利用系统资源，方便用户使用。

从内部来看，DOS是完成各种功能的一组程序。版本不同，程序的数目也不同，但组成DOS的最主要的程序有4个，即命令处理模块（Command.com）、磁盘操作管理模块（Msdos.sys）、输入输出接口模块（Io.sys）和一个引导程序。存放DOS程序模块的磁盘称为DOS系统盘。DOS系统的结构如图3-2所示。

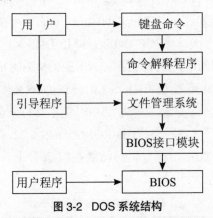

图 3-2　DOS 系统结构

命令处理模块是用户和DOS之间的界面，是DOS的最外层。DOS向用户提供了一组它可以理解和执行的命令。用户是通过这些命令使用PC机的。命令处理模块是负责分析解释这些命令的程序。

磁盘操作管理模块是DOS的核心。它由若干个子模块分别完成文件管理、存储管理以及键盘、显示器、打印机等输入输出任务。

引导程序是一个存放在系统盘0面0道1扇区的一个小程序。每次启动DOS时，它由系统自动地装入内存，再由它负责将上述三个模块装入内存。

DOS曾经占领了个人电脑操作系统领域的大部分，全球绝大多数电脑上都能看到它的身影。由于DOS系统并不需要十分强劲的硬件系统来支持，所以从商业用户到家庭用户都能使用。DOS操作系统的优点有以下几点。

（1）文件管理方便

DOS采用了FAT（文件分配表）来管理文件，这是对文件管理方面的一个创新。所谓FAT

（文件分配表），就是管理文件的连结指令表，它用链条的形式将表示文件在磁盘上的实际位置的点连起来。把文件在磁盘上的分配信息集中到FAT表管理。它是MS-DOS进行文件管理的基础。同时DOS也引进了Unix系统的目录树管理结构，这样很利于文件的管理。

（2）外设支持良好

DOS系统对外部设备也有很好的支持。DOS对外设采取模块化管理，设计了设备驱动程序表，用户可以在Config.sys文件中提示系统需要使用哪些外设。

（3）小巧灵活

DOS系统的体积很小，就连完整的MS-DOS 6.22版也只有几MB，这和现在Windows庞大的身躯比起来可称得上是蚂蚁比大象了。DOS的系统启动文件有IO.SYS、MSDOS.SYS和COM-MAND.COM三个，只要有这三个文件就可以使用DOS启动电脑，并且可以执行内部命令、运行程序和进行磁盘操作。

Windows系统固然是当前最流行的操作系统，但微软向下兼容的特点决定了Windows是基于DOS的，Windows ME、Windws XP等都是以DOS为基础。Windows系统体积的庞大、代码的繁冗使得Windows系统极不稳定。当Windows出现了问题，而其本身又无法解决的时候就只有使用DOS来完成任务了。

（4）应用程序众多

能在 DOS下运行的软件很多，各类工具软件是应有尽有。由于DOS曾是PC机上最普遍的操作系统，所以支持它的软件厂商十分多。现在许多Windows下运行的软件都是从DOS版本发展过来的，如Word、WPS等，一些编程软件如FoxPro等也是由DOS版本的FoxBASE进化而成的。

3.2.3 进入 DOS 操作系统

进入DOS操作系统的第一步就是启动系统。

1. DOS 操作系统的启动

DOS的启动就是从系统盘上把DOS装入内存并执行的过程，包括两种启动方法。

（1）冷启动

在PC机处于关机状态下，开机启动DOS称为冷启动。

将DOS系统盘插入CD-ROM中，然后重启电脑。此时，计算机将首先执行存放在ROM中的自检程序，对系统各部分进行自检。自检通过之后，系统盘上的引导程序将DOS的三个主要模块装入内存，设置缓冲区等当前系统配置；在屏幕上显示系统日期和系统时间，请用户修改。在设定完日期和时间后，即完成启动。

如果CD-ROM中没有DOS系统盘，此时从硬盘C上找引导程序，启动方式如前所述，不同的是DOS模块是从硬盘装入内存的。

（2）热启动

热启动是在PC机处于加电状态下，不关机而重新启动DOS。

热启动的步骤是：按下Ctrl+Alt+Del快捷键，然后同时放开，则进入热启动状态。

热启动和冷启动的差别仅在于热启动不对机器进行自检，而冷启动则首先对机器进行自检。如果机器上配有Reset按钮，也可以按动它重新启动DOS。

2. DOS 提示符

DOS启动并进行了日期和时间的设定后，屏幕显示所启动的DOS版本和DOS提示符>（如果DOS是由硬盘上启动则出现C:\>，如果DOS是由软盘启动的则出现A:\>，其中C、A为盘符）。DOS提示符的出现表明，当前DOS已启动成功，机器处于DOS的控制之下，一切准备就绪，随时准备接受用户输入的DOS命令。如果没有DOS提示符出现，则机器将不能识别和执行任何DOS命令。

3.2.4 DOS 操作系统的目录及其结构

DOS系统将文件进行了系统的分类，有严谨的结构，以便于管理数据。

1. 文件的概念和分类

（1）文件的概念

文件是存储在外部介质上的信息集合。例如一个系统程序、一个应用程序、一个通知、一份报表、一幅设计图等等都可以视作一个文件存储在外部介质上。

在PC机中，文件一般保存在磁盘中。存储在磁盘中的文件称为磁盘文件。通常情况下磁盘文件是通过文件名来分类和标识的。

1）文件名

在一个U盘或一个硬盘上，往往存储有几十个、几百个甚至上千个文件。如何存取这些文件呢？DOS是"按名存取"的，也就是，对每个文件都必须有一个惟一的名字作为文件的标识。

2）文件名的格式

一个文件的文件名（文件全名）由文件的名称（Name），或称为主文件名，和扩展名（Extension）两部分组成。文件的名称是必须有的，由长度为1~8个合法字符构成；扩展名可有可无，如果有扩展名就必须在主文件名和扩展名之间用圆点字符"．"将它们隔开，扩展名由1~3个合法字符构成。

①文件名的合法字符有以下几种。

• 英文字母，不区分大小写

• 0~9数字

• 符号$ # & @ ! %（ ）- { }等。

例如，下列文件名是合法的：

Command.com

Format.com

Xcopy.com

ABC

②不合法的字符有以下这些。

．″ / \ [ ] : | < > + = ;和空格等。

在磁盘的同一目录下，文件名不能重名。且最好对文件的命名做到"见名知义"。

（2）文件名中的通配符*和?

文件操作过程中有时希望对一组文件执行同样的命令，这时可以使用通配符*或?表示该组文件。

　　？通配符，也称单位通配符，仅代表？所在位置上的一个任意字符。比如，文件名TEXT?. txt表示的含义是以TEXT这4个字符开头且主文件名为5个字符，扩展名为txt的所有文件。

　　通配符，也称多位通配符，代表所在位置开始的所有任意字符串。比如，A.* 表示所有文件名以A开始的文件，*.bas表示所有扩展名为bas的文件，*.* 表示所有的文件。

　　（3）文件的分类

　　磁盘上可以存放许多文件，为了管理和使用方便，可以通过扩展名来标记文件类型。对于常用的一些文件类型，DOS对扩展名有相应约定，如表3-2所示。

表 3-2 DOS 文件中常见扩展名

扩展名	约定的文件类型	扩展名	约定的文件类型
.com	命令文件	.c	C 源程序文件
.bat	批处理文件	.bas	Basec 源程序文件
.exe	可执行的二进制文件	.dat	数据文件
.sys	系统配置文件	.for	Fortran 源程序文件
.bak	备用文件	.lib	库文件
.tmp	暂存文件	.asm	汇编源程序文件
.hlp	帮助文件	.pas	Pascal 源文件
.txt	文本文件	.obj	二进制目标文件
.$$$	临时文件	.ovl	覆盖文件

2. 目录和路径

　　对于磁盘上存储的文件，DOS是通过目录进行管理的。所谓目录，就是DOS在磁盘上规定的一个特定区域，在这个区域中存放了每个文件的文件名字以及文件的大小（以Byte为单位）、建立或最后修改的日期和时间以及存放的物理地址等有关信息，其中每个文件的文件名和有关该文件的信息称为这个目录中的一个登记项。

　　DOS的目录采用了多级层次结构。它的最高一级只有一个目录，称为根目录。根目录上可以存放文件，也可以建立称为子目录的目录。子目录下又可以存放文件和再建立子目录。这就像是一棵倒置的树，根目录是树的根，各子目录是树的树枝，而文件则是树的叶子，叶子上是不能再长出树枝来的，所以这种多级层次目录结构称为树形目录结构。图3-3所示为某台电脑中D盘的树形目录结构示意图。

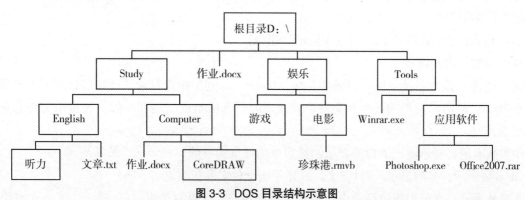

图 3-3 DOS 目录结构示意图

根目录的名称是系统规定的，统一用"\"表示；子目录的名称可以由用户指定，其格式与文件的名称相同。

访问一个文件时，必须告诉DOS三个要素：文件所在的驱动器、文件在树形目录中的位置和文件的名字。文件在树形目录中的位置可以从根目录或当前目录出发，在到达该文件所在的子目录之间依次经过的一连串用反斜线隔开的目录名的序列，这个序列称之为路径。如果文件名包括在内的话，该文件名和最后一个目录名之间也用反斜线隔开。

以根目录为起点的路径称为绝对路径，以非根目录的当前目录为起点的路径为相对路径。

如图3-3中文件"作业.docx"的绝对路径表示为 D:\Study\Compute\作业.docx

3.2.5　DOS操作系统的常用命令

DOS命令分为内部命令和外部命令两种类型。

内部命令是指执行这些命令的程序包含在命令处理模块Command.com文件之中的命令。在DOS启动之后，Command.com文件已被装入到机器的内存之中并且常驻内存，用户只要正确地输入命令，机器将立即执行。

外部命令同内部命令一样也是DOS的命令，但是执行这些命令的程序并没有包含在Command.com文件之中，而是以磁盘文件的形式存放在磁盘上，用户使用这些命令时，首先要保证所使用的外部命令确实存在于某一个磁盘之中，同时还要输入命令文件所处的磁盘目录路径。计算机在接收到用户输入的命令之后，先按照用户给定的目录路径去寻找该命令文件，如找到，则将该文件装入内存并执行。

DOS命令功能十分丰富，通过这些命令可对磁盘文件进行比较、拷贝、删除、显示、重新命名等操作；还可以对磁盘进行格式化、建立子目录；另外还可以通过DOS命令，对系统中各种软、硬设备进行使用和管理，如执行系统软件（如各类高级语言的编译和解释程序），设置显示器和各种打印机的状态，从受损的磁盘上恢复指定的文件，建立硬盘的备份文件，恢复硬盘的文件等。下面介绍几种常用的DOS命令。

1. 文件目录操作命令

常用的文件目录操作命令有以下几种。

（1）目录显示命令 DIR

如果想知道在根目录或者某一个给定的子目录下有多少个文件和多少个子目录，可以使用DIR命令来进行查看。

命令格式：DIR[d:路径][文件名][/P][/W][/S][/A]

命令类型：内部命令

命令功能：该命令显示该盘的磁盘卷标（Label），列出指定目录（或当前目录）上的所有文件名和子目录名，文件的长度和文件生成或最近写入磁盘的日期和时间，并显示文件总数和剩余磁盘空间。

/P参数表示：显示满一屏暂停显示，然后单击任意键继续。

/W参数表示：多列显示，每行5个，只显示出文件名和扩展名。

/S参数表示：显示出指定目录中的各文件项及其子目录中的文件。

/A参数表示：按文件属性来选择显示。

（2）显示或改变当前目录命令 CD

用CD命令，可查看或改变当前目录。

命令格式：CD[盘符:][路径]

命令类型：内部命令

命令功能：显示当前目录或将当前目录改变为目录路径指定的目录。

CD命令的几种具体用法如下。

C:\>CD　显示当前目录

C:\>CD\　使根目录成为当前目录

C:\>CD\DOC　使根目录下的DOC子目录成为当前目录

C:\>CD..　返回当前目录的上层目录（父目录）

（3）建立子目录命令 MD/MKDIR

为了文件管理的方便，防止同一台机器的其他使用者不慎破坏你所建立的文件，你需要为自己建立一个子目录。

命令格式：MD [盘符:][路径]或 MKDIR [盘符:][路径]

命令类型：内部命令

命令功能：在指定磁盘的指定位置建立一个子目录。

以下是MD命令的几种用法。

C:\>MD Study　在当前目录下建立一个子目录Study

C:\>MD\Study\English　在Study子目录下建立子目录English

（4）删除子目录命令RD/RMDIR

经过一个时期的工作也许你的磁盘上建立了许多的子目录，而这些子目录中的数据又都是过时而不再会使用的数据，这样就有必要将这些子目录删去；空出更多的磁盘空间来存储有用的信息。

命令格式：RD [盘符:][路径]或者RMDIR [盘符:][路径]

命令类型：内部命令

命令功能：从指定磁盘上删去一个空的子目录。

例如：C:\> RD C:\Study\English 删去C盘中建立的子目录English

注意：该命令只能删除空子目录；根目录和当前目录不能被删除。

（5）删除目录及其中的内容 DELETREE

对于一个目录来讲，其中可能有文件和子目录，要用RD命令来删除这个目录，必须先删除其中这些文件和子目录，然后再删除目录。DOS提供了DELETREE命令，可以在目录非空情况下，一次删除目录及其下面的文件和子目录。

命令格式：DELETREE [盘符:][路径]

命令类型：外部命令

命令功能：从指定的磁盘上删除目录及其中的文件与子目录。

注意：根目录不能被删除。

2. 文件操作命令

常用的文件操作命令有以下几种。

（1）文件拷贝命令COPY

一个数据或程序文件可能有多个使用者使用，或者为了安全，可以使用COPY命令进行复制。

命令格式：COPY [盘符:][路径][文件名1][盘符:][路径][文件名2]

命令类型：内部命令

命令功能：将指定的源文件"文件名1"（一个或多个），复制生成目标文件"文件名2"。

例如：

C:\>COPY D:1.txt 将D盘中的文件1.txt复制到C盘当前目录下，文件名不变

C:\>COPY D:1.txt \Study\2.txt 将D盘文件1.txt复制到当前盘子目录\Study中，更名为2.txt

C:\>COPY \DOS*.* Study 将子目录C:\DOS中的文件全部复制到子目录Study中

C:\>COPY CON: My.bat 利用COPY命令由键盘输入生成一个名为My.bat的文件

命令执行之后计算机便进入行编辑状态，可通过键盘输入文件内容。输入完成后，按Ctrl+Z快捷键或按Enter键结束编辑。此时在当前盘的当前目录中便建立了一个名为My.bat的文件。

（2）显示文件内容命令TYPE

若想知道磁盘中某一文件的内容，可使用TYPE命令。

命令格式：TYPE[盘符:][路径][文件名]

命令类型：内部命令

命令功能：在屏幕上显示指定文件的内容。

例如：C:\>TYPE Cls.bat显示C盘上Cls.bat文件的内容

注意：此命令只能显示文本文件的内容。若显示扩展名为.exe.com等非文本文件或经过字处理、电子表格处理等生成的文件内容时，在屏幕上出现杂乱无章的符号，可以用Ctrl+Break快捷键中止。在此命令中文件名不能含有通配符。

（3）删除文件命令DEL

不再使用的文件，可用DEL/ERASE命令将其删去，会释放这些文件所占的空间。

命令格式：DEL[盘符:][路径][文件名]

命令类型：内部命令

命令功能：删除指定文件。

例如：C:\>DEL B:Abc.bas 删去B盘当前目录中文件名为Abc.bas的文件。

C:\>DEL A:Mydoc.* 删去A盘当前目录中文件名称为Mydoc的所有文件（扩展名任意）。

当删除当前盘或当前目录下的所有文件时，为了防止误操作，在命令执行中要求用户进行确认。用户可通过Y或N的回答使命令继续完成删除或中断删除操作。

例如：C:\>DEL A:*.*

Are you sure （Y/N）?

注意：该命令不能删除隐含文件。

（4）文件重新命名命令 REN/RENAME

为了文件的管理和归类的方便，或为了避免所建文件覆盖原有的同名文件，常常要将一个现用文件名更换为一个新文件名，可通过REN命令完成。

命令格式：REN[盘符:][路径][文件名1][文件名2]

命令类型：内部命令

命令功能：把文件名1更换为文件名2。

3. 磁盘操作及其他命令

常用的磁盘操作及其他命令如下。

（1）磁盘格式化命令 FORMAT

一个新的磁盘是不能立即用来存储文件的，因为各种不同的操作系统对磁盘有不同的管理方式，所以首先要对其进行格式化，然后才可以使用。

命令格式：FORMAT[盘符:][/S][/Q][/V]

命令类型：外部命令

命令功能：将指定或默认驱动器上的磁盘格式化（初始化）成DOS可以识别的格式，建立磁盘的文件分配表和根目录，分析磁盘是否有坏的磁道和扇区。

/S参数表示：在格式化时把DOS系统文件Io.sys，Msdos.sys，Command.com复制到磁盘上，使其成为一张系统盘，以便可以用该盘启动DOS。

/Q参数表示：进行快速格式化，删除已格式化磁盘的文件表和根目录，但不扫描损坏区域。

/V参数表示：DOS将提示用户写入一个卷标号。

例如：C:\> FORMAT D:/S 对D驱动器中磁盘进行格式化并做成系统盘

（2）系统日期设定命令 DATE

命令格式：DATE[mm-dd-yy]

命令类型：内部命令

命令功能：显示或用指定日期来替换系统中的现行日期，此后用户建立或修改文件时，文件日期为此命令设定的日期的计时值。

例如：C:\> DATE

Current date is Sat 02-08-2010

Enter new date(mm-dd-yy):02-12-2011

上例中将现行日期2010年2月8日改为2011年2月12日。

上例也可用这种方式来完成：　C:\> DATE 02-12-2011

（3）系统时间设定命令TIME

命令格式：TIME[hh:mm:ss: xx]

命令类型：内部命令

命令功能：显示或重新设定系统现行时间，此后修改或建立文件的时间为此命令设定的时间的计时值。

说明：hh 为小时0~23；mm为分钟0~59；ss为秒0~59；xx为百分秒00~99。

例如：C:\>TIME 12:30:30

此例将系统时间改变为12时30分30秒。

（4）清屏命令 CLS

命令格式：CLS

命令类型：内部命令

命令功能：清除屏幕，光标回到屏幕左上角。

4. 其他常用命令

其他各种DOS常用命令如表3-3所示。

表 3-3 其他常用 DOS 命令

命令名	字符组	命令格式	含义
显示目录结构命令	TREE	TREE[盘符][路径][/F]（F 参数显示各个目录中的所有文件名)	显示磁盘上文件的目录结构
设置查找外部命令路径命令	路径	路径 [盘符][路径]	设置一个查找外部命令的路径
显示 DOS 版本号命令	VER	VER	用于显示当前 DOS 版本号
退出 DOS 系统命令	EXIT	EXIT	调用 DOS 结束后，返回系统的命令
显示或设置文件属性命令	ATTRIB	[盘符][路径]ATTRIB[[盘符][路径]< 文件名 >][+A|-A][+H|-H][+R|-R][+S|-S][/S]	显示或设置文件的属性。开关：+ 表示设置属性。- 表示取消属性。A 档案属性 H 隐藏属性 R 只读属性 S 系统属性 /S 对指定目录下的所有子目录下的文件都作同样处理。无开关时是显示文件的属性

3.3 网络操作系统

网络系统软件是控制和管理网络运行、提供网络通信和网络资源分配与共享功能的网络软件，它为用户提供了访问网络和操作网络的友好界面。

3.3.1 网络操作系统的基本功能

网络系统软件主要包括网络操作系统（Net Operating System ，NOS）、网络协议软件和网络通信软件等，著名的网络操作系统NetWare和广泛应用的协议软件TCP/IP软件包以及各种类型的网卡驱动程序都是重要的网络系统软件。网络操作系统是使联网计算机能够方便而有效地共享网络资源，为网络用户提供所需各种服务的软件与协议的集合。

目前流行的网络操作系统软件有：Windows Server 2003操作系统 、Unix操作系统、 Linux操作系统、NetWare操作系统等。

网络操作系统的基本功能如下。

（1）文件服务。

（2）打印服务。

（3）数据库服务。

（4）通信服务。

（5）信息服务。

（6）分布式服务。

（7）网络管理服务。

（8）Internet/Intranet服务。

3.3.2　Windows Server 2003 操作系统

Windows Server 2003是继Windows XP后，Microsoft发布的又一个最新产品，其提供的各种内置服务以及重新设计的内核程序已经与2000/XP有了本质的区别。

1. Windows Server 2003 的主要特点

Windows Server 2003的主要特点如下。

（1）可靠性。Windows Server 2003通过可靠、实用和灵活的集成结构，帮助用户确保商业信息的安全可靠。

（2）高效性。Windows Server 2003的高效性主要体现在：通过提供易用的工具，帮助用户设计、部署与组织网络，通过加强策略，使任务自动化以及简化升级以帮助用户主动管理网络；通过用户自行处理更多的任务来降低支持开销。

（3）实用性。Windows Server 2003提供集成的Web服务器和流媒体服务器，帮助用户快速、轻松地创建动态Intranet和Internet Web站点；提供集成的应用程序服务器，帮助用户轻松地开发、部署和管理XML Web服务；提供多种工具，使用户得以将XML Web服务与内部应用程序、供应商和合作伙伴连接起来。

（4）经济性。Windows Server 2003 可紧密地与 Microsoft 及其合作伙伴的硬件、软件和服务相结合，帮助用户合并各个服务器，从而更好地优化服务器部署策略，降低用户的所属权总成本（TCO）。

2. Windows Server 2003 的新增功能

Windows Server 2003 在Windows XP的基础上增加了许多新功能。

（1）配置流程向导。Windows Server 2003最大的特点是提供了多种多样的特色服务。有从旧版继承发展来的"域控制服务"、"终端服务"、"IIS服务"、"DNS服务"等，还有新增加的"邮件服务"、"文件服务"等。

（2）远程桌面（TS）。Windows Server 2003对于"远程桌面连接"的操作方式在Windows 2000的基础上进行了大幅的调整，从以前单一的连接窗口改为树状控制台与连接显示窗口相结合的统一管理平台。任何的连接与切换都可以在这个平台内进行操作与管理。同时，用户可以随意自定义连接屏幕的尺寸大小，以适应不同的显示要求。

（3）Internet信息服务（IIS6.0）。IIS6.0在多个方面进行了改进，增强了可靠性、方便性、安全性、扩展性和兼容性。

（4）简单的邮件服务器（POP3）。邮件服务器是Windows Server 2003新增的功能，它配置简单，只需几个步骤就可以完成，但与专业的邮件服务器相比它只能算是一个具备收发邮件功能的简单服务器，尚未涉及到容量控制、邮件转发、用户信息维护等功能。

（5）WMS（Windows Media Services）流式媒体服务器。WMS是Windows多媒体技术用于在Internet与Intranet分发数字媒体内容的服务端组件。Windows Server 2003中版本已经升级到9.0，其内部的各项服务已重新设计和增强。

（6）系统关闭事件跟踪。如果用户不得不关闭或重启系统，Windows Server 2003需要用户提供关闭计算机的原因（硬件维护、应用程序安装、安全问题等），并附加一些说明注释，才允许关闭系统。这样不仅可以保证用户的任何操作都在系统监视记录之下进行，而且还可以为以后的维护管理提供可以遵循的标准化信息。

3.3.3　Unix 系统

Unix操作系统是在麻省理工学院开发的一种分时操作系统的基础上发展起来的网络操作系统。Unix操作系统是目前功能最强、安全性和稳定性最高的网络操作系统，其通常与硬件服务器产品一起捆绑销售。Unix是一个多用户多任务的实时操作系统。

Unix操作系统主要用于超级小型机、大型机、RISC计算机上。在当前，Unix推出的各种新版本都把网络功能放在首位。目前，常用的版本有AT&T和SCO公司推出的Unix SVR 3.2、Unix SVR 4.0以及由Univell推出的Unix SVR 4.2等。

从Unix SVR 3.2开始，TCP/IP协议便以模块方式运行于Unix操作系统上。Unix网络操作系统的核心就是将TCP/IP作为Unix系统核心的基本组成部分，所以，从4.0版开始，TCP/IP开始成了Unix操作系统的核心组成部分。这就实现了在Unix系统下进行LAN操作系统技术，从而构成了Unix网络操作系统。

Unix系统的服务器可以和基于其他操作系统的工作站通过TCP/IP协议组成Ethernet总线网络。Unix服务器具有支持网络文件系统服务、提供数据库应用等优点。LAN网络操作系统在Unix环境下的服务器上也可以运行。

3.3.4　Linux 操作系统

Linux操作系统的核心最早是由芬兰的Linux Torvalds和通过Internet组织起来的开发小组于1991年8月在芬兰赫尔辛基大学上学时开发的具有Unix操作系统特征的新一代网络操作系统。Linux是一个Unix操作系统的克隆，可以免费使用、自由修改和传播。其目标是与POSIX（Portable Operating System Interface of Unix，可移植操作系统界面）兼容。Linux包含了人们希望操作系统拥有的所有功能特性，这些功能包括真正的多任务、虚拟内存、世界上最快的TCP/IP驱动程序、共享库和多用户支持（这意味着成百上千的人能在同一时刻，或者通过网络Internet，或者通过连接在计算机串行口上的终端或笔记本计算机或微机，使用同一台计算机）。

Linux是一个支持多用户、多任务、多进程、实时性较好的、功能强大而稳定的操作系统，也是目前运行硬件平台最广泛的操作系统。Red Hat Linux是目前世界上使用最多的Linux操作系统家庭成员，它提供了丰富的软件包，具有强大的网络服务和管理功能。Red Hat Linux 9是Red Hat Linux的一个较新版本，它在原有的基础上又有了很大的进步。它完美了图形界面，增强了硬件兼容性，安装起来更容易。

1. Linux 的特点

与Windows等商业操作系统不同，Linux完全是一个自由的操作系统。Linux与其他操作系统相比有如下特点。

（1）Linux是GNU（GNU's Not Unix 革奴计划）的一员，遵循公共版权许可证（GPL）及开放源代码原则。

（2）源代码几乎全部都是开放的，任何人都能通过Internet或其他媒体得到并可以修改和重新发布。

（3）采用阶层式目录结构，文件归类清楚、容易管理。

（4）支持多种文件系统。如Ext2FS、ISOFS以及Windows的文件系统FAT32、NTFS等。

（5）可以在许多硬件平台上运行。不仅可以运行在Intel系列个人计算机上，还可以运行在Apple系列、DECAlpha系列、MIPS和Motorola 68000系列上，而且从Linux 2.0开始，它不仅支持单处理器的机器，还能支持对称多处理器（SMP）的机器。

（6）不仅可以运行许多自由发布的应用软件，还可以运行许多商品化的应用软件。目前有越来越多的应用程序厂商（如Oracle、Infomix、Sybase、IBM等）支持Linux，而且通过各种仿真软件，Linux系统还能运行许多其他操作系统的应用软件，如DOS、Windows、Windows NT等。

（7）具有可移植性，系统核心只有不到10%的源代码采用汇编语言编写，其余均是采用C语言编写，移植性很高。

（8）Linux诞生、成长于网络，自身的网络功能相当强大，具有内置的TCP/IP协议栈，可以提供FTP、Telnet、WWW等服务，同时还可以通过应用程序向其他系统提供服务，比如向Windows用户提供类似于网络邻居的Samba文件服务。Linux系统的另一特征是它能充分发挥硬件的功能，因而它比其他操作系统的运行效率更高。

（9）可与其他的操作系统如Windows 98/2000/XP等并存于同一台计算机上。

2. Linux 用户的工作环境

使用 Linux 系统的第一个步骤是登录。登录实际上是向系统做自我介绍，又称验证。如果输入了错误的用户名或口令，就不会被允许进入系统。Linux 系统使用帐号来管理特权、维护安全等。不是所有的帐号都是平等的，某些帐号所拥有的文件访问权限和服务要比其他帐号少。

（1）登录（Login）

对系统的使用都是从登录开始的。首先要求使用者必须拥有一个合法的个人帐号，只有系统认可的帐号，才会获得系统的使用权。系统有超级用户Root和一般用户两种用户。

打开电源后，系统会出现如图3-4所示的登录界面，在图形化登录界面上登录为用户。

图 3-4 Linux 登录界面

第一次登录Linux系统必须以超级用户Root身份登录。这个帐号对系统拥有完全的控制权限。通常用Root帐号进行系统管理及维护，包括建立新的用户帐号，启动、关闭、后备及恢复系统等。因为Root的权限不受限制，一旦误操作可能会导致不可预料的后果，所以在以Root身份登录时，必须格外小心，并且只有在必须时才用Root身份登录。如果是系统管理员或者独自拥有这台机器，就可以用超级用户身份登录。登录的方式是在系统提示符后输入Root。在登录提示后键入 Root，按Enter键，在口令提示后输入安装时设置的根口令，然后再按Enter键。要登录为普通用户，在登录提示后输入用户名，按Enter键，在口令提示后输入在创建用户帐号时选择的口令，然后按Enter键。从登录界面登录系统会自动启动如图3-5所示的图形化桌面。

图 3-5　图形化桌面

（2）注销（Logout）

要注销图形化桌面会话，选择"主菜单"中的"注销"命令，弹出如图3-6所示的确认对话框，选择"注销"选项，然后单击"确定"按钮。如果想保存桌面的设置以及还在运行的程序，选中"保存当前设置"选项。

图 3-6　注销确认对话框

3. Shell 命令

Linux的Shell作为操作系统的最外层，也称为外壳，它可以作为命令语言，为用户提供使用操作系统的接口。Shell也是一种程序设计语言，用户可利用多条Shell命令构成一个文件，或称为Shell脚本。

Linux的图形化环境最近这几年有很大改进。在X窗口系统下，几乎可以做全部的工作，只需打开 Shell 提示来完成极少量的任务。然而，许多Linux功能在Shell提示下要比在图形化用户界面（GUI）下完成得更快。在图形化用户界面下需打开文件管理器，定位目录，然后创建、删除或修改文件，而在Shell提示下，只需使用几个命令就可以完成这些工作。Shell提示类似其他命令行的界面。用户在Shell提示下输入命令，Shell解释这些命令，然后告诉操作系统该怎么做。有经验的用户可以编写Shell脚本来进一步扩展这些功能。

桌面上也提供了进入 Shell 提示（Shell prompt）的方式。Shell提示是使用命令而非使用图形化界面来满足计算需要的应用程序。

执行"主菜单>系统工具>终端"操作即打开 Shell 提示，还可以右击桌面并从弹出的快捷菜单中选择"新建终端"命令来启动 Shell提示。Shell 提示如图3-7所示。

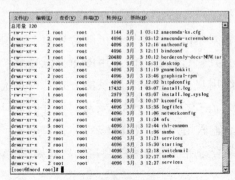

图 3-7　Shell 提示

要退出 Shell 提示，在提示中输入Exit，或按Ctrl+D快捷键。

Shell命令有很多，主要有文件操作命令、目录和层次命令、查找命令、目录和文件安全性、磁盘存储命令、进程命令和联机帮助命令等。

3.3.5　Novell NetWare 操作系统

NetWare操作系统目前在局域网中早已失去了当年雄霸一方的气势，但是NetWare操作系统仍以对网络硬件的要求较低而受到一些设备比较落后的中小型企业青睐。人们一时还忘不了它在无盘工作站组建方面的优势，也忘不了它那毫无过分需求的大度。且因为它兼容DOS命令，其应用环境与DOS相似，经过长时间的发展，具有相当丰富的应用软件支持，技术完善、可靠。

目前常用的版本有3.11、3.12、4.10、4.11、5.0、6.0等中英文版本。NetWare服务器对无盘站和游戏的支持较好，常用于教学网和游戏厅。目前这种操作系统的市场占有率呈下降趋势，这部分的市场主要被Windows NT/2000和Linux系统瓜分了。

Novell在NetWare的名称下提供许多不同的网络操作系统，从简单和廉价的NetWare Lite到NetWare 4.x，NetWare 4.x是专门为企业级网络设计的操作系统。下面简要地介绍这些操作系统产品系列。NetWare 3.x和NetWare 4.x产品的总体特征将进一步介绍。

（1）NetWare Lite是支持2~25个用户的一种对等层网络操作系统。它在DOS操作系统上运行，并与Microsoft Windows兼容。只要具有很少的联网知识，用户就可以建立一个网络，来共享文件、应用程序和打印机。

（2）NetWare 2.x是为大公司中的小型和中型商务和工作小组设计的网络操作系统。这种操作系统在特定型号或非特定型号的基于Intel 80286、80386、80486的计算机上运行。它提供局部和远程网络互联支持，并向网络管理人员提供一些工具。

（3）NetWare 3.x是一种为在单一专用服务器上支持上百个用户而设计的网络操作系统。它提供许多本节要讨论的高级特征，包括模块设计和集成不同系统（包括小型计算机）的功能。

（4）NetWare 4.x是继承了NetWare 3.x所有功能的Novell企业级操作系统，它还增加了一些由它自己就可以生成的支持目录服务和企业级网络分布多服务器环境的一些新特征。

NetWare 3.x和NetWare 4.x是模块化的、可扩展的。对网络进行改变、升级和增加都是可能的。可以在服务器中装入NetWare的可装入模块（NLM），与服务器的操作系统相连，以提供如下服务。

1）支持非DOS文件的存储。

2）通信服务。

3）数据库服务。

4）信报传送服务。

5）归档和备份服务。

6）网络管理服务。

Novell是工业控制、生产企业、证券系统比较理想的操作系统。

当LAN使用了Novell NetWare作为网络操作系统时，即被称为Novell网。从安装使用角度看，Novell网络操作系统事实上是由文件服务器联网软件、客户机联网软件、可选的网桥类互联软件以及可选的网络增值服务软件等所组成。Novell网有如下一些特征。

（1）对文件与目录进行集中管理，提供目录服务与帐户管理服务。

（2）主要采用文件级传输信息的方式工作，并能以优化方式配置和管理最重要的硬盘资源内容。

（3）具有相对完善的一批安全性措施。如卷/目录/文件的管理，帐户与计费管理，用户权限、文件/属性限制，用户登录的站点与时间限制等，都可以由LAN中的网络管理员进行规划与管理。

（4）提供了一类开放式的网络软件使用、安装与开发环境。

（5）提供了共享打印服务。

（6）对硬盘与系统采取了较多的可靠性措施，如要实现更高可靠性还可以选用SFT（软件容错）这一级的网络操作系统。

3.4　思考与练习

1. 填空题

（1）一台没有安装操作系统的计算机通常称之为_____。

（2）计算机的软件系统通常分成_____软件和_____软件。

（3）在DOS系统中目录显示命令是_____，建立子目录的命令是_____，显示文件内容的命令是_____。

2. 选择题

（1）系统软件中最重要的是（　　　）。

  A．操作系统   B．语言处理程序

  C．程序设计语言   D．数据库管理系统

（2）在DOS系统中，通配符？代表的含义是（　　　）。

  A．任意位置上的任意字符   B．该位置上的任意一串字符

  C．该位置出现的任意一个字符 D．都可以

（3）下列属于操作系统软件的有（　　　）。

  A．Unix   B．DOS

  C．Linux   D．Microsoft Office

3. 问答题

（1）操作系统的主要功能有哪些？

（2）操作系统的基本特征有哪些？

（3）常见的操作系统有哪些？各有什么特点？

第四章 中文 Windows XP 操作系统

4.1 Windows XP 概述

Windows（视窗）操作系统，是世界上使用最广泛的计算机操作系统，也是Microsoft公司最得意的作品之一，更是比尔·盖茨（Bill Gates）一生辛勤耕耘的成果体现。

4.1.1 Windows 操作系统的发展历史

从Windows操作系统第一个版本1.0的诞生到最新的操作系统Windows 7的问世，期间经历了二十多年的时间，发展了17代，其发展概要如表4-1所示。

表 4-1 Windows 操作系统的发展历史

版本号	发行时间	主要特点
Windows 1.0	1983.12	微软第一次对个人电脑操作平台进行用户图形界面的尝试；由于产品不成熟，功能较弱，当时没有得到实际应用
Windows 2.0	1987.12	采用了层叠式的窗口系统，附加了电子表格处理软件 Microsoft Excel。因硬件跟不上，故管理性能和操作性能表现不佳。也没有被用户接受使用
Windows 3.0	1990.5	提供了全新的图形用户界面（GUI），突破了传统 MS-DOS 的内存限制，应用程序可使用扩展内存。由于在界面、人性化、内存管理多方面的巨大改进，终于获得用户的认同
Windows 3.1	1992.4	奠定了其在操作系统上的垄断地位，微软的研发和销售开始进入良性循环。1992年比尔·盖茨成为世界首富
Windows 3.2	1994	第一次发行中文版，在我国得到了广泛的应用
Windows NT 3.1	1993.8	是基于 OS/2 NT 基础编制的，由微软和 IBM 联合研制，协作分开后，微软把名称改为 MS Windows NT
Windows NT 4.0	1996.8	基于网络 Windows NT 3.1 的升级，增加了许多对应管理方面的特性，增强了系统的稳定性
Windows 95	1995.8	第一个独立的 32 位操作系统，其版本号为 4.0。实现了真正意义上的图形用户界面，使操作界面变得更加友好
Windows 97	1996.8	是 Windows 95 的第二次升级。集成了 IE 3.0，增加了对 FAT32 和 UDMA 以及 USB 的支持
Windows 98/SE	1998.6	集成了 Internet，用户能够在共同的界面上以相同方式简易快捷地访问本机硬盘、Intranet 和 Internet 上的数据，让互联网真正走进个人应用，其版本号为 4.1
Windows 2000	1999.12	最初命名为 Windows NT 5.0，是第一个基于 NT 技术的纯 32 位的 Windows 操作系统
Windows Me	2000.9	Windows 98 的第三版后被更名为了 Windows Millennium Edition（千禧版），简称 Windows Me，Me 是英文千禧年（Millennium）的意思。主要升级了一些常用软件，如 IE 5.5 和 Media Player 7.0 等
Windows XP	2001.8	采用了豪华亮丽的用户图形界面，并引入了"选择任务"用户界面

版本号	发行时间	主要特点
Windows Server 2003	2003.4	版本号为5.1。针对不同的商业需求，进一步细分了版本子集，包括Web版、标准版、企业版和数据中心版4个版本。其在稳定性和安全性上有了实质性的飞跃
Windows Vista	2007.1	Windows Vista是微软的新一代操作系统，以前叫做Longhorn。后更名为Windows Vista。其最大特色是：采用了全新的图形用户界面和界面风格，加强了搜索功能；重新设计了网络、音频、输出（打印）和显示子系统
Windows Server 2008	2008.2	内置了Web和虚拟化技术，可增强服务器基础结构的可靠性和灵活性，增强了Web资源和安全性
Windows 7	2009.10	Windows 7的设计主要围绕五个重点——针对笔记本电脑的特有设计；基于应用服务的设计；用户的个性化；视听娱乐的优化；用户易用性的新引擎

4.1.2　Windows XP 简介

Windows XP中文全称为视窗操作系统体验版，字母XP表示英文单词的"Experience"（体验）。它比早期的操作系统功能更强大，运行更稳定，因此深受广大用户的喜爱和使用。

1. 初识 Windows XP

微软一共发行了三个版本的Windows XP，家庭版（Home Edition）、专业版（Professional）及64位版（64 Bit Edition）。家庭版的消费对象是家庭用户；专业版则在家庭版的基础上添加了新的为面向商业设计的网络认证、双处理器等特性；64位版主要在某些特殊行业的专业工作站使用。其中家庭版和专业版是32位操作系统，而64位版则是64位操作系统。

2. Windows XP 的主要功能

Windows XP的主要特点如下。

（1）Windows XP的用户界面比以往的视窗软件更加友好。

（2）充分考虑到了人们在家庭联网方面的要求。

（3）充分考虑了数码多媒体应用方面的要求。

（4）硬件上又一次的升级，Windows XP的运行速度再次得到加快。

（5）充分考虑计算机的安全需要，内置了极其严格的安全机制，每个用户都可以拥有高度保密的个人特别区域。

4.1.3　Windows XP 的安装与配置

安装Windows XP之前需了解计算机的相关配置，如果配置太低将会影响系统的正常安装和系统性能的发挥，或者根本就不能安装成功。

1. Windows XP 对硬件系统最低要求

Windows XP中的最低配置要求如下。

CPU：要求时钟频率为300MHz或更高，至少需要233MHz（单个或双处理器系统）。

内存：使用128MB RAM或更高（最低支持64M，否则可能会影响性能和某些功能）。

硬盘：要求有1.5GB以上的可用硬盘空间。

显示适配器：SuperVGA（800×600）或分辨率更高的视频适配器和监视器。

光盘驱动：CD-ROM或DVD驱动器，或者相应的刻录机。

输入设备：键盘、鼠标或兼容的相关设备。

2. Windows XP 的安装

常见的Windows XP的安装方式有3种，即升级安装、多系统安装和全新安装。

升级安装即是在原来低版本Windows操作系统的基础上进行覆盖升级，可升级的Windows操作系统的最低要求须是Windows 95及其之后的版本。

多系统安装是指在保留原有系统前提下，将Windows XP安装在另一个独立的分区中。新的系统将与原有系统共同存在，互不干扰。安装完毕，可允许用户选择启动不同的操作系统，便于满足不同的用户对系统的不同要求。

下面我们重点了解全新安装Windows XP的操作过程。

在安装Windows XP之前，需要进行一些相关的设置，例如：BIOS启动项的调整，硬盘分区的调整以及格式化等等。

（1）BIOS启动项调整

Step 01 在安装系统之前首先需要在BIOS中将光驱设置为第一启动项。进入BIOS的方法随BIOS不同而不同，一般来说有在开机自检通过后按Del键或者是F2键等。进入BIOS以后，找到"Boot"项目，然后在列表中将第一启动项设置为"CD-ROM"，如图4-1所示。不同品牌的BIOS设置有所不同，详细内容可参考主板说明书。

Step 02 在BIOS将CD-ROM设置为第一启动项之后然后按键盘上的F10键保存当前设置并退出BIOS设置状态，重启计算机后出现如图4-2所示"boot from CD.."提示符的界面，这时按任意键即可从光驱启动系统。在光驱中插入Windows XP安装盘重启计算机进入如图4-3的安装界面。

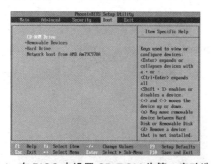
图 4-1　在 BIOS 中设置 CD-ROM 为第一启动选项

图 4-2　"boot from CD.."提示符界面

（2）选择系统安装分区

从光驱启动系统后，出现Windows XP安装界面和欢迎界面，如图4-3、图4-4所示。

图 4-3　Windows XP 安装界面

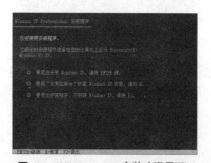
图 4-4　Windows XP 安装欢迎界面

Step 01 根据屏幕提示，按下Enter键来继续进入用户许可协议界面，如图4-5所示。如果要继续安装Windows XP，就必须按F8键同意此协议。

Step 02 按F8键同意进入硬盘分区界面，如图4-6所示。

图 4-5 Windows XP 的用户许可协议界面   图 4-6 硬盘分区界面

Step 03 按C键进入硬盘分区划分界面，如图4-7所示。如果硬盘已经分好区的话，那就不用再进行分区了，可直接选择用于安装系统的分区（一般为磁盘的第一个分区）按Enter键在当前分区进行系统安装。在这里可以根据当前硬盘的大小及实际需要对硬盘进行分区，如果硬盘比较大的话建议将安装Windows XP系统的分区设置为10G以上。

图 4-7 硬盘分区划分界面

（3）选择文件系统格式及复制文件

Step 01 对磁盘进行好分区以后，选择系统的安装分区，如图4-8所示，按Enter键进入文件系统格式选择界面，如图4-9所示，在Windows XP中有FAT32和NTFS两种文件系统格式供选择。从兼容性上来说，FAT32稍好于NTFS；而从安全性和性能上来说，NTFS要比FAT32好很多。作为普通Windows用户，可以选择FAT32格式。

图 4-8 选择系统的安装分区   图 4-9 文件系统格式选择界面

Step 02 选中文件系统格式后按Enter键进入如图4-10所示的格式化分区界面。分区格式化完成后，自动进入系统文件复制界面，如图4-11所示。

图 4-10 格式化分区界面

图 4-11 系统文件复制界面

（4）系统安装及设置

在进行完系统文件的复制后，接下来系统就要真正地安装到硬盘上面去了，虽然Windows XP的安装过程基本不需要人工干预，但是有些地方，例如：输入序列号，设置时间、网络、管理员密码等项目还是需要人工干预的。

Windows XP采用的是图形化的安装方式，在安装页面中，左侧标识了正在进行的内容，右侧则是用文字列举着相对于以前版本来说Windows XP所具有的新特性。在进行完系统文件的复制后，计算机会自动重启进入图形化安装界面，如图4-12所示。

当提示还需33分钟时将出现区域和语言选项设置，如图4-13所示。

图 4-12 Windows XP 图形化安装界面

图 4-13 区域和语言选项设置界面

Step 01 区域和语言设置选用默认设置就可以了，直接点"下一步"按钮，出现姓名和单位设置界面，如图4-14所示。

Step 02 输入姓名和单位，这里的姓名是你以后注册的用户名，单击"下一步"按钮，出现产品密钥（产品密钥即通常讲的序列号）输入界面，如图4-15所示。

图 4-14 姓名和单位设置界面

图 4-15 所示的序列号输入界面

Step 03 输入安装序列号，点"下一步"按钮，出现计算机名及管理员密码设置界面，如图4-16所示。

Step 04 安装程序将自动创建一个计算机名称，用户可任意更改，输入两次系统管理员密码，请记住这个密码，Administrator系统管理员在系统中具有最高权限。设置好计算机和管理员密码后单击"下一步"出现日期和时间设置界面，如图4-17所示。

图 4-16 计算机名及管理员密码设置界面 　　　图 4-17 日期和时间设置界面

Step 05 设置好日期和时间后，单击"下一步"继续进行安装，当提示还需30分钟时出现网络设置界面，如图4-18所示。

Step 06 选择网络安装所用的方式，选典型设置，单击"下一步"出现工作组和计算机域设置界面，如图4-19所示。在此不做网络设置，选择不设置，具体的设置在后面内容中将做进一步的介绍。

图 4-18 网络设置界面 　　　　　　　　图 4-19 工作组和计算机域设置界面

Step 07 单击"下一步"继续安装，此后安装程序会自动完成全过程。安装完成后自动重新启动，出现启动界面，如图4-20所示。

Step 08 因为是完整安装系统后计算机的第一次启动，所以需要等待较长时间，接下来进入欢迎界面，如图4-21所示。

图 4-20 启动界面 　　　　　　　　　　图 4-21 欢迎界面

Step 09 在随后出现的系统设置界面进入Windows XP系统桌面，完成系统安装，如图4-22、图4-23所示。

图 4-22　系统置设界面

图 4-23　Windows XP 系统桌面

（5）安装主板驱动及其他设备的驱动程序

按主板说明书安装主板芯片驱动及其他硬件设备的驱动程序，其他设备有显示卡、声卡、网卡等。最终完成整个Windows XP操作系统的安装。

4.1.4　Windows XP 的启动、注销及退出

Windows XP的启动、注销及退出方法如下。

1. Windows XP 的启动

打开外部设备和计算机主机电源开关，在系统自检通过后，Windows XP 都会自行启动。完成加载驱动程序、检查系统的硬件配置之后，屏幕上显示登录界面，如图4-24所示，要求输入用户名、密码，用户名和密码通过检验后，完成启动进入Windows XP 桌面。

2. Windows XP 的注销

Windows XP 是一个支持多用户的操作系统，当登录系统时，只需要在登录界面上单击用户名前的图标，即可实现多用户登录，各个用户可以进行个性化设置而互不影响。

为了便于不同的用户快速登录使用计算机， Windows XP 提供了注销的功能。应用注销功能，用户不必重新启动计算机就可以实现多用户登录，这样既快捷方便，又减少了对硬件的损耗。注销Windows XP 可执行如下操作。

在"开始"菜单中单击"注销"按钮，这时桌面上会出现一个"注销Windows XP"对话框，如图4-25所示，询问用户是进行"切换用户"还是进行"注销"操作。

图 4-24　Windows XP 登录对话框

图 4-25　"注销 Windows" 对话框

如果选择"切换用户"，计算机可以在当前用户程序和文档都不关闭的情况下进入登录界面，让其他用户登录；部分没有关闭的程序其他用户也可以共用，如拨号上网等。当用户回到原来的用户名下继续工作时，会发现一切保留当时的状态，这样会显得更方便。另外，XP提供了一个切换用户的快捷键，当用户在按下键盘上的Windows徽标键的同时按下L键时，就相当于选择了"切换用户"这个功能。如果选择"注销"，计算机将关闭当前用户程序，结束当前用户的Windows对话，重新进入用户登录界面。单击"取消"按钮，则取消此次操作。

3. Windows XP 的退出

当用户要结束对计算机的操作时，一定要正常退出Windows XP 系统，然后再关闭显示器，否则会丢失文件或破坏程序，如果用户在没有退出Windows XP系统的情况下就关机，系统将认为是非法关机，当下次再开机时，系统会自动执行自检程序。

退出Windows XP 操作系统时，可以单击"开始"按钮，在打开的"开始"菜单中点击"关闭计算机"按钮，如图4-26所示。也可以在关闭了所有程序和窗口之后按Alt+F4快捷键，出现"关闭计算机"对话框，如图4-27所示。

图 4-26 "开始"菜单"关闭计算机"按钮   图 4-27 "关闭计算机"对话框

在"关闭计算机"对话框中如果单击"待机"按钮，则计算机将进入休眠状态，减少功耗。如果要再次使用，也可以很快进入。如果单击"关闭"按钮，则关闭计算机，并且在关机之前将保存已更改的设置。如果单击"重新启动"按钮，则首先会保存数据，然后重新启动计算机。如果用户安装了多种操作系统，还可以选择其他的操作系统。

4.2   Windows XP 的桌面

启动计算机登录到系统后即进入Windows XP的桌面，它是用户和计算机进行交流的窗口。

4.2.1   Windows XP 中的桌面图标、任务栏及其管理

Windows XP的桌面图标和任务栏是最基本的界面，在这里用户可进行各种操作。

1. Window XP 的桌面

桌面上可以存放经常用到的应用程序和文件夹图标，用户可以根据自己的需要在桌面上添加各种快捷图标，在使用时双击图标就能够快速启动相应的程序或文件。

（1）桌面的组成

桌面由背景画面、图标和任务栏组成，如图4-28所示。图标是指在桌面上排列的小图像，它包含图标的图案和图标的标题（说明文字）两部分，如果用户把鼠标放在图标上停留片刻，桌面上会出现对图标所表示内容的说明或者是文件存放的路径，双击图标就可以打开相应的内容。

图 4-28 Windows XP 桌面的组成

新安装的Windows XP的桌面包含"我的文档"、"我的电脑"、"网上邻居"、"Internet Expl-orer"、"回收站"5个图标。

"我的文档"：用于管理"我的文档"下的文件和文件夹，可以保存信件、报告和其他文档，它是系统默认的文档保存位置。

"我的电脑"：可以实现对计算机硬盘驱动器、文件夹和文件的管理。

"网上邻居"：提供了网络上其他计算机上文件夹和文件访问以及有关信息，在双击展开的窗口中用户可以进行查看工作组中的计算机、查看网络位置及添加网络位置等工作。

"回收站"：在回收站中暂时存放着已经删除的文件或文件夹等一些信息，当用户还没有清空回收站时，可以从中还原删除的文件或文件夹。

"Internet Explorer"：用于浏览互联网上的信息，通过双击该图标打开IE浏览器可以访问网络资源。

（2）任务栏的组成

任务栏位于屏幕底部，可分为"开始"菜单按钮、快速启动区、活动窗口区、语言栏和系统显示区几个部分，如图4-29所示。

图 4-29　Windows XP 任务栏的组成

"开始"菜单按钮：单击此按钮，可以打开"开始"菜单，"开始"菜单集成了Windows中大部分的应用程序和系统设置工具，通过"开始"菜单可以运行大多数的应用程序。

快速启动区：它由一些小型的按钮组成，单击可以快速启动程序，一般情况下它包括Internet Explorer 图标、Outlook Express图标和显示桌面图标等。

活动窗口区：当用户启动某项应用程序而打开一个窗口后，在任务栏上会出现相应的按钮，表明当前程序正在被使用，在一般情况下按钮向下凹陷，把程序窗口最小化后，按钮则是向上凸起的，这样可以使用户更方便使用。

语言栏：在此用户可以选择各种语言输入法，单击键盘图标按钮，可在弹出的菜单中进行选择输入法。

系统显示区：显示了系统在开机状态下常驻内存的一些项目，如音量控制器、系统时钟、网络连接状态、反病毒实时监控程序等。

2. 桌面图标设置

桌面图标是可以更改的，用户可对图标进行排列、移动、增减等操作。

（1）图标的排列

在桌面上单击鼠标右键，在弹出的快捷菜单中通过"排列图标"可以对桌面菜单进行排列、清理、显示、隐藏等操作，如图4-30所示。

图标的排列可分为自动排列和手动排列两种形式。自动排列可以按名称、大小、类型和修改时间等排列方式进行。按名称是指按图标名称开头的字母或拼音顺序排列；按大小是指按图标所代表文件的大小顺序来排列；按类型是指按图标所代表的文件类型来排列；按修改时间是指按图标所代表文件的最后一次修改时间来排列。当自动排列不能满足需要时可以通过拖动桌面图标的方式进行图标排列，用这种方式可以把桌面图标放到桌面的任意位置。

（2）对桌面图标的基本操作

对桌面图标可进行以下操作。

1）移动图标

用鼠标左键在选中桌面图标的同时按住不放，拖动图标到桌面上任意一位置后松开左键，即可完成对图标的移动操作。

2）桌面快捷图标的创建

右键点击将要产生桌面快捷方式的图标，在弹出的快捷菜单中单击"发送到"菜单项，在下级菜单中单击"桌面快捷方式"命令即可，如图4-31所示。

图4-30 桌面右键快捷菜单

图4-31 "发送到桌面快捷方式"菜单

也可先复制要创建快捷方式的图标，在桌面上单击鼠标右键，在弹出的快捷菜单中选择"粘贴快捷方式"实现桌面快捷图标的创建。

3）启动图标程序

用鼠标左键在图标上快速双击即可启动图标所对应的应用程序。也可用鼠标右键点击图标，在弹出的快捷菜单中选择"打开"命令，启动当前图标所对应的应用程序。

4）重命名图标

用鼠标右键点击图标，在弹出的快捷菜单中选择"重命名"命令，或者在用鼠标左键选中图标后，再次单击左键，也可在用鼠标左键选中图标的状态下按下键盘上的功能键F2键，将图标名称激活为可编辑状态再输入新名称。

5）删除图标

用鼠标右键点击图标，在弹出的快捷菜单中选择"删除"命令将图标进行删除；或者用鼠标左键选中将删除的图标后，按键盘上的Delete键进行删除；也可以直接将要删除的图标拖动到回收站图标上，松开鼠标左键，将图标暂时放到回收站。

（3）显示属性

在桌面上单击鼠标右键，在弹出的快捷菜单中单击"属性"可以打开"显示 属性"对话框，如图4-32所示可以进行对当前系统显示主题、桌面背景、屏幕保护程序、显示外观和显示分辨率的设置和更改等操作。

3. 任务栏的设置及管理

任务栏的设置及管理方法如下。

（1）移动任务栏

图4-32 "显示 属性"对话框

默认情况下任务栏是锁定的，在这种状态下任务栏不能被移动。如果要移动任务栏首先应对任务栏解锁。用鼠标右键点击任务栏，在弹出的菜单中取消对"锁定任务栏"的选择，解除任务栏的锁定，此时可以在任务栏的空白区，按住鼠标左键不放将任务栏拖动到屏幕的左、右两侧或顶端。

（2）添加工具栏

在任务栏中可以添加多个工具栏，普通情况下任务栏只有"开始"菜单、快速启动等工具栏。要添加工具栏，可执行如下操作。

Step 01 在任务栏的空白处点击鼠标右键，打开快捷菜单。

Step 02 在这个菜单中包括一个"工具栏"级联菜单，其中有地址、链接、语言栏、快速启动、桌面和新建工具栏六个命令。其中"快速启动"命令前有一个勾选符号"√"，表示这个工具栏已经在任务栏中了。单击这个命令取消掉勾选状态可以从任务栏中删除这个工具栏。

Step 03 单击链接、地址或桌面命令就能够将相应的工具栏添加到任务栏中。

（3）改变任务栏的尺寸

在未锁定任务栏的情况下，要改变任务栏的尺寸，可执行如下操作。

Step 01 将鼠标移动到任务栏与桌面交界的边缘上，此时鼠标的形状变成了一个垂直的双箭头。

Step 02 按住鼠标左键，向桌面中心方向拖动鼠标。

Step 03 当任务栏的大小比较合适时，松开鼠标左键，这样任务栏就变成了想要的大小。改变任务栏尺寸后，可以看到各个任务栏按钮清晰地排列在其中。

（4）隐藏任务栏

一般情况下任务栏总是完整地显示在屏幕上，保证任务栏随时可见和可操作；当它的尺寸比较大时，就占用了太多的屏幕空间，使得用户对屏幕其他地方的操作十分不便。因此可以将任务栏隐藏起来。要隐藏任务栏，可执行如下操作。

Step 01 在任务栏中的空白处点击鼠标右键，弹出快捷菜单。

Step 02 单击快捷菜单中的"属性"命令，打开"任务栏和「开始」菜单属性"对话框。在"任务栏"选项卡中选中"自动隐藏"复选框。

Step 03 单击"确定"按钮，完成隐藏任务栏操作。

这样，当打开其他窗口时，任务栏就会自动隐藏起来。如果任务栏处于屏幕的底部，那么只要将鼠标移动到屏幕的底部停留一会，隐藏起来的任务栏就会重新显示出来。

（5）新建工具栏

使用新建工具栏可以帮助用户将常用的文件夹或者经常访问的网址显示在任务栏上，从而可以单击直接访问它。例如，要把一个名为"资料"的文件夹放到新建工具栏中，操作如下。

Step 01 在任务栏的空白处点击鼠标右键，弹出快捷菜单。

Step 02 单击"工具栏"级联菜单中的"新建工具栏"命令，打开"新建工具栏"对话框。

Step 03 在弹出的"新建工具栏"对话窗中找到要新建的文件夹"资料"。

Step 04 单击"确定"按钮，这个文件夹就添加到了"新建工具栏"中，此时任务栏中多了一个名为"资料"的工具栏，如图4-33所示。

新建的工具栏

图4-33 新建任务栏工具栏

在"资料"工具栏中，单击文件夹图标可以直接打开相应的文件。单击"资料"工具栏右侧向右箭头的按钮，就会出现一个"资料"文件夹中文件及子文件夹的列表。

（6）任务栏组合

当打开的窗口和程序窗口比较多时，任务栏中就会挤满按钮，为了分类管理和在任务栏上预留更多的可用空间，可以用任务栏组合功能对这些窗口进行管理。在任务栏空白处点击鼠标右键，在弹出的快捷菜单中单击"属性"命令，打开"任务栏和「开始」菜单属性"对话框。在"任务栏"选项卡中勾选"分组相似任务栏按钮"复选框，对任务栏进行组合管理。

（7）系统显示区

为了减少任务栏的混乱程度，如果系统显示区的图标在一段时间内未被使用，它们会隐藏起来以简化该区域。如果图标被隐藏，单击向左的箭头图标可以临时显示隐藏的图标。如果单击这些图标中的某一个，它将再次显示。

（8）设置任务栏

右键点击任务栏的空白处或者"开始"按钮，在弹出的快捷菜单中单击"属性"命令，打开"任务栏和「开始」属性"对话框，单击"任务栏"按钮打开如图4-34所示的"任务栏"选项卡。

在"任务栏外观"选项组中，用户可以通过对复选框的勾选来设置任务栏的外观。

锁定任务栏：当锁定后，任务栏不能被随意移动或改变大小。

自动隐藏任务栏：当用户不对任务栏进行操作时，它将自动消失，当用户需要使用时，可以把鼠标放在任务栏位置，它会自动出现。

将任务栏保持在其他窗口的前端：如果用户打开很多的窗口，任务栏总是在最前端，而不会被其他窗口盖住。

分组相似任务栏按钮：把相同的程序或相似的文件归类分组使用同一个按钮，这样不至于在用户打开很多的窗口时，按钮变得很小而不容易被辨认，使用时只要找到相应的按钮组就可以找到要操作的窗口名称。

显示快速启动：选择后将显示快速启动工具栏。

在"通知区域"选项组中，用户可以选择是否显示时钟，也可以把最近没有单击过的图标隐藏起来以便保持通知区域的简洁明了。

单击"自定义"按钮，在打开的"自定义通知"对话框中，用户可以进行隐藏或显示图标的设置，如图4-35所示。

图4-34 "任务栏"选项卡

图4-35 "自定义通知"对话框

4."开始"菜单

在Windows XP中，用户大部分的工作都可以从"开始"菜单开始。单击"开始"菜单按钮，或者按Ctrl+Esc快捷键，或按键盘上的Windows微标键，弹出"开始"菜单，如图4-36所示。

（1）"开始"菜单的概貌

图 4-36 "开始"菜单

"开始"菜单大体上可分为4部分。最上方标明了当前登录计算机系统的用户，由一张小图片和用户名称组成，它们的具体内容是可以更改的。中间部分左侧是用户常用的应用程序的快捷启动项，根据其内容的不同，中间有灰色分隔线进行分类，通过这些快捷启动项，用户可以快速启动应用程序。右侧是系统控制工具菜单区域，比如"我的电脑"、"我的文档"、"搜索"等选项，通过这些菜单项用户可以实现对计算机的操作与管理。在"所有程序"菜单项中显示计算机系统中安装的全部应用程序（在安装程序时如果选择了"不添加到开始菜单"则在这里不会显示）。最下方是计算机控制菜单区域，包括"注销"和"关闭计算机"两个按钮，用户可以在此进行注销用户和关闭计算机的操作。

在"开始"菜单中，每一项都有对应的标记：左边是当前程序或命令的图案，中间是该菜单项的标题文字，右边是用括号括起来的字母以及省略号或▶符号。字母是该菜单项的快捷键，当打开"开始"菜单后按该字母可以选择对应菜单项，其效果与用鼠标单击该菜单项一致。…表示选择该菜单项后，还会出现一个对话框让用户进行进一步操作。▶表示选择该菜单项后，系统会出现下一级子菜单；某个子菜单项为灰色时表示此子菜单项不可用。

（2）"开始"菜单的主要菜单项

1）"所有程序"：单击该菜单项右侧的▶可以看到系统中所有程序的列表，单击对应程序图标可以启动相应的应用程序。

2）"我的文档"：单击该菜单项可以打开"我的文档"文件夹。

3）"我最近的文档（D）"：单击该菜单项右侧的"▶"可以快速打开最近使用过的文档，只要在计算机上编辑过的文档都将被记录在"我最近的文档"菜单中，最多可以记录15项。

4）"图片收藏"：单击该菜单项可以快速打开"我的文档"文件夹中的"图片收藏"子文件夹。

5）"我的音乐"：单击该菜单项可以快速打开"我的文档"文件夹中的"我的音乐"子文件夹。

6）"我的电脑"：单击该菜单项可以快速打开"我的电脑"，与在桌面双击打开"我的电脑"一样。

7）"控制面板（C）"：单击该菜单项可以快速打开"控制面板"窗口。

8）"帮助和支持（H）"："帮助和支持中心"是全面提供各种工具和信息的资源。使用搜索、索引或者目录，可以广泛访问各种联机帮助系统。通过它可以向联机 Microsoft 支持技术人员寻求帮助，可以与其他 Windows XP 用户或专家利用 Windows 新闻组交换问题和答案，还可以使用"远程协助"来向朋友或同事寻求帮助。

9）"运行（R）"：单击该菜单项可以打开"运行"对话框，如图4-37所示。

图 4-37 "运行"对话框

利用这个对话框用户能打开程序、文件夹、文档或者是网站，使用时需要在"打开"文本框中输入完整的程序、文件路径或相应的网站地址，当用户不清楚程序或文件路径时，也可以单击"浏览"按钮，在打开的"浏览"窗口中选择要运行的可执行程序文件，然后单击"确定"按钮，即可打开相应的窗口。

"运行"对话框具有记忆性输入的功能，它可以自动存储用户曾经输入过的程序或文件路径，当用户再次使用时，只要在"打开"文本框中输入开头的一个字母，在其下拉列表框中即可显示曾打开过的以这个字母开头的所有程序或文件的名称，用户可以从中进行选择，从而节省时间，提高工作效率。

10）"搜索（S）"：单击该菜单项后将出现"搜索结果"窗口，如图4-38所示。

图 4-38 "搜索结果"窗口

在窗口左边用户可以搜索图片、音乐、帮助信息或文件、文件夹等，还可以搜索Internet上的有关信息。当选择"查找文件"时，用户可以输入欲查找的文件名，或提供欲查找文件中的一个字或词，并指定查找位置，最后单击"搜索"按钮。搜索完毕后在右边窗口将会显示出搜索到的对象，并允许用户对其进行操作。

（3）"搜索"菜单项的设置

在"搜索结果"窗口左边还可以通过设置一些查找条件来进行查找。

单击"什么时候修改的"选项组右侧的向下箭头，会出现对于文档修改时间的选择，用户可以通过选择单选按钮来确定最后修改时间的范围。

单击"大小是？"选项组右侧的向下箭头，用户可以以文档的大小为条件进行搜索。

如果在进行了以上的条件设置后，用户感觉达不到搜索要求，可以打开"更多高级选项"进一步设置搜索条件，如图4-39所示。

在"文件类型"下拉列表框中包含了所有的文件格式，用户可在此选定具体的格式类型，用户也可以在下面的四个复选框中进行选择以设置更为详细的条件，比如是否搜索隐藏的文件和文件夹。

在使用"搜索"命令时，可以对"搜索结果"窗口进行一些个性化设置，以使窗口更加便于操作。单击"改变首选项"选项，在"使用动画屏幕角色"选项中，用户可以选择是否使用动画屏幕角色。

图 4-39 搜索窗口中的"更多高级选项"

在"使用一个不同的角色"选项中提供了四个不同风格的卡通人物，它将满足不同年龄用户的爱好，使用动画屏幕角色会使用户的屏幕变得生动活泼。

当选择"使用制作索引服务"后，在计算机空闲时将自动为用户计算机上的文件编制索引并加以维护，这样能使用户快速进行搜索，用户只要选择"启用制作索引服务"选项即可启用这项服务。

在"改变文件和文件夹搜索行为"选项中，用户可以选择标准和高级两种搜索方式。

"（不要）显示气球提示"是开关按钮，点击它可开启/关闭气球提示功能。

"关闭/启用自动完成"也是开关按钮，点击它可关闭/开启自动完成功能。

（4）自定义"开始"菜单

当第一次启动中文版Windows XP后，系统默认的是Windows XP 风格的"开始"菜单，用户可以通过改变"开始"菜单属性对它进行设置。

1）右键点击任务栏的空白处或者"开始"按钮，在弹出的快捷菜单中选择"属性"命令，打开"任务栏和「开始」属性"对话框，如图4-40所示，在"「开始」菜单"选项卡中，有选择系统默认的"「开始」菜单"和"经典「开始」菜单"两种选择。默认的「开始」菜单方便用户访问Internet、电子邮件和经常使用的程序。

2）在"「开始」菜单"选项卡中选择"「开始」菜单"后单击"自定义"按钮，打开"自定义「开始」菜单"对话框，如图4-41所示。

图 4-40 "任务栏和「开始」属性"对话框

图 4-41 "自定义「开始」菜单"对话框

在"常规"选项卡的"为程序选择一个图标大小"选项组中，可以选择在"开始"菜单显示大图标或者是小图标。

在"程序"选项组中可以调整显示经常使用的快捷方式程序名称的数目，系统默认为6个，并会自动统计使用频率最高的程序，然后在"开始"菜单中显示，这样用户在使用时可以直接单击快捷方式启动，而不用在"所有程序"菜单项中启动。不需要在"开始"菜单中显示快捷方式或者要重新定义显示数目时，可以单击"清除列表"按钮清除所有的列表，"清除列表"按钮只是清除程序的快捷方式并不会删除这些程序。

在"「开始」菜单上显示"选项组中，可以选择浏览网页的工具和收发电子邮件的程序，在"Internet"下拉列表框中提供了Internet Explorer 和MSN Explorer 两种浏览工具，在"电子邮件"选项组中，为用户提供了用于收发电子邮件的4种程序，当取消了这两个复选框的选择时，"开始"菜单中将不显示这两项。

3）在"「开始」菜单"选项卡中单击"高级"标签，切换到"高级"选项卡，如图4-42所示。

图 4-42 "高级"选项卡

在"「开始」菜单设置"选项组中，"当鼠标停止在它们上面时打开子菜单"指用户把鼠标放在"开始"菜单的某一菜单项上时，系统会自动打开其级联子菜单，如果不选择这个复选框，用户必须单击此菜单项才能打开其级联子菜单。"突出显示新安装的程序"指用户在安装完一个新应用程序后，在"开始"菜单中将以不同的颜色突出显示，以区别于其他程序。

在"「开始」菜单项目"列表框中提供了常用的选项，用户可以将它们添加到"开始"菜单，在有些选项中用户可以通过单选按钮来让它显示为菜单、链接或者不显示该项目。当显示为"菜单"时，在其选项下会出现级联子菜单，而显示为"链接"时，单击该选项会打开一个链接窗口。

在"最近使用的文档"选项组中，用户如果选择"列出我最近打开的文档"复选框，"开始"菜单中将显示这一菜单项，用户可以对自己最近打开的文档进行快速的再次访问。当打开的文档太多需要进行清理时，可以单击"清除列表"按钮，此操作只是在"开始"菜单中清除"最近使用的文档"列表内容，而不会对所保存的文档产生影响。

4）在"常规"和"高级"选项卡中设置好之后，单击"确定"按钮，会回到"任务栏和「开始」菜单属性"对话框中，在对话框中单击"应用"按钮，然后"确定"关闭对话框，当再次打开"开始"菜单时，所做的设置将会生效。

5）自定义经典开始菜单

在"自定义「开始」菜单"对话框"「开始」菜单"选项卡中选择"经典「开始」菜单"并单击"自定义"按钮，打开"自定义经典「开始」菜单"对话框，如图4-43所示。用户可以通过增减项目来自定义"开始"菜单，可以删除最近访问过的文档或程序等。

①添加"开始"菜单项目

在"「开始」菜单"选项组中单击"添加"按钮，会打开创建快捷方式向导，利用这个向导，用户可以创建本地或网络程序、文件、文件夹、计算机或Internet地址的快捷方式。

②删除"开始"菜单项目

在"自定义经典「开始」菜单"对话框中，用户不但可以添加项目，而且还可以随时删除不再使用的项目，这样有利于保持"开始"菜单的简洁有序。

在"「开始」菜单"选项组中单击"删除"按钮，系统会打开"删除快捷方式/文件夹"对话框，如图4-44所示，对话框中列出了"开始"菜单中的所有项目。用户可以选择所要删除的选项，单击"删除"按钮，这时会出现一个"确认文件删除"对话框询问用户是否将此项目放入回收站，单击"是"即可将该项目删除。

图 4-43 "自定义经典「开始」菜单"对话框　　图 4-44 "删除快捷方式 / 文件夹"对话框

③高级「开始」菜单选项

在用户完成对"开始"菜单的一些基本设置后，可以再进行一些更高级的设置，在"高级「开始」菜单选项"列表中为用户提供了多种选项。

滚动程序：当计算机中安装有很多的程序时，可以选择此选项，此时将以卷轴形式显示"开始"菜单，在打开时会显示用户常用的程序，而将不常用的程序隐藏起来，当需要使用隐藏的程序时，单击向下的箭头即可显示全部的内容，这样可避免一下子打开很多的程序，造成用户视觉的混乱。

扩展选项：在列表框中有扩展图片收藏、打印机、控制面板等，选择这些复选框后，在"开始"菜单中将显示这些选项中的详细内容，否则将以窗口链接的形式显示这些选项的具体内容。

启用拖放：选择该复选框后，在"开始"菜单中可以任意拖动项目而改变它们的排列顺序。

4.2.2　Windows XP 中的窗口、菜单和对话框

Windows XP中的窗口、菜单和对话框是对其系统特色的主要体现。

1. 窗口的组成

在Windows XP 中有多种窗口，其主要分为应用程序窗口、文档窗口和对话框，对话框简化了许多窗口组件，是一种特殊窗口。这些窗口大部分都具有相同的组件，如图4-45所示。

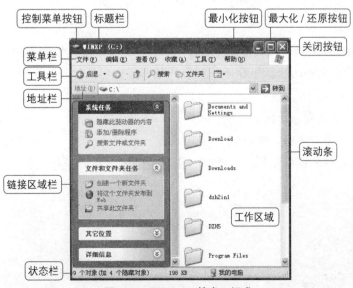

图 4-45　Windows 的窗口组成

（1）标题栏：位于窗口的最上部，用于显示当前窗口的名称，即应用程序名或文档名。左侧有控制菜单按钮，右侧有最小化按钮、最大化/还原按钮以及关闭按钮。

（2）控制菜单按钮：控制菜单按钮即当前窗口的图标，用于表示当前程序或者文件特征，单击该按钮可以打开控制菜单，如图4-46所示，双击该按钮可关闭当前窗口。

（3）菜单栏：在标题栏的下面，列出了各种可操作的菜单，每个菜单都包含若干个菜单命令，通过选择菜单命令可完成各种操作，不同的窗口类型其菜单内容各有所不同。

（4）工具栏：位于菜单栏的下面，在其中包括了一些常用的功能按钮，相当于菜单栏中一些菜单命令的快捷按钮，使用时可以直接从上面选择各种工具。其内容可由用户自己定义。

（5）工作区域：它在窗口中所占的比例最大，显示了应用程序界面或文件中的全部内容。

（6）滚动条：当工作区域的内容太多而不能全部显示时，窗口将自动出现滚动条，用户可以通过拖动水平或者垂直的滚动条来查看所有的内容。

（7）状态栏：它在窗口的最下方，标明了当前有关操作对象的一些基本情况。

（8）链接区域栏：以超链接的形式为用户提供了各种操作的便利途径，一般情况下，链接区域包括以下几种选项，用户可以通过单击选项名称的方式来隐藏或显示其具体内容。

1）"系统任务"选项：此选项只有在根目录下和"我的电脑"下出现，为用户提供常用的操作命令，其名称和内容根据所打开的窗口类型不同而有所变化，当选择一个对象后，在该选项下会出现可能用到的各种操作命令，可以在此直接进行操作，而不必在菜单栏或工具栏中进行，这样会提高工作效率。

2）"文件和文件夹任务"选项：通常情况下为用户提供了"创建一个新文件夹"、"将这个文件发送到Web"和"共享此文件夹"三种选项。

3）"其他位置"选项：以链接的形式为用户提供了计算机上其他的位置，在需要使用时，可以快速转到有用的位置，打开所需要的其他文件。

4）"详细信息"选项：显示了当前窗口或所选对象的大小、类型和其他信息。

（9）最小化、最大化/还原、关闭按钮：通过点击"最大化/还原按钮"和"最小化按钮"可以实现窗口状态的切换。而单击"关闭按钮"则可关闭当前窗口。

2. 窗口的操作

窗口操作在Windows 系统中是很重要的，不但可以通过鼠标使用窗口上的各种命令来操作，而且可以通过键盘来使用快捷键操作。窗口的基本操作包括打开、缩放、移动等等。

（1）打开窗口

打开一个窗口，通常有以下两种方法。

1）选中要打开的窗口图标，然后双击打开。

2）右键点击要打开的窗口图标，在弹出的快捷菜单中选择"打开"命令，如图4-47所示。

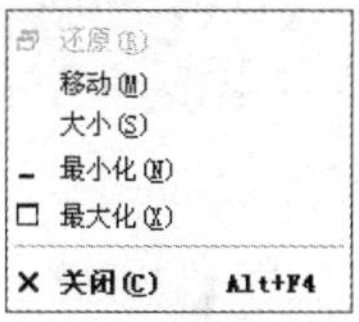

图 4-46 控制菜单

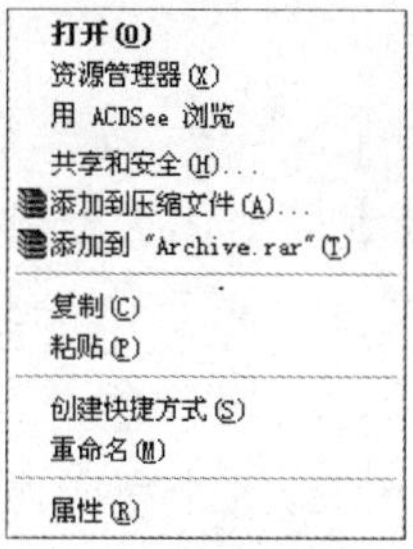

打开(0)
资源管理器(X)
用 ACDSee 浏览
共享和安全(H)...
添加到压缩文件(A)...
添加到 "Archive.rar"(T)

复制(C)
粘贴(P)

创建快捷方式(S)
重命名(M)

属性(R)

图 4-47 窗口图标右键快捷菜单

（2）移动窗口

用户在打开一个窗口后，不但可以通过鼠标来移动窗口，而且可以通过鼠标和键盘的配合来完成。移动窗口时用户只需要在标题栏上按住鼠标左键拖动，移动到合适的位置后再松开，即可完成移动的操作。

如果需要精确地移动窗口，可以右键点击要打开的窗口标题栏，在弹出的快捷菜单中选择"移动"命令，当屏幕上出现"⊕"标志时，再通过按键盘上的方向键来移动，移动到合适的位置后用鼠标单击或者按Enter键确认即可。

（3）缩放窗口

窗口不仅可以移动到桌面上的任何位置，还可以随意改变大小将其调整到合适的尺寸。

如果只需要改变窗口的宽度时，可把鼠标放在窗口的垂直边框上，当鼠标指针变成双向的箭头时，可以任意拖动。如果只需要改变窗口的高度，可以把鼠标放在水平边框上，当指针变成双向箭头时进行拖动即可。当需要对窗口进行等比缩放时，可以把鼠标放在边框的任意角上进行拖动。

或者也可以用鼠标和键盘的配合来完成。右键点击标题栏，在弹出的快捷菜单中选择"大小"命令，屏幕上出现"⊕"标志时，通过键盘上的方向键来调整窗口的高度和宽度，调整至合适位置时，用鼠标单击或者按Enter键确认。

（4）最大化、最小化窗口

当用户在对窗口进行操作的过程中，可以根据自己的需要，把窗口进行最小化、最大化显示等操作。

最小化按钮：在暂时不需要对窗口操作时，可把它最小化以节省桌面空间，用户直接在标题栏上单击此按钮，窗口会以按钮的形式缩小到任务栏。

最大化按钮：窗口最大化时将铺满整个桌面，这时不能再移动或者是缩放窗口。用户在标题栏上单击此按钮即可使窗口最大化。

还原按钮：当把窗口最大化后想恢复原来打开时的初始状态，单击此按钮即可实现对窗口的还原。用户在标题栏上双击也可以进行最大化与还原两种状态的切换。单击"控制菜单按钮"可打开控制菜单，它和右键点击标题栏所弹出的快捷菜单是一样的。

用户也可以通过快捷键来完成以上的操作。用Alt+空格键来打开控制菜单，然后根据菜单中的提示，在键盘上输入相应的字母，比如要最小化窗口就按字母N键，通过这种方式可以快速完成相应的操作。

（5）切换窗口

当用户打开多个窗口时，需要在各个窗口之间进行切换，下面是几种常见的窗口切换的方式。

1）当窗口处于最小化状态时，可在任务栏上选择所要操作窗口的按钮，然后单击即可完成切换。当窗口处于非最小化状态时，可以在所选窗口的任意位置单击，当标题栏的颜色变深时，表明完成对窗口的切换。

2）用Alt+Tab快捷键来完成切换，用户可以在键盘上同时按下Alt和Tab两个键，屏幕上出现切换任务栏，如图4-48所示，在其中列出了当前正在运行的窗口，用户这时可以按住Alt键，然后在键盘上按Tab键从"切换任务栏"中选择所要打开的窗口，选中后再松开两个键，选择的窗口即可成为当前窗口。

3）用Alt+Esc快捷键，先按下Alt键，然后再通过按Esc键来选择所需要打开的窗口，但是它只能改变激活窗口的顺序，而不能使最小化窗口放大，所以多用于切换已打开的多个窗口。

（6）关闭窗口

关闭当前窗口时有下面几种方式。

1）直接在标题栏上单击关闭按钮▣。

2）双击控制菜单按钮。

3）单击控制菜单按钮，在弹出的控制菜单中选择"关闭"命令。

4）右键单击标题栏，在弹出的快捷菜单中选择"关闭"命令。

5）使用Alt+F4快捷键。

6）如果打开的窗口是应用程序，可以在文件菜单中选择"退出"命令，也能关闭窗口。

7）如果所要关闭的窗口处于最小化状态，可以在任务栏上右键单击该窗口的按钮，然后在弹出的快捷菜单中选择"关闭"命令。

（7）窗口的排列

当用户在对窗口进行操作时打开了多个窗口，而且需要全部处于完全显示状态时，这就涉及到排列的问题，Windows XP中为用户提供了三种排列的方案可供选择。

右键单击任务栏上的空白区，弹出快捷菜单，如图4-49所示。

图 4-48　切换任务栏

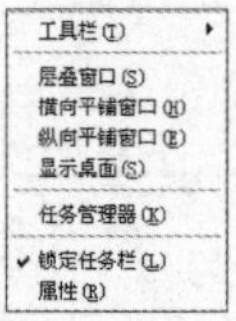

图 4-49　任务栏右键快捷菜单

1）层叠窗口：把窗口按先后的顺序依次排列在桌面上，其中每个窗口的标题栏和左侧边缘是可见的，用户可以任意切换各窗口之间的顺序，如图4-50所示。

2）横向平铺窗口：各窗口并排显示，在保证每个窗口大小相当的情况下，使得窗口尽可能往水平方向伸展，如图4-51所示。

图 4-50　层叠窗口

图 4-51　横向平铺窗口

3）纵向平铺窗口：在排列的过程中，使窗口在保证每个窗口都显示的情况下，尽可能往垂直方向伸展，如图4-52所示。

选择了某种排列方式后，在任务栏的快捷菜单中会出现相应的撤销该选项的命令。例如，执行了"层叠窗口"命令后，任务栏的快捷菜单会增加一项"撤销层叠"命令，当执行此命令后，窗口恢复原状。

图 4-52　纵向平铺窗口

3. 菜单的基本操作

菜单是各种应用程序命令的集合。每个窗口的菜单栏上都有若干个菜单，每个菜单都是一组相关命令的集合。选择一个菜单即可打开一个下拉菜单，其中包含有多种相应的命令供用户选择操作。

在Windows中常见的菜单类型有水平菜单、下拉式菜单（纵向菜单）、系统菜单（控制菜单）和快捷菜单等，图4-53所示为常见的菜单形式。

（1）菜单的基本操作

菜单的基本操作如下。

1）选择菜单

常见的选择菜单的方法有以下几种。

①用鼠标左键单击菜单栏上的某一菜单。

图 4-53　常见的菜单形式

②同时按下Alt键和菜单栏上对应菜单项后面括号里的字母，打开对应的菜单项。例如打开图4-53中所示的"查看（V）"菜单，则可按Alt+V快捷键打开。

③按键盘上的Alt键或F10键，激活菜单栏，再按要打开的菜单项后面括号里的字母，也可打开对应的菜单项。

2）选择菜单命令

在菜单中选择对应菜单命令的方法如下。

①鼠标指向并单击对应的菜单命令。

②按键盘上的上下方向键选择对应菜单命令，然后按Enter键。

③打开菜单后，按键盘上该菜单命令后面括号里对应字母执行该命令。

（2）菜单中的常见标记

出现在菜单中的菜单选项形态是各种各样的，菜单的不同形态代表不同的含义。

1）右端带箭头▶，表示该命令还有下一级菜单，选中该菜单项将自动弹出子菜单，如图4-53中的"浏览器栏▶"命令。

2）右端带省略号，表示选中该命令时，将弹出一个对话框，需要用户给定一些必要的信息，如图4-53中的"选择详细信息"命令。

3）呈灰色显示的菜单，表示该命令目前不能使用，原因是执行这个命令的条件不够，未能激活。

4）菜单名称后面括号中的单个字母是指当菜单被打开时，可通过按键盘上的对应字母执行该命令。如图4-53中，当下拉式菜单已经弹出时，按T键或用鼠标单击"工具栏"菜单项都可以执行"工具项"菜单项。菜单后面的快捷键是在菜单没有打开时执行该命令的快捷操作键，如图4-53中，在未打开菜单时，按Ctrl+I快捷键，就可以执行"浏览器栏">"收藏夹"命令。

5）菜单项前面有√选择标记的，表示该项命令正在起作用，如图4-53中的"工具栏"命令，如果再次选择此命令，将删除该选择标记，该项命令失效。

6）菜单项前面有·的，表示该项命令所在的一组命令中，只能任选一个，有·标记的为当前选定命令。如图4-53中的"平铺"命令。

4. 对话框

对话框在Windows XP中占有重要的地位，是用户与计算机系统之间进行信息交流的窗口，在对话框中用户通过对选项的选择，对系统进行对象属性的设置或者修改。

（1）对话框的组成

对话框的组成和窗口有相似之处，但对话框要比窗口更简洁、更直观、更侧重于与用户的交流，它一般包含有标题栏、选项卡（标签）、命令按钮、单选按钮、复选框、列表框、文本框、下拉列表和微调按钮等几部分，如图4-54和图4-55所示。

图4-54 "文件夹选项"对话框   图4-55 "显示 属性"对话框

标题栏：位于对话框的最上方，系统默认的是深蓝色，左侧标明了该对话框的名称，右侧有关闭按钮，有的对话框还有帮助按钮。

选项卡（标签）：在系统中有很多对话框都是由多个选项卡构成的，选项卡上写明了标签，以便于进行区分。用户可以通过在各个选项卡之间的切换来查看和设置不同的内容，在选项卡中通常有不同的选项组。如图4-54所示的"文件夹选项"对话框中包含了"常规"、"查看"等4个选项卡，在"查看"选项卡中又包含了"文件夹视图"和"高级设置"两个选项组。

命令按钮：它是指在对话框中带有文字的按钮，常用的有"确定"、"应用"、"取消"等按钮。

单选按钮：它通常是一个小圆圈，其后面有相关的文字说明，当选中后，在圆形中间会出现一个小圆点，在对话框中通常是一个选项组中包含多个单选按钮，当选中其中一个后，别的选项是不可以选的。

复选框：它通常是一个小正方形，在其后面也有相关的文字说明，当用户选择后，在正方形中间会出现一个 √ 标记，复选框是可以同时选择多个的。

列表框：有的对话框在选项组下已经列出了众多的选项，用户可以从中选取，但是通常不能更改。

文本框：在文本框中可以手动输入某项内容，还可以对各种输入内容进行修改和删除操作。如图4-55所示。

下拉列表：单击下拉列表右侧的 按钮，可以在列表中选择相应的参数。

微调按钮：微调按钮由向上和向下两个箭头组成，用户在使用时分别单击箭头即可增加或减少数字。例如 15 。

（2）对话框的基本操作

对话框的基本操作包括对话框的移动、关闭、切换及使用对话框中的帮助信息等。

1）对话框的移动

移动对话框时，可以在对话框的标题栏上按下鼠标左键拖动到目标位置再松开，也可以在标题栏上右击，选择"移动"命令，然后在键盘上按方向键来移动对话框，到目标位置，再用鼠标单击或者按Enter键确认，完成移动操作。

2）对话框的关闭

关闭对话框通常有以下几种方法。

①单击"确认"按钮或者"应用"按钮，可在关闭对话框的同时保存用户在对话框中所做的修改。

②如果用户要取消所做的改动，可以单击"取消"按钮，或者直接在标题栏上单击"关闭"按钮，也可以在键盘上按Esc键退出对话框。

3）切换对话框

有的对话框包含有多个选项卡，在每个选项卡中又有不同的选项组，在操作对话框时，可以利用鼠标来切换，也可以使用键盘来实现。

①选项卡之间的切换

可以直接用鼠标来进行切换，也可以先选择一个选项卡标签，即该标签出现一个虚线框时，然后按键盘上的方向键来移动虚线框，这样就能在各选项卡之间进行切换。

或利用Ctrl+Tab快捷键从左到右切换各个选项卡，而Ctrl+Tab+Shift快捷键为反向顺序切换。

②选项卡中选项组的切换

在不同的选项组之间切换，可以按Tab键从左到右或者从上到下的顺序进行切换，而Shift+Tab快捷键则按相反的顺序切换。

在同一选项组之间可以使用键盘上的方向键来实现各选项之间的切换。

（3）使用对话框中的帮助

对话框不能像窗口那样任意改变大小，在标题栏上也没有最小化、最大化按钮，取而代之的是帮助按钮，当用户在操作对话框时，如果不清楚某选项组或者按钮的含义，可以在标题栏上单击帮助按钮，这时鼠标会变成带问号的样式，然后可在自己不明白的对象上单击，就会出现一个对该对象进行详细说明的文本框，在对话框内任意位置或者在文本框内单击，说明文本框就会消失。

也可以直接右键点击选项，这时会弹出一个帮助对话框，如图4-56所示，再次单击这个对话框，会出现和使用帮助按钮一样的效果。

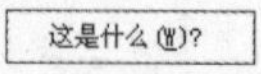

这是什么(W)?

图 4-56 帮助对话框

4.2.3 应用程序的启动与退出

应用程序的启动与退出方式有很多，用户可自行选择。

1. 应用程序的启动

应用程序的启动通常有以下几种方法。

（1）单击"开始"菜单按钮，鼠标指向"所有程序"，弹出子菜单，如图4-57所示，在其中找到要启动的程序，单击相应图标即可启动程序。

（2）双击桌面应用程序的快捷图标或用鼠标右键点击图标，在弹出的快捷菜单中选择"打开"命令，启动对应的应用程序。

（3）单击任务栏上快速启动区的快捷图标也可启动图标所对应的应用程序。

（4）在"开始"菜单"运行"对话框中输入要启动的应用程序。比如启动Word 2007时，可以在"运行"对话框中输入命令"WinWord"后单击"确认"按钮即可启动Word 2007。

图 4-57 "所有程序"子菜单

2. 应用程序的退出

正常退出应用程序的方法通常有以下几种。

（1）单击窗口的关闭按钮。

（2）在菜单栏中选择"文件>退出"命令。

（3）双击应用程序的控制菜单按钮，或单击控制菜单按钮后选择"关闭"命令。

（4）按Alt+F4快捷键。

（5）右键点击应用程序窗口标题栏，在弹出的快捷菜单中选择"关闭"命令。

4.3　Windows XP 中文件、磁盘的管理与操作

Windows XP中的文件、磁盘管理比旧版系统更直观、更方便，用户可轻松完成相应操作。

4.3.1　文件与文件夹

文件与文件夹是Windows XP系统存储和管理数据的基本形式。

1. 文件和文件夹的基本概念

文件和文件夹的基本概念如下。

（1）文件和文件夹的定义

文件是一组逻辑上相互关联的信息的集合，用户在管理信息时通常以文件为单位，可以是用户创建的文档，也可以是可执行的应用程序或图片、声音、视频等。

为便于对文件进行管理，一般按文件的类型和用途分门别类将文件存放在不同的文件夹中，文件夹是计算机中保存和管理文件的一个工具，文件夹中可以包含文件，也可以包含子文件夹。

（2）文件和文件夹的命名

文件名是由主文件名和扩展名两部分组成的，主文件名和扩展名之间用"·"分隔开。主文件名可由一组字符组成，扩展名也为一组字符，文件的扩展名有助于系统理解当前文件类型及应使用何种程序打开这种文件。例如从文件"文档.txt"中可以看出，当前文件的主文件名为"文档"，扩展名为"txt"，这是一个文本文件，可以用记事本程序打开。

在Windows XP中文件夹和文件的主文件名可以使用长字符组，最长可达256个字符，其中可以包含空格，分隔符"."等，其命名规则如下。

1）文件和文件夹的名字最多可使用256个字符，最少1个字符。

2）文件和文件夹的名字中除开头以外的任何地方都可以有空格。但不能有下列符号。

?　\ / *　"　< > |：。

3）用户可以使用大小写形式命名文件和文件夹，Windows将保留用户指定的大小写格式，但不能利用大小写来区别文件名。例如 english.docx 和ENGLISH.DOCX被认作是同一个文件。

4）在同一文件夹内的文件不能同名。

5）汉字可以是文件名的一部分，每一个汉字代表两个字符。

不同文件的扩展名，表明了文件的文件类型，常见的文件类型如表4-2所示。

表 4-2　Windows XP 中常见的文件类型

文件类型	扩展名	文件类型	扩展名	文件类型	扩展名
可执行文件	.exe	临时文件	.$$$	视频文件	.avi、.rmvb 等
命令文件	.com	暂存文件	.tmp	库文件	.lib
系统文件	.sys	帮助文件	.hlp	字体文件	.tif
批处理文件	.bat	图像文件	.bmp、.jpg 等	纯文本文件	.txt
备用文件	.bak	音频文件	.mid、.mp3 等		

2. 文件和文件夹的基本操作

文件和文件夹的基本操作如下。

（1）文件和文件夹的创建

在文件夹窗口中不仅能创建系统中已注册的文件类型，还可以创建文件夹。打开要创建文件或文件夹的窗口，用鼠标右键点击空白处，在弹出的快捷菜单中选择"新建"命令，弹出快捷菜单，如图4-58所示，选择要创建的文件类型即创建出指定类型的文件或文件夹。

（2）选择文件或文件夹

在对文件或文件夹进行操作之前，需要选择文件或文件夹。对文件或文件夹的选择通常有以下几种方法。

1）选择连续的文件或文件夹

若要选择一组连续的文件或文件夹，先用鼠标左键单击第一个文件或文件夹，然后在按住Shift键的同时再单击最后一个文件或文件夹，即可完成对连续文件或文件夹的选择。

也可以用拖动鼠标的方法对连续的文件或文件夹进行选择，在窗口中按住鼠标左键不放并拖动，此时在窗口中拖出了一个灰色的虚线方框，所有方框框住的文件或文件夹都将被选择。

2）选择不连续的文件或文件夹

如果要选择不连续的文件或文件夹，用鼠标左键单击第一个文件或文件夹，然后按住Ctrl键，再分别单击其余要选择的文件或文件夹，即可完成对不连续文件或文件夹的选择。

3）选择当前窗口中的所有文件或文件夹

选择当前窗口中的所有文件或文件夹通常有两种方法。

①在"编辑"菜单中选择"全部选定"命令，如图4-59所示。

②按Ctrl+A快捷键，可选择当前目录下的所有文件或文件夹。

图4-58 "新建文件及文件夹"快捷菜单

图4-59 "编辑"菜单

（3）重命名文件和文件夹

对文件或文件夹进行重命名通常有以下几种方法。

1）右键单击文件或文件夹，在弹出的快捷菜单中选择"重命名"命令，如图4-60所示，然后输入文件的新名称，按Enter键即可。

2）选中文件或文件夹后按键盘上的F2键，让文件名变为可编辑状态，输入新文件名，按Enter键即可。

3）选中文件或文件夹后，单击其图标标题，输入新文件名后按Enter键即可。

图4-60 快捷菜单中的"重命名"命令

（4）移动文件或文件夹

在对文件或文件夹进行移动时，通常情况下有两种方法。

1）选中要移动的文件或文件夹后，在"编辑"菜单中选择"剪切"命令或在工具栏上单击"剪切"按钮✂️，也可按Ctrl+X快捷键，切换到目标位置在"编辑"菜单中选择"粘贴"命令或在工具栏上单击"粘贴"按钮📋，也可按Ctrl+V快捷键，即可完成对文件或文件夹的移动。

2）用鼠标左键按住要移动的文件或文件夹进行拖动，拖动到目标位置后松开鼠标即可。如果要移动的文件或文件夹的源位置和目标位置不在同一路径当中，则在拖动的过程中须按住Shift键不放。

（5）复制文件或文件夹

在对文件或文件夹进行复制时，通常情况下有三种方法。

1）选中要复制的文件或文件夹后，在"编辑"菜单中选择"复制"命令或在工具栏上单击"复制"按钮📋，也可按Ctrl+C快捷键，在要移动的目标位置在"编辑"菜单中选择"粘贴"命令或在工具栏上单击"粘贴"按钮📋，也可按Ctrl+V快捷键，即可完成对文件或文件夹的复制。

2）打开要复制的文件或文件夹的源位置和目标位置的窗口，用鼠标左键按住要复制的文件或文件夹，从源位置窗口拖动到目标位置窗口，即可完成对文件或文件夹的复制。

3）如果是将硬盘中的文件或文件夹复制到"我的文档"或移到存储器，比如U盘、移动硬盘等上时，可用右键点击复制的文件或文件夹，在弹出如图4-60所示的快捷菜单中选择"发送到"命令，在弹出的快捷菜单中选择要复制操作的目标位置，如图4-61所示，即可将文件或文件夹的复制到"我的文档"或指定的移动存储器当中。

（6）删除和还原文件或文件夹

当不再需要某个文件或文件夹时，可以从计算机的硬盘中将其删除，以节约硬盘空间并保持计算机不被无用文件干扰。删除文件或文件夹通常有以下三种方法。

1）右键点击要删除的文件或文件夹，在弹出的快捷菜单中选择"删除"命令，弹出的"确认文件删除"对话框，如图4-62所示，单击"是"按钮将文件删除到回收站，单击"否"按钮则取消当前的删除操作。

图 4-61 "发送到"快捷菜单

图 4-62 "确认文件删除"对话框

2）选择要删除的文件或文件夹，按键盘上的Delete键，同样弹出"确认文件删除"对话框，进行同样的操作即可将文件或文件夹删除到"回收站"中。如果想对要删除的文件或文件夹进行彻底删除，而不是删除到"回收站"，则可按Delete+Shift快捷键。

3）选择要删除的文件或文件夹后，在"编辑"菜单中选择"删除"命令或在工具栏上单击"删除"按钮❌，也可完成对文件或文件夹的删除操作。

在进行删除操作（非彻底删除）以后，如果发现删除了本不应该删除的文件或文件夹，此时还可以将这些文件还原到删除前的原始位置。还原文件通常有三种方法。

1）打开"回收站"窗口，选择需要还原的文件或文件夹，在"回收站任务"区域单击"还原此项目"，可将文件还原，如图4-63所示。在不选中任何文件的情况下可单击"还原所有项目"按钮，还原所有在回收站的文件或文件夹。

2）打开"回收站"窗口，右键点击要还原的文件或文件夹，从弹出的快捷菜单中选择"还原"命令，也可以还原该文件。

3）打开"回收站"窗口，在"文件"菜单中选择"还原"命令，也可完成对已删文件或文件夹的还原操作。

图 4-63 "回收站任务"区域

（7）查找文件或文件夹

在Windows XP中时常需要在已有的成千上万个文件或文件夹中查找某个或某类特定的文件，此时可以借助Windows XP的文件查找功能，快捷准确地找到需要查找的文件。

在"开始"菜单中单击"搜索"命令，打开"搜索结果"窗口；或在窗口的工具栏上单击搜索按钮，在当前窗口的链接区域中点击"查找文件选项"。对文件或文件夹的查找通常分为普通查找和高级查找两种形式。

1）普通查找

①在"全部或部分文件名称"文本框中输入要查找的文件或文件夹的名称。

其中文件或文件夹的名称可以包含有通配符?和*。如果要查找多个文件或文件夹名称，那么在输入名称时还可以同时输入多个查找的名称，各个名称之间用逗号、分号或空格隔开即可。

例如：输入"*.docx"，则表示在指定位置中查找所有的Word 2007文档；输入"*.*"，则表示在指定位置中查找所有文件的文件类型；输入"W?.exe"，则表示在指定位置中查找所有以W开头的主文件名为两个字符的可执行文件；输入"W*.exe"，则表示在指定位置中查找所有主文件名以W开头的可执行文件。

②在Windows XP中不仅可以通过文件名来查找文件还可以通过文件中的某些指定文符来查找文件。在"文件中的一个字或词组"文本框中输入要查找的字符内容，即可在指定位置查找到包含有所输入字符的所有文件。

③在"在这里寻找"列表栏中可以指定查找范围，即在哪一个磁盘驱动器或是在哪一个文件夹中进行查找。单击列表栏右边的下拉按钮，在下拉的选项中选择搜索的范围即可；也可以单击"浏览"按钮打开浏览窗口，然后在其中选择查找的具体位置或范围。

除了常规的查找操作之外还可以通过设置选项进行高级查找，以便更快捷准确地找到需要查找的文件或文件夹。

2）高级查找

在Windows XP中，系统记录的文件或文件夹的信息中除了其名称以外，还记录文件或文件夹的创建及修改日期、文件类型等其他信息。所以在进行文件或文件夹的查找时，还可以通过指定文件或文件夹的一些信息来缩小查找范围，以达到精确查找的目的。

在"什么时候修改的？"选项组中可以指定要查找内容的创建和修改时间范围，查找过程中则只对在这个时间范围创建或进行过修改的文件进行查找，如图4-64所示。

在"大小是？"选项组中可以指定要查找内容的文件大小，查找过程中则只对在指定大小的文件进行查找，如图4-65所示。

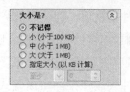

图 4-64 "什么时候修改的？"选项组　　　　图 4-65 "大小是？"选项组

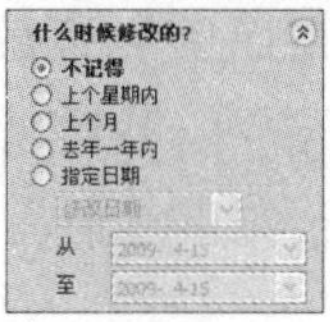

在"更多高级选项"组中可以更详细地设置要查找的文件或文件夹的信息，包括"文件类型"、"搜索系统文件夹"、"搜索隐藏的文件和文件夹"、"搜索子文件夹"、"区分大小写"、"搜索磁带备份"6个选项，如图4-66所示。单击"文件类型"右侧的下拉箭头，在弹出的下拉列表中可以指定要查找的文件类型，进一步缩小文件的范围。

单击"其他搜索选项"时，显示出"你要查找什么？"窗口，如图4-67所示，可以通过提示进行准确快速的查找。单击"后退"按钮可以返回到主链接区域窗口。

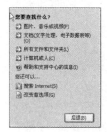

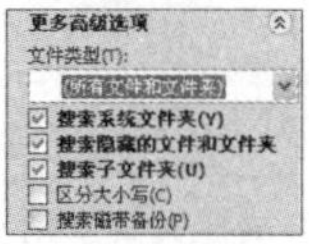

图 4-66 "更多高级"选项组　　　　图 4-67 "你要查找什么？"选项组

单击"改变首选项"时，弹出"你想怎样使用探索助理？"对话框，如图4-68所示，在此可以设置文件查找的首选项。单击"后退"按钮可以返回到主链接区域窗口。

图 4-68 "你想怎样使用探索助理？"对话框

3. 文件和文件夹的设置

文件和文件夹的设置方法如下

（1）设置文件和文件夹的查看方式

查看文件夹时，可以根据不同的需要选择不同的查看方式。在窗口中单击"查看"菜单，可以在弹出的菜单中，选择一种合适的视图方式对文件进行查看，如图4-69所示。常见的文件查看方式有"缩略图"、"平铺"、"图标"、"列表"、"详细信息"5种，其中当查看的窗口中有图像文件时会出现"幻灯片"文件查看方式。

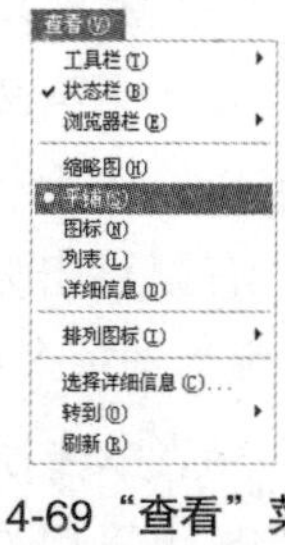

也可以右键点击窗口的空白处，在弹出的快捷菜单中选择"查看"命令，在其弹出的子菜单中选择合适的查看方式。或单击工具栏上的"查看"按钮，在其下拉菜单中选择合适的查看方式。

图 4-69 "查看"菜单

（2）设置文件和文件夹的排序方式

在查看文件及文件夹时为了让文件显示更有规律，可以将文件和文件夹以一定的规律进行排序，这样可以很容易查看属于同一类型的文件和文件夹。

打开要查看的文件夹窗口，在"查看"菜单中单击"排序图标"在子菜单中选择一种排序方式，如图4-70所示，则当前窗口中的文件将以指定的形式进行排列。也可以右键点击当前窗口的空白处，在弹出的快捷菜单中选择"排序图标"命令，然后在其子菜单中选择一种图标排序方式。

（3）为文件和文件夹创建桌面快捷方式

为文件和文件夹创建桌面快捷方式可以快捷地打开或启动文件夹或程序。通常情况下有两种创建桌面快捷方式的方法。

1）用右键点击要创建快捷方式的文件夹或程序文件，在弹出的快捷菜单中选择"发送到"命令，在弹出的快捷菜单中选择"桌面快捷方式"，即可在Windows XP的桌面上创建一个对应的快捷方式。

2）右键点击桌面空白处，在弹出的快捷菜单中选择"新建"命令，然后在菜单中选择"快捷方式"打开"创建快捷方式"对话框，如图4-71所示。

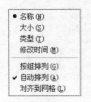

图4-70"排序图标"子菜单　　　　　图4-71"创建快捷方式"对话框

单击"浏览"按钮，打开"浏览文件夹"对话框，如图4-72所示，找到要创建快捷方式的文件夹后单击"确定"按钮，进入"选择程序标题"对话框，如图4-73所示，输入快捷方式的名称后单击"完成"按钮完成当前文件夹快捷方式的创建。

图4-72"浏览文件夹"对话框　　　　　图4-73"选择程序标题"对话框

（4）设置文件的打开方式

对于一些文件，打开的时候因不能自动辨别文件类型而不能打开，此时则需要为当前文件指定一种打开方式。具体设置方法如下。

右键点击要设置的文件，选择"属性"命令，打开"属性"对话框，如图4-74所示，在"常规"选项卡中单击"更改"按钮，打开"打开方式"对话框，如图4-75所示，在"推荐的程序"列表中选择系统推荐使用的程序，然后单击"确定"按钮，完成文件打开方式的设置。

也可以用右键点击要设置的文件，在弹出的快捷菜单中选择"打开方式"中的"选择程序"，也可以打开"打开方式"对话框。

如果"推荐的程序"中没有适合的程序可以在"其他程序"列表中找一种适合的打开方式，或单击"浏览"按钮，查找其他合适的打开方式。在指定了文件的打开方式后，可以勾选"始终使用选择的程序打开这种文件"选项，以后再遇到同类文件时，便可用指定的打开方式打开。

图 4-74 文件"属性"对话框

图 4-75 "打开方式"对话框

（5）设置文件的属性

文件的属性通常有只读、隐藏和存档三种形式。文件设置为只读属性后则只能打开并浏览，但不能对文件进行修改，这样可以对文件起到安全保护的作用；文件设置为隐藏属性后在系统默认的状态下是看不见的，这种形式对保密性比较高的文件比较适用；存档属性是最常规的属性形式，表示该文件没有做过备份或在备份后又做过修改，在这种形式下文件即可见又可读可写。对文件的属性设置操作方法如下。

右键点击要设置的文件，选择"属性"命令，打开"属性"对话框，在"常规"选项卡的"属性"选项组中选择将设置的文件属性形式。例如，选择"只读"复选框，则将该文件设置为只读属性，如果选择"隐藏"复选框，则将该文件设置为隐藏属性。

（6）设置文件夹选项

如果需要对系统中的文件和文件夹的选择及打开方式还有显示方式等进行统一设置，则需要在"文件夹选项"对话框中进行，"文件夹选项"用于定义资源管理器文件与文件夹的显示风格。

在任意一个文件窗口中，单击"工具"菜单，在"工具"菜单中选择"文件夹选项"命令，如图4-76所示，打开"文件夹选项"对话框，如图4-77所示。

"文件夹选项"对话框包括"常规"、"查看"、"文件类型"、"脱机文件"4个选项卡。在各选项卡中可以对文件相关的属性进行设置。

图 4-76 所示的"工具"菜单

图 4-77 "文件夹选项"对话框

1）"常规"选项卡

在"常规"选项卡中包括"任务"、"浏览文件夹"和"打开项目方式"三个选项组。"任务"选项组中可以设置文件夹中的显示内容和指定文件夹是否以Windows 的传统风格显示。"浏览文件夹"选项组中可以设置文件夹的浏览方式，在打开多个文件夹时是在同一窗口中打开还是在不同的窗口中打开。"打开项目的方式"选项组用来设置文件夹的打开方式，可设定文件夹通过单击打开还是通过双击打开。若选择"通过单击打开项目"单选按钮，则"根据浏览器设置给图标标题加下划线"和"仅当指向图标标题时加下划线"选项处于可操作状态，可根据需要选择在何时给图标标题加下划线。单击"还原为默认值"按钮，可以还原为系统默认的设置方式。

2）"查看"选项卡

在"查看"选项卡中包括"文件夹视图"和"高级设置"两个选项组，如图4-78所示。

在"文件夹视图"选项组有"应用到所有文件夹"和"重置所有文件夹"两个按钮，可对当前的设置进行应用和重置。在"高级设置"选项组的列表框中，可以就文件和文件夹的相关视图进行详细设置。例如，如果选择了"隐藏受保护的操作系统文件"复选框，则将不显示系统文件；如果取消选中该复选框，将在安装系统的分区根目录下显示系统文件。如果选择了"隐藏已知文件类型的扩展名"复选框，则不显示文件的扩展名；如果取消选中该复选框，则显示文件的扩展名。在"隐藏文件和文件夹"选项中有两个单选按钮，如果选择了"不显示隐藏的文件和文件夹"单选按钮，则不显示所有设置为"隐藏"属性的文件和文件夹；如果选择了"显示隐藏的文件和文件夹"单选按钮，则以浅灰色显示所有已经设置为"隐藏"属性的文件和文件夹。

3）"文件类型"选项卡

"文件类型"选项卡主要用来更改已建立关联文件的打开方式。"文件类型"选项卡包括"已注册的文件类型"和"文件类型详细信息区"两个部分。在"已注册的文件类型"列表框中，列出了已经注册的文件类型，并且文件类型与文件的扩展逐一对应。如图4-79所示。

图4-78 "文件夹选项"对话框"查看"选项卡　　　　**图4-79 "文件夹选项"对话框"文件类型"选项卡**

单击"新建"按钮，可以在弹出的"新扩展名"对话框中添加新的扩展名。单击"高级"按钮将打开如图4-80所示的"编辑文件类型"对话框，单击其中的"更改图标"按钮在打开的"更改图标"对话框中可以设置当前文件类型的图标。

4）"脱机文件"选项卡

"脱机文件"选项卡主要用来设置网络文件在脱机时是否可用。当计算机不与网络连接的状态下设置好使用脱机文件后，使用存储在网络上的文件和程序有相同的效果。如图4-81所示。

当脱机文件无法启用时，是因为启用了系统的"使用快速用户切换"功能，此时可在"控制面板"中双击"用户帐户"，再选择"更改用户登录或注销方式"，在打开的窗口中，取消掉"使用快速用户切换"复选框的选择状态后，单击"应用选项"按钮，即可关闭"使用快速用户切换"功能。此时即可切换到"脱机文件"选项卡，如图4-81所示。

图 4-80 "编辑文件类型" 对话框

图 4-81 "脱机文件" 选项卡

选中"启用脱机文件"复选框后，下面的所有选项均变为可用状态。如果选中"注销前同步所有脱机文件"复选框可进行完全同步，否则进行快速同步。选定"显示提醒程序，每隔60分钟"复选框，则每隔60分钟将出现脱机文件的程序提示信息，用户也可以在间隔时间文本框中自行设定脱机文件程序提示信息的间隔时间。若选中"在桌面上创建一个脱机文件的快捷方式"复选框，则在桌面上将出现一个脱机文件的快捷方式图标。选中"加密脱机文件以保护数据"复选框，则可以为脱机文件进行加密设置。拖动"供临时脱机文件使用的磁盘空间"滑

图 4-82 "脱机文件—高级设置" 对话框

块，可改变临时脱机文件使用的磁盘空间。单击"删除文件"按钮，可删除不再需要的脱机文件；单击"查看文件"按钮，可查看脱机文件夹中的内容；单击"高级"按钮，可打开"脱机文件—高级设置"对话框，如图4-82所示，在该对话框中可进行脱机文件的高级设置。

4.3.2 常见系统文件夹

在Windows XP中常见的系统文件夹主要有Windows文件夹、Program Files文件夹和Documents and Settings文件夹等。系统文件夹都是在安装系统时自动生成的，通常情况下位于C盘驱动器当中。

1. Windows 文件夹

Windows文件夹是系统中所有文件夹中最重要的一个，整个系统的系统文件都存放于该文件夹之中，并且该文件夹具有众多的文件和子文件夹，如图4-83所示。因此Windows文件夹的文件不能轻易进行删除和移动。

临时文件文件夹Temp保存着在运行一些应用程序时生成的临时文件。在多数情况下，在系统中运行应用程序时产生的临时文件，都能在退出应用程序时被删除，但因某些原因仍会有些临时文件会被保存在这里。时间一长，该文件夹会逐渐膨胀而占用很多的磁盘空间，因此需定期对这个文件夹中的内容进行清除。

图 4-83 Windows 文件夹

Internet Explorer临时文件夹Temporary Internet Files保存着用户打开网页时网页中的元素，如图片、Flash动画等。关闭网页时，大多数下载的内容通常会被清除，但有些内容也会被保留在这里。时间长后，这个文件夹中的内容也会占用大量的磁盘空间。因此同样需要定期对该文件夹中的内容进行清除。清除时可以右键点击桌面上的IE图标，在弹出的快捷菜单中点"属性"命令，在弹出的"Internet 属性"对话框中，单击"常规"选项卡中的"删除文件"按钮，删除包括所有脱机网页在内的文件。

字体文件夹Fonts存放着系统中的所有字体文件，用户可以通过向该文件夹中添加字体文件来增加系统里的字体类型。

System32文件夹存放着Windows的系统文件和硬件驱动程序等。

2. Program Files 文件夹

当我们在系统中安装一个应用程序时，通常会在该文件夹下创建一个相应的文件夹，用于存放该应用程序的相关文件和资料。该文件夹中子文件夹的内容不可随意删除，如果不需要再使用某个应用程序，应通过应用程序的卸载功能或Windows系统自带的"添加和删除程序"卸载它，而不是直接删除这个应用程序对应的文件夹。因为即使卸载了某个应用程序，可能在该文件夹中仍存在该应用程序对应的文件夹，这是因为其中还保存一些其他应用程序也许会调用的动态链接文件（即扩展名为.dll的文件），如果被删除，会导致有的应用程序无法正常使用。

3. Documents and Settings 文件夹

默认情况下，此文件夹中会有Administrator、All Users、Default User、LocalService、NetworkService文件夹，以及用不同用户名建立的文件夹，除了LocalService、NetworkService文件夹是系统中的"服务管理"程序所创建的用于提供给那些作为服务的程序用之外，其他的都为用户配置文件夹，而且其中的文件夹结构也大体相同。

4.3.3 资源管理器

资源管理器是一个管理系统软、硬件和文件及文件夹的重要工具。使用资源管理器可以不必打开多个窗口，而只在一个窗口中就可以清晰地显示文件夹的结构及内容，并且还可以方便地实现浏览、查看、移动、复制、打开文件或文件夹以及访问控制面板中的各个程序选项等操作。

1. 打开资源管理器

通常情况下打开资源管理器有以下几种方法。

（1）选择"开始>所有程序>附件> Windows资源管理器"命令。

（2）右键点击"开始"菜单按钮，在弹出的快捷菜单中选择"资源管理器"命令。

（3）在桌面上右键点击"我的电脑"、"我的文档"、"网上邻居"、"回收站"等图标中的任意一个，在弹出快捷菜单中选择"资源管理器"命令。

（4）在磁盘窗口或文件夹窗口中单击工具栏上的"文件夹"按钮 。

2. 资源管理器的窗口组成

"资源管理器"窗口也是一个普通的应用程序窗口，它除了有一般窗口的标题栏、菜单栏、工具栏和状态栏等组成部分外，还将窗口工作区分成了"浏览窗格"和"文件显示窗格"两个部分，如图4-84所示。

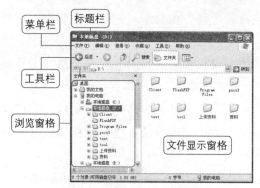

图 4-84 "资源管理器"窗口组成

浏览窗格位于整个窗口的左侧。在浏览窗格中以树形目录的形式显示了文件夹的结构。 文件列表窗格位于整个窗口的右侧，当用户在浏览窗格中选择某一个驱动器或文件夹时，该驱动器或文件夹的所有文件和文件夹都会出现在文件列表窗格中。这两个窗格在整个窗口中的大小是可以调整的，把鼠标移动到左、右窗格中间的分隔线上，此时，鼠标指针变成◄►，只要拖曳鼠标就可移动分隔线，调整窗格的大小。

3. 资源管理器的基本操作

资源管理器中的许多操作都是针对选定的文件或文件夹进行的，因此经常需要对文件夹进行展开和折叠操作。

（1）展开文件夹

在"浏览窗格"中如果驱动器或文件夹前面有+号，表明该驱动器或文件夹有下一级子文件夹，单击该+号可展开其所包含的子文件夹，如果单击该驱动器或文件夹图标，同样可以在右侧的"文件显示窗格"中显示其下一级子菜单。当展开驱动器或文件夹后+号变成-号，表明该驱动器或文件夹已全部展开。

（2）折叠文件夹

在"浏览窗格"中如果驱动器或文件夹前面有-号，表明已在"浏览窗格"中展开了其下一级文件夹，单击此-号，可将其下一级子文件夹折叠起来。

（3）选择文件和文件夹

首先要确定该文件或文件夹所在的驱动器，或者文件或文件夹所在的文件夹。在"浏览窗格"中展开要打开的对象所在的文件夹，此时在"文件显示窗格" 中会显示出该文件夹下包含的所有子文件夹和文件，在"文件显示窗格"中可以选择需要选择的文件或文件夹。

4.3.4　磁盘管理与操作

磁盘是计算机用于存储数据的硬件设备，随着硬件技术的发展，磁盘的容量越来越大，T级磁盘的使用已经逐渐进入到了人们的生活之中，因存储的数据越来越多，因此对磁盘的管理越发显得重要了。

1. 查看整理磁盘

查看整理磁盘的方法如下。

在"我的电脑"或"资源管理器"窗口中，右键点击要查看信息的磁盘驱动器图标，弹出"磁盘属性"对话框，如图4-85所示。

（1）在"常规"选项卡中，可以了解磁盘的卷标、类型、文件系统类型以及磁盘空间使用情况等信息和对当前磁盘进行清理操作。

系统在使用一段时间之后，会存在各种各样无用的文件，它们往往占据了部分硬盘空间，如果手工对其删除清理需要切换到不同的目录中进行操作比较麻烦，用磁盘清理程序可以快捷地进行清理操作。操作如下。

Step 01 单击"常规"选项卡中的"磁盘清理"按钮，打开"磁盘清理"对话框，如图4-86所示。

Step 02 在"磁盘清理"选项卡中选择需要删除的项目，在"要删除的文件"列表中列出了可以清理的项目及所占用的磁盘空间。

Step 03 单击"确定"按钮，完成清理操作。

在"其他选项"选项卡中，可以分别对"Windows组件"、"安装的程序"、"系统还原"进行针对性的清理，如图8-87所示。

图4-85 "磁盘属性"对话框

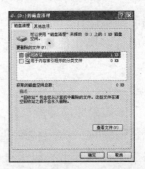

图4-86 "磁盘清理"对话框

（2）在"工具"选项卡中，有"查错"、"碎片整理"、"备份"三个工具按钮，分别可以对当前磁盘进行查错、文件碎片整理和对文件进行备份的操作，如图4-88所示。

图4-87 "磁盘清理"对话框"其他选项"选项卡

图4-88 磁盘属性对话框"工具"选项卡

"查错"工具能在对磁盘进行扫描的同时修复其坏扇区，单击该按钮打开"检查磁盘"对话框，在对"自动修复文件系统错误"和"扫描并试图恢复坏扇区"两个复选框进行选择后，单击"开始"按钮即开始磁盘查错工作。

磁盘碎片整理工具可以对文件的碎片进行整理，单击"开始整理"按钮，打开"磁盘碎片整理程序"对话框，选择列表中需要整理的磁盘，然后单击"碎片整理"按钮即可进行磁盘碎片的整理。在对话框的下面还有一个"分析"按钮。它可以对当前选中的磁盘先进行磁盘分析，分析任务完成之后，系统会提供一份包含有卷信息和文件信息的详细报告，依据此报告用户可以判断是否需要对当前分区进行进一步的碎片整理。

备份工具可以对当前磁盘中的部分内容进行备份或者还原。单击"开始备份"按钮，打开"备份或还原向导"对话框，依照提示可以对部分内容进行备份或者还原。

（3）在"硬件"选项卡中，可以查看磁盘的属性等相关信息，如图4-89所示。

单击"疑难解答"按钮，可以进行磁盘故障的排除。单击"属性"按钮打开磁盘驱动器属性对话框，如图4-90所示，可以对当前磁盘的常规、策略、卷、驱动程序等信息内容进行查看和设置。

在"常规"选项卡中可以看到该磁盘的一般信息，包括设备类型、制造商、安装位置和设备状态等信息。在"设备状态"列表中可以显示该设备是否处于正常工作状态，如果该设备出现异常，可以单击"疑难解答"按钮来加以解决。在"设备用法"下拉列表框中可以禁用或启用此设备，需要注意的是操作系统所在的磁盘不能被禁用。

在"策略"选项卡中选中"启用磁盘上的写入缓存"复选项，将允许磁盘写入高速缓存，这样可以提高写入的性能。

在"卷"选项卡中列出了该磁盘的卷信息，在下面的"卷"列表框中选择卷，单击"属性"按钮，可以对卷进行设置。

图 4-89 "磁盘属性"对话框"硬件"选项卡　　　图 4-90　磁盘驱动器属性对话框

在"驱动程序"选项卡中，用户可以单击"驱动程序详细信息"按钮，查看驱动程序的文件信息。如果需要更改驱动程序，单击"更新驱动程序"按钮，将打开升级驱动程序向导。当新的驱动程序出现异常时，可以单击"返回驱动程序"按钮，恢复原来的驱动程序。单击"卸载"按钮可以将设备从系统中删除。

（4）在"共享"选项卡中可以设置共享属性，该选项卡包括"本地共享和安全"和"网络共享和安全"选项组，如图4-91所示。通过设置可以让磁盘上的资源能被其他计算机上的用户使用。

2. 磁盘格式化

在通常情况下磁盘格式化操作的对象是移动存储器或当前磁盘中刚建好的新的分区，磁盘格式化操作可以在"我的电脑"或"资源管理器"中进行。

Step 01 用右键点击要格式化的磁盘图标，在弹出的快捷菜单中选择"格式化"命令，弹出磁盘格式化对话框，如图4-92所示。

图 4-91 "共享"对话框　　　　　　　图 4-92 磁盘格式化对话框

Step 02 在对话框中设定目标的容量、文件系统格式、卷标和是否执行"快速格式化"等。

Step 03 单击"开始"按钮，执行格式化操作。

3. 磁盘管理器

磁盘管理器可以对计算机上的所有磁盘进行综合管理，可以对磁盘进行打开、管理磁盘资源、更改驱动器名和路径、格式化或删除磁盘分区以及设置磁盘属性等操作。

在"资源管理器"或桌面上右键点击"我的电脑"图标，在弹出的快捷菜单中选择"管理"命令，在打开的"计算机管理"对话框中的左侧浏览窗格中单击"磁盘管理"选项，即可在右侧的浏览窗格中显示出当前的磁盘信息，如图4-93所示。也可以执行"开始>控制面板>管理工具>计算机管理"命令来打开"计算机管理"窗口。

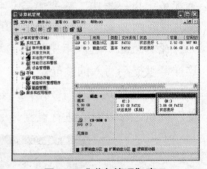

图 4-93 "磁盘管理"窗口

（1）创建分区

创建分区可以通过分区向导来完成，其操作步骤如下。

Step 01 在标识为"未分配的磁盘空间"处单击鼠标右键，在弹出的快捷菜单中选择"新建分区"命令打开分区向导对话框，单击"下一步"按钮。

Step 02 打开的分区类型选择对话框提供了主分区、扩展分区、逻辑分区等三种分区类型，选择需要的分区类型，单击"下一步"按钮。

Step 03 在打开的"指定分区大小"对话框中，系统给出了最大磁盘空间和最小磁盘空间供用户选择，用户可以在这两个值之间选择分区容量。设置完毕后单击"下一步"按钮。

Step 04 在打开的"指派驱动器号和路径"对话框中，可以进行分配一个驱动器号、将驱动器装入NTFS文件夹、不分配驱动器号或路径等操作，根据需要进行选择即可。单击"下一步"按钮。

Step 05 在打开的"格式化分区"对话框中进行格式化分区设置，如果选中"不要格式化这个磁盘分区"项，系统将不格式化此分区；选中"按照下面的设置格式化这个磁盘分区"项后，可进一步设置格式化选项，包括文件系统、分配单位大小、卷标、执行快速格式化、启动文件或文件夹压缩等。

Step 06 设置完成后，单击"下一步"按钮，在打开的对话框中将列出具体的分区信息，单击"完成"按钮结束分区的创建。

（2）删除分区

右键点击需要删除的分区，在快捷菜单中选择"删除分区"命令，在弹出的提示框中单击"是"按钮，即可删除该分区。

（3）格式化分区

右键点击需要格式化的分区，在快捷菜单中选择"格式化"命令，打开格式化对话框。在该对话框中设置该分区的卷标、文件系统、分配单位大小等选项，单击"确定"按钮即可进行分区的格式化。

（4）更改驱动器名称和路径

当驱动器发生变化时（例如新增加了驱动器），以前安装的软件可能无法使用，这时可以通过指定驱动器和路径来解决。右键点击需要更改的驱动器，在快捷菜单中选择"更改驱动器号和路径"命令，打开"更改驱动器号和路径"对话框，如图4-94所示。在对话框列表中列出了此驱动器拥有

图 4-94 "更改驱动器号和路径"对话框

的驱动器号和路径，对于新增的驱动器，单击"添加"按钮可以为当前分区添加新的驱动器号和路径。对于已有的分区单击"更改"按钮可以为其指派新的驱动器号和路径。

4.4　Windows XP 中的任务管理器

任务管理器是用户管理计算机的重要途径之一。

4.4.1　任务管理器简介

Windows XP的任务管理器提供了有关计算机性能的信息，并显示了计算机上所运行的程序和进程的详细信息。

1. 任务管理器的作用

通常情况下通过任务管理器可以进行查看正在运行的程序的状态、终止已停止响应的程序、切换程序、运行新任务、查看CPU和内存使用情况的图形和数据、查看当前的网络链接状态等信息和操作。

2. 任务管理器的打开

在通常情况下打开任务管理器的方法有以下几种。

（1）右键点击任务栏的空白处，在弹出的快捷菜单中选择"任务管理器"命令，打开"Windows 任务管理器"对话窗口，如图4-95所示。

（2）利用Ctrl+Alt+Del或Ctrl+Shift+Esc快捷键，也可以打开任务管理器。

（3）在"开始"菜单的"运行"中运行命令"taskmgr"，也可以打开任务管理器。

图 4-95 "Windows 任务管理器"对话窗口

4.4.2 任务管理器的菜单项及选项卡

任务管理器中也有多个菜单项及选项卡，具体情况如下。

1. 任务管理器的菜单项

在"任务管理器"对话窗口中的菜单栏中有"文件"、"选项"、"查看"、"窗口"、"关机"和"帮助"6个菜单项，通过菜单操作可以实现对任务管理器的一些常规操作。比如：通过"文件"菜单可以退出任务管理器；通过"关机"菜单可以进行与关机相关的待机、休眠、关闭、重新启动、注销和切换用户等操作。在菜单栏的下面有"应用程序"、"进程"、"性能"、"联网"和"用户"5个选项卡。在窗口底部则是状态栏，从这里可以查看到当前系统的进程数、CPU使用比率、更改的内存容量等数据，默认设置下系统每隔两秒钟对数据进行1次自动更新。也可以在"查看"菜单中的"更新速度"中选择其他的更新速度，"高"表示每秒2次，"标准"表示每两秒1次，"低"表示每4秒1次，"暂停"表示不自动更新。

2. "应用程序"选项卡

在"应用程序"选项卡的任务列表中显示了所有当前已打开窗口的正在运行的应用程序，但像瑞星的实时监控和QQ等最小化到任务栏系统显示区的应用程序则并不会显示出来。

在任务列表中选择一个正在运行的程序后，单击"结束任务"按钮可以直接关闭所选中的应用程序，如果需要同时结束多个任务，可以按住Ctrl键进行加选。单击"切换"按钮可以切换到所选择的应用程序窗口；单击"新任务"按钮打开"创建新任务"对话框，如图4-96所示，可直接打开相应的程序、文件夹、文档或Internet资源。

图4-96 "创建新任务"对话框

3. "进程"选项卡

单击"进程"标签，打开"进程"选项卡，如图4-97所示，在进程列表中显示了所有当前正在运行的进程，包括应用程序、后台服务等，包括一些在系统底层深处运行的病毒程序或木马程序都可以在这里找到。找到需要结束的进程名，单击"结束进程"按钮，可以强行终止当前进程，不过这种方式将丢失未保存的数据，而且如果结束的是系统服务，则系统的某些功能可能无法正常使用。

4. "性能"选项卡

单击"性能"标签，打开"性能"选项卡，如图4-98所示，在该选项卡中可以看到CPU和内存的动态使用情况。

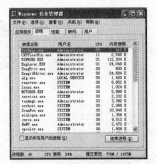

图 4-97 "进程"选项卡

图 4-98 "性能"选项卡

CPU使用：实时显示出CPU的占用情况。

CPU使用记录：实时显示了所有的运行程序占用CPU比率随时间变化的折线图，图中显示的采样情况取决于"查看"菜单中所选择的"更新速度"的设置值。

PF使用：PF是页面文件"Pagefile"的简写。其显示了正在使用的内存之和，包括物理内存和虚拟内存。

页面文件使用记录：实时显示页面文件的量随时间的变化情况的折线，图中显示的采样情况同样取决于"查看"菜单中所选择的"更新速度"设置值。

总数：显示计算机上正在运行的句柄、线程、进程的总数。

物理内存：计算机上所安装的总物理内存的大小。其中"可用数"指物理内存中可被程序使用的余量大小；"系统缓存"指被分配用于系统缓存用的物理内存量。

认可用量：其中"总数"指被操作系统和正运行程序所占用内存总和，包括物理内存和虚拟内存。其中"限制"指系统所能提供的最高内存量，包括物理内存和虚拟内存。"峰值"指一段时间内系统曾达到的内存使用最高值。

核心内存：指操作系统内核和设备驱动程序所使用的内存。

5."联网"选项卡

单击"联网"标签，打开"联网"选项卡，如图4-99所示，在该选项卡中可以实时查看本地计算机所连接的网络通信量。

6."用户"选项卡

单击"用户"标签，打开"用户"选项卡，如图4-100所示，在该选项卡中列出了当前已登录和连接到本机的用户、标识、活动状态、客户端名和会话等状态，选中一个用户后可以单击"注销"按钮注销掉该用户；单击"断开"按钮可以断开所选用户与本机的连接，如果是局域网用户，还可以通过单击"发送消息"按钮向其他用户发送消息。

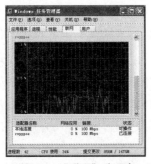

图 4-99 "联网"选项卡

图 4-100 "用户"选项卡

4.5 Windows XP 中的控制面板

在Windows XP中很多对系统的设置都可以通过控制面板来实现。在控制面板中包含有很多独立的用于对系统进行设置的工具，通过设置可以自定义系统的外观和功能。

4.5.1 控制面板的打开及视图模式

通常情况下打开控制面板有如下几种方法。

（1）在"我的电脑"窗口中"链接区域"的"其他位置"选项中单击"控制面板"项。打开如图4-101所示的"控制面板"窗口。

（2）在"开始"菜单中单击"控制面板"命令。

（3）在"Windows 资源管理器"左侧的"浏览窗格"中单击"控制面板"命令。

（4）在"开始"菜单的"运行"程序输入命令"Control"，然后按Enter键。

控制面板有分类视图和经典视图两种视图模式，分类视图可以将控制面板中相似项目组合在一起，而经典视图将分别显示控制面板中的所有项目。打开"控制面板"时，通常情况下是分类视图模式，在该模式下所有项目按照分类进行组织。将鼠标指向某一图标或类别名称时，会显示出该类别的提示。如果单击该项目图标或类别名称则会打开某类别项目列表窗口。图4-101为"控制面板"的分类视图模式。在分类视图模式窗口中单击其左侧窗格中的"控制面板"选项中的"切换到经典视图"命令选项，可以切换到经典视图模式，如图4-102所示，经典视图相当于是将分类视图中分类别的工具集全部展开显示。

图 4-101 "控制面板"窗口的分类视图模式

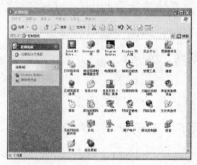
图 4-102 "控制面板"窗口的经典视图模式

4.5.2 外观和主题的设置

在控制面板的分类视图中单击"外观和主题"图标，在打开的"外观和主题"窗口中可以选择对"任务栏和「开始」菜单"、"文件夹选项"和"显示"进行设置。前面已经分别对"任务栏和「开始」菜单"和"文件夹选项"做过介绍，在此主要对"显示"做介绍。

在控制面板的分类视图单击"显示"图标（在经典视图中也是单击"显示"图标）打开"显示 属性"对话框（在桌面上单击鼠标右键，在弹出的快捷菜单中单击"属性"也可以打开该对话框），其中包含有"主题"、"桌面"、"屏幕保护程序"、"外观"和"设置"5个选项卡。

（1）在"主题"选项卡中，"主题"选项的下拉列表框中提供了多种已有的预设主题模式，用户可以在其中选择喜欢的主题形式。通过"示例"窗口可以预览当前主题的外观形式。也可以单击"另存为"按钮将当前设置存储为一种主题形式。

（2）单击"桌面"标签切换到"桌面"选项卡，如图4-103所示，用户可以设置桌面背景和自定义桌面图标。

在"背景"选项中列出了已添加的可作为桌面背景的图片，在此可选择喜欢的图片作为桌面背景，也可以单击"浏览"按钮选择计算机中存储的图片作为桌面背景。"位置"选项用于设置背景图片作为桌面背景的显示方式，有"居中"、"平铺"和"拉伸"三种显示方式。"颜色"选项用于设置当在"背景"选项中选择无背景图片时，背景的显示颜色。

单击"自定义桌面"按钮，将弹出"桌面项目"对话框，如图4-104所示。在"常规"选项卡的"桌面图标"选项组中可以通过对复选框的选择来决定在桌面上图标的显示情况。当选择一个图标后，单击"更改图标"按钮，在"更改图标"对话框中可以选择一个新的图片作为当前对象的图标，也可以通过单击"浏览"按钮在弹出的对话框中查找自己喜欢的图标。当选定图标后，单击"确定"按钮，即可应用所选图标。

图 4-103　**"显示 属性"对话框"桌面"选项卡**　　　　**图 4-104**　**"桌面项目"对话框**

在"桌面清理"选项组中可以清理桌面中不常用的图标，这些图标将移动到桌面上一个新建的名为"未使用的桌面快捷方式"的文件夹中。选择"每60天运行桌面清理向导"复选框后，每60天系统会弹出"桌面清理向导"对话框提醒用户进行桌面清理。单击"现在清理桌面"按钮会弹出"桌面清理向导"对话框，按照提示可对桌面图标进行清理。

（3）单击"屏幕保护程序"标签切换到如图4-105所示的"屏幕保护程序"选项卡。屏幕保护程序可以在用户暂时不对计算机进行任何操作时将显示屏幕屏蔽掉，这样可以节省电能，有效地保护显示器，并且防止其他人在计算机上进行任意的操作，从而保证数据的安全。

在"屏幕保护程序"下拉列表列出了各种静止和活动的样式，当选择其中一种样式时在选项卡的显示器中即可看到该屏幕保护程序的显示效果。单击"设置"按钮，可对该屏幕保护程序进行一些设置；单击"预览"按钮，可预览该屏幕保护程序的效果，移动鼠标或操作键盘即可结束屏幕保护程序；在"等待"文本框中可输入数字或调节微调按钮来设置等待时间，即计算机多长时间无人使用时则启动屏幕保护程序；选择"在恢复时使用密码保护"复选框后，则在屏幕进入屏幕保护程序后需要输入密码才能取消该屏幕保护程序，这样会更有效地保护计算机数据的安全。

在"监视器的电源"选项组中，单击"电源"按钮打开"电源选项属性"对话框，用户可以通过对"电源使用方案"等的设置来制定适合自己的节能方案。

（4）单击"外观"标签切换到"外观"选项卡，如图4-106所示。在"窗口和按钮"选项组的下拉列表中有各种窗口和按钮样式，用户可在此选择一种自己喜欢的样式。在"色彩方案"选项组的下拉列表中系统提供了橄榄绿、蓝色和银色三种色彩方案，默认的色彩方案是蓝色。在"字体"选项组下拉列表中可以改变标题栏上字体显示的大小。单击"效果"按钮就可以打开"效果"对话框，在这个对话框中可以为菜单和工具提示使用过渡效果，可以使屏幕字体的边缘更平滑，尤其是对于液晶显示器的用户来说，使用这项功能，可以大大地增加屏幕显示的清晰度。此外，用户还可以进行使用大图标、在菜单下设置阴影显示等设置。

图 4-105 "屏幕保护程序"选项卡　　　　**图 4-106 "外观"选项卡**

（5）单击"设置"标签切换到"设置"选项卡，如图4-107所示。在"显示"选项组中显示了计算机显卡的类别和监视器的类型。在"屏幕分辨率"选项组中可以通过拖动滑块调整显示器的分辨率，分辨率越高屏幕上显示的信息越多，画面也越清晰。在"颜色质量"选项组的下拉列表中有：中（16位）、高（24位）和最高（32位）三种选择，显卡所支持的颜色质量位数越高，显示画面的质量越好。在进行调整时，要注意自己的显卡配置是否支持高分辨率，如果盲目调整，则会导致系统无法正常运行。

单击"高级"按钮，弹出当前显示属性对话框，在其中可进行关于显示器及显卡的硬件信息和一些相关的设置，如图4-108所示。

图 4-107 "设置"选项卡　　　　**图 4-108 "默认显示器和磁盘属性"对话框**

在"常规"选项卡中，如果把屏幕分辨率调整得使屏幕项目看起来太小，可以通过增大DPI（分辨率单位：像素/英寸）的方式来补偿，正常尺寸为96dpi。如果在更改显示设置后不立即重新启动计算机，某些程序可能无法正常工作，用户可以在"兼容性"选项中设置"更改显示设置后"的处理办法。

在"适配器"选项卡中，显示了适配器的类型，以及适配器的其他相关信息，包括芯片类型、内存大小等等。单击"属性"按钮，弹出适配器属性对话框，用户可以在此查看适配器的使用情况，还可以进行驱动程序的更新等操作。

在"监视器"选项卡中，同样有监视器的类型、属性信息，在此可以进行刷新率的设置。刷新频率越高，显示的闪烁程序越小，越能保护眼睛。

在"疑难解答"选项卡中，可以通过设置帮助用户诊断与显示有关的问题。在"硬件加速"选项组中，可以手动控制硬件所提供的加速和性能级别，一般启用全部加速功能。

4.5.3 网络和Internet连接的设置

在控制面板的分类视图中单击"网络和Internet连接"图标，打开"网络和Internet连接"窗口。在该窗口中可以选择对"Internet选项"、"Windows 防火墙"、"网络安装向导"、"网络连接"和"无线网络安装向导"进行设置。

1. 网络连接

在控制面板中打开的"网络和Internet连接"窗口中单击"网络连接"图标（在经典视图中也是单击"网络连接"图标）打开 "网络连接"窗口（右键点击桌面上的"网上邻居"图标，在弹出的快捷菜单中，选择"属性"也可以打开该窗口），在该窗口中包含有本机可用连接的网络图标，右键点击将进行设置的网络连接图标，弹出快捷菜单，如图4-109所示。

图 4-109 可用网络连接右键快捷菜单

在快捷菜单中选择"禁用"可以断开当前网络连接，选择"修复"可以对当前网络连接进行自动修复，并提示出错的内容。选择"状态"可以在打开的"本地连接 状态"对话框的"常规"选项卡中查看当前网络的连接状态和活动状态；在"支持"选项卡中能详细查看IP地址、子网掩码和默认网关等连接状态。在"常规"选项卡中点击"属性"按钮打开"本地连接 属性"对话框，如图4-110所示。

在该对话框"常规"选项卡的"此连接使用下列项目"列表中可进行项目的添加、删除，IP地址的设置等操作；选择"连接后在通知区域显示图标"复选框时，当网络已连接上时在任务栏的系统显示区将出现网络连接图标。在"高级"选项卡中可以对Windows防火墙进行设置。

2. Internet 选项

在控制面板中打开的"网络和Internet连接"窗口中单击"Internet选项"图标（在经典视图中也是单击"Internet选项"图标）打开"Internet属性"对话框（在IE浏览器中选择"工具"菜单中"Internet 选项"也可以打开该对话框），如图4-111所示，对话框中包含有"常规"、"安全"、"隐私"、"内容"、"连接"、"程序"和"高级"7个选项卡。

图 4-110 "本地连接 属性"对话框

图 4-111 "Internet 属性"对话框

在"常规"选项卡中可以进行浏览器默认主页的设定，删除Internet临时文件和历史记录，设定颜色、字体和语言选项等操作。其中如果删除了Cookie文件，则登录网站时需要重新输入曾经在网页上保存过的密码。

在"安全"选项卡中可以对"Internet"和"本地Intranet"进行网络安全级别的设定。通常情况下让其保持在缺省值，单击"默认级别"按钮可以对安全级别进行调整。对"受信任的站点"和"受限制的站点"可以分别信任站点和限制站点。

在"隐私"选项卡中可以设定Cookie相关选项。Cookie用来保存所访问网站经常使用的信息，很多在线购物网站使用Cookie来保存个人信息等。可以通过拖动滑块调整隐私级别。在"弹出窗口阻止程序"选项组中可以设定是否阻止弹出窗口。

在"内容"选项卡中可以分别对"内容审查程序"、"证书"、"自动完成"和"源"等进行设定。"自动完成"功能可以让计算机自动填写Web地址、网页表单等。如果经常需要填写姓名和地址（如网上购物时），这项功能非常好用。选择"自动完成"按钮就可以对这项功能进行设定。

在"连接"选项卡中可以设置新的Internet连接。单击"局域网设置"按钮打开"局域网（LAN）设置"对话框，可以设定"自动配置"和为局域网设置代理服务器。

在"程序"选项卡中主要包含Internet的各种程序，包括HTML编辑器、电子邮件、新闻组、Internet电话、日历和联系人列表等。在进行程序设置时可以从下拉列表中选择各任务对应的合适程序。

在"高级"选项卡中可以对IE浏览器进行更详细的设置，包括HTTP设置、安全、从地址栏中搜索、打印和多媒体等。在"多媒体"列表组中可以设定显示或不显示网页图片、动画、声音和视频等。

4.5.4 用户和帐户的设置

在控制面板的分类视图中单击"用户帐户"图标（在经典视图中也是单击"用户帐户"图标）打开"用户帐户"窗口，如图4-112所示，在该窗口中可以进行新建帐户、更改帐户和对已有的帐户进行修改密码和设置权限等设置。计算机中的每个用户帐户都记录了该用户的工作环境，如桌面墙纸、个人文档文件夹、桌面图标、收藏夹和用户口令等。

单击"更改帐户"，在弹出的窗口中可以对已有帐户设置密码和更改帐户图标等。

图4-112 "用户帐户"窗口

单击"创建一个帐户"，在弹出的窗口中，可以按提示创建不同类型的用户帐户，并可以设置他们的权限。

帐户Administrator是计算机的管理员，拥有计算机管理的最高权限，能对计算机进行所有的操作和设置。建议对该用户设定密码，这样才能更有效保证计算机的网络安全。管理员帐户可以查阅一般用户的文档和网站访问历史列表，设定他们的权限和IE浏览器的安全级别等。来宾帐户Guest通常是被禁止的。激活来宾帐户可以让别人使用你的计算机，但是不能访问任何受口令保护的文件夹，也不可以更改计算机的设置。通常情况下建议最好禁用来宾帐户。

4.5.5　添加/删除程序

在控制面板的分类视图中单击"添加/删除程序"图标（在经典视图模式中单击"添加或删除程序"图标），打开"添加或删除程序"对话框（在"我的电脑"窗口中"链接区域"的"系统任务"选项中单击"添加/删除程序"也可以打开该对话框），如图4-113所示。在该对话框左侧的选项列表中可以选择"更改或删除程序""添加新程序""添加/删除Windows组件"和"设定程序访问和默认值"等操作。

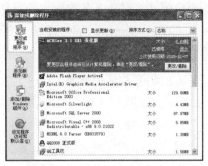

图4-113"添加或删除程序"对话框

选择"更改或删除程序"，在对话框右侧的列表窗口中将列出所有安装的程序的名称及其占用的磁盘空间大小，选择窗口顶部的"显示更新"复选框，则会列出所有Windows的更新程序。在列表中选中某一程序时，将激活"更改/删除"按钮，单击该按钮则会弹出一个对话框，引导用户对当前程序进行更改或卸载。

选择"添加新程序"时，在对话框右侧的列表窗口中可以选择"从CD-ROM或软盘安装程序"或"从Microsoft添加程序"。

选择"添加/删除Windows组件"时，将弹出"Windows组件向导"对话框，如图4-114所示。

在"组件"列表中列出了已经安装的Windows组件。去除某项组件前面的选中标记可以卸载该组件，反之选中标记则可以安装该组件。其中有些组件项可以展开，选中某一组件时单击"详细信息"按钮可以在弹出对话框中选择有关该组件项的详细选项。

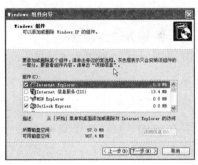

图4-114"Windows 组件向导"对话框

选择"设定程序访问和默认值"时，可以在对话框右侧的"选择配置"列表选择"计算机制造商"、"Microsoft Windows"、"非Microsoft 程序"或"自定义"。

4.5.6　日期、时间、语言和区域设置

在控制面板的分类视图中单击"日期、时间、语言和区域设置"图标，在打开的"日期、时间、语言和区域设置"窗口中可以对"区域和语言选项"和"日期和时间"进行设置。

1. 日期和时间设置

在"日期、时间、语言和区域设置"窗口中单击"更改时间和时间"或"日期和时间"按钮（在经典视图中双击"日期和时间"图标），打开"日期和时间 属性"对话框，如图4-115所示，其中包括"时间和日期"、"时区"、"Internet 时间"三个选项卡。

在"日期和时间"选项卡中有"日期"和"时间"两个选项。在此可以设置系统的显示日期和显示时间。

图 4-115"日期和时间 属性"对话框

在"时区"选项卡中可以在时区下拉列表中选择适合的时区，其他应用程序可以利用时区来准确计算世界上其他地方的日期和时间。

在"Internet 时间"选项卡中可以设置网络时钟。选中"自动与Internet时间服务器同步"复选框后在下拉列表里选定一个网络时钟服务器，单击"立刻更新"按钮即可同步网络时钟。

2. 语言和区域设置

在"日期、时间、语言和区域设置"窗口中单击"更改数字、日期和时间的格式"或"区域和语言"选项按钮（在经典视图中双击"区域和语言选项"图标），打开"区域和语言选项"对话框，如图4-116所示，其中包括"区域选区"、"语言"、"高级"三个选项卡。

在"区域选项"选项卡的"标准和格式"功能组中可以通过设置语言标准来设置数字、货币、日间等格式。在"位置"功能组中指定位置便于提供当地的各类信息。

图 4-116 "区域和语言选项"对话框

在"语言"选项卡中可以进行文字服务和输入语言的设置。

在"高级"选项卡中可以对语言服务做更多的设置。

3. 输入法的设置

在"区域和语言选项"对话框中单击"语言"标签，切换到"语言"选项卡（在"日期、时间、语言和区域设置"窗口中直接单击"添加其他语言"按钮也可以直接打开"语言"选项卡），单击"详细信息"按钮，打开"文字服务和输入语言"对话框（右键点击任务栏中的"语言栏"，在弹出的快捷菜单中选择"设置"命令也可以打开此对话框），如图4-117所示。其中包括"设置"和"高级"两个选项卡。

图 4-117 "文字服务和输入语言"对话框

在"设置"选项卡中的"默认输入语言"选项组中可以指定系统默认的输入语言，比如可以在下拉列表中选择极品五笔作为系统开启后的默认输入法。在"已安装的服务"选项组中列出了当前系统所安装的所有输入法，可以在选择列表中的某一输入法后单击"删除"按钮，把选定的输入法从列表中去除，去除后的输入法在语言栏中将不再显示。也可以单击"添加"按钮，把已删除的输入法重新添加到列表中，从而在语言栏中显示出来。

在"首选项"选项组中单击"语言栏"按钮，在打开的"语言栏设置"对话框中有"在桌面上显示语言栏"、"处于非活动状态时，将语言栏设置为透明"、"在任务栏中显示其他语言栏图标"、"在语言栏上显示文字标签"4个复选框，可以分别对语言栏的相关属性进行设置。单击"键设置"按钮打开"高级键设置"对话框，在该对话框中可以进行每一种输入法的快捷键和切换输入法的快捷键等与输入相关的快捷键设置。

在"高级"选项卡中，可以设置是否应用高级文字服务。

4.5.7 声音、语音和音频设备设置

在控制面板的分类视图中单击"声音、语音和音频设备"图标，在打开的"声音、语音和音频设备"窗口中可以对"声音和音频设备"和"语音"等进行设置。

1. 声音和音频设备设置

在"声音、语音和音频设备"窗口中选择"调整系统声音"、"更改声音方案"、"更改扬声器设置"中的任意一个或在窗口中单击"声音和音频设备"按钮（在经典视图中双击"声音和音频设备"图标），打开"声音和音频设备 属性"对话框（右键点击任务栏系统显示区的音量图标，在弹出的快捷菜单中选择"调整音量"属性，也可以打开该对话框），如图4-118所示，其中包括"音量"、"声音"、"音频"、"语声"和"硬件"5个选项卡。

图 4-118 "声音和音频设备 属性"对话框

（1）"音量"选项卡

在"音量"选项卡中的"设备音量"选项组可以进行音量大小的调整、是否设置静音和是否将音量图标放入任务栏的设置。单击"高级"按钮可以打开"主音量"对话框（在任务栏的系统显示区双击音量图标或右键点击音量图标，在弹出的快捷菜单中选择"打开音量控制"也可打开该对话框），在此可以对音量进行更详细的设置。在"扬声器设置"选项组中单击"扬声器音量"按钮，可以分声道对扬声器的音量进行调整；单击"高级"按钮可以对扬声器进行更详细的设置。

（2）"声音"选项卡

在"声音"选项卡的"声音方案"选项组中可以选择系统提供的已有预设的系统声音方案。在"程序事件"选项组中，可以为各种程序事件指定相应的声音。

（3）"音频"选项卡

在"音频"选项卡中可以设置"声音播放"、"录音"和"MIDI 音乐播放"选项组中对应的默认设备。点击各选项组中的"音量"按钮，还可以进行更详细的音量控制设置。

（4）"语声"选项卡

在"语声"选项卡可以设置同于"音频"选项卡中的"声音播放"和"录音"设备的设置和对应音量的调整。

（5）"硬件"选项卡

在"硬件"选项卡中可以分别查看对相应各种音频设备的属性信息和进行驱动更新等操作。

2. 语音设置

在"声音、语音和音频设备"窗口的中单击"语音"按钮（在经典视图中双击"语音"图标），打开"语音属性"对话框，如图4-119所示。在该对话框中可以进行文字-语音转换的设置和调整语音的速度。

图 4-119 "语音属性" 对话框

4.5.8 控制面板中的其他设置

在控制面板中除了有常用的系统设置工具外，还包括"打印机和传真机""电源选项""辅助功能选项""管理工具""键盘""任务计划""扫描仪和照相机""鼠标""添加硬件""系统""游戏控制器""字体"（经典视图）等工具集合。

其中"系统"工具集也是一个比较重要的工具集，通过这个工具集可以设定大部分与计算机工作相关的控制选项。在控制面板的分类视图中单击"性能与维护"图标，在打开的窗口中单击"系统"图标打开"系统属性"对话框（桌面上右键点击"我的电脑"图标，在弹出的快捷菜单中选择"属性"也可以打开该对话框），如图4-120所示。该对话框包括"常规""计算机名""硬件""高级""自动更新"和"远程"6个选项卡。

图 4-120 "系统属性" 对话框

在"常规"选项卡中显示了正在使用的操作系统版本，以及当前计算机的一些信息，如中央处理器类型、速度、计算机内存大小等。在"计算机名"选项卡中可以进行计算机名、所属工作组以及网络标识的更改和设置。在"硬件"选项卡中可以检查或更改计算机硬件的设置，并且可以对这些设备进行驱动程序的安装和更新等操作。在"高级"选项卡下的"性能"、"用户配置文件"和"启动和故障恢复"选项组中可以对计算机进行一些专业的设置，建议在一般情况下不要对这些设置进行更改。在"自动更新"选项卡中主要设置Windows访问Windows XP修复网站的频率，该网站提供了最新的Windows漏洞补丁包。可以把访问频率设定为"自动下载推荐的更新，并安装它们""下载更新，但是由我来决定什么时候安装""有可用下载时通知我，但是不要自动下载或安装更新"或"关闭自动更新"之中的一种。在"远程"选项卡中可以设置允许技术人员远程控制当前计算机并帮助解决问题，为了防止非授权访问，建议不要选择"允许用户远程连接到此计算机"。

4.6　Windows XP 中的常用附件

Windows XP为用户提供了多种附件工具，帮助用户轻松完成记录、计算、绘图等操作。

4.6.1　记事本和写字板

记事本和写字板都是文本编辑工具，但功能有所不同。

1. 记事本

记事本是Windows XP中用来创建和编辑小型纯文本文件的应用程序，记事本中的文本只有字体、字号和加粗等简单的格式，能被大部分应用程序调用。因此常用于编辑各种高级语言程序文件。记事本文件的默认文件类型扩展名为.txt。

要启动记事本，通常是在"开始"菜单的"所有程序"中单击"附件"，在弹出的快捷菜单中单击"记事本"，如图4-121所示，打开记事本程序，进入记事本程序窗口，如图4-122所示。

图 4-121 "附件"子菜单

图 4-122 记事本程序窗口

在记事本程序窗口的菜单栏中有"文件""编辑""格式""查看"和"帮助"5个菜单项。

在"文件"菜单中有"新建""打开""保存""另存为""页面设置""打印"和"退出"等命令。其中通过"另保存"命令可以将记事本文件存储为多种文件类型，存储时只需在"文件名"中输入带扩展名的文件名即可。比如将当前文件保存为名为"1.exe"的可执行文件类型等。同时可以在保存时指定文件的文件编码类型。

在"编辑"菜单中可以进行剪切、复制、粘贴或查找等常规的编辑操作，还可以在文本中插入系统的时间和日期。点击"格式"菜单中的"字体"命令，在"字体"对话框中可以对当前文本进行字体、字号、字型和换行等格式的设置。在"查看"菜单中可以打开窗口的"状态栏"。在"帮助"菜单中可以查看当前程序的版本信息和打开"帮助"窗口。

2. 写字板

写字板也是系统自带的用于进行文字处理的应用程序，但写字板的功能比记事本要强大得多。利用写字板可以进行日常工作中文件的编辑，它不仅可以进行文字编辑，而且还可以进行图文混排，插入图片、声音、视频剪辑等操作。写字板文件的默认文件格式为.rtf。

（1）启动写字板

在"开始"菜单的"所有程序"中单击"附件"，在弹出的快捷菜单中单击"写字板"，进入写字板程序窗口，如图4-123所示。写字板程序窗口由标题栏、菜单栏、工具栏、格式栏、水平标尺、工作区和状态栏几部分组成。

（2）菜单栏

在写字板的菜单栏有"文件"、"编辑"、"查看"、"插入"、"格式"和"帮助"6个菜单项。

在"文件"菜单中可以进行诸如文件创建、保存、打印、打印预览、页面设置及退出等操作。

在"编辑"菜单中进行剪切、复制、粘贴、查找等常规的编辑操作，还可以进行"特殊粘贴"、"清除"、"替换"等操作。

在"查看"菜单中可以设置是否显示"工具栏""格式栏""标尺"和"状态栏"。选择"选项"命令可打开"选项"对话框，如图4-124所示，在该对话框中可以进一步对度量单位和不同对象换行形式进行设置。

图 4-123　写字板程序窗口　　　　图 4-124 "选项" 对话框

在"插入"菜单中不仅可以插入系统时间，还可以通过"对象"命令插入声音、图画、视频等多媒体文件。

在点击"格式"菜单中"字体"命令调出的对话框中不仅可以对所选文本进行字体、字号、字型等设置，还可以设置删除线、下划线、字体颜色等效果。通过"项目符号样式"可以设置项目符号。通过"段落"命令可以设置段落的左、右、首行缩进度和文本的对齐方式。通过"跳格键"命令可以设置跳格键的距离。

在"帮助"菜单中可以查看当前程序的版本信息和打开"帮助"窗口。

（3）编辑文档

写字板程序具有一定的编辑功能，通过"编辑"菜单和一些常规操作可以对文档进行选择、移动、复制、剪切、粘贴和查找替换等编辑工作。

选择：按下鼠标左键不放，在所需要操作的对象上拖动，当文字高亮显示时，表明已经选中对象。当需要选择全文时，可执行"编辑>全选"命令或按Ctrl+A快捷键，即可选定文档中的所有内容。

删除：选中不需要的内容按Delete键，或执行"编辑>清除"或者"编辑>剪切"命令，即可删除内容。其中"清除"是将内容放入到回收站中，而"剪切"是把内容存入了剪贴板中，可以进行粘贴还原。

移动：选中要移动的对象，按下鼠标左键拖到所需要的位置再放开，即可完成移动操作。

复制：选定要进行复制的对象，执行"编辑>复制"命令或按Ctrl+C快捷键来进行。

粘贴：进行复制操作以后，可以把已复制的对象通过放到粘贴操作放到新的位置。进行粘贴时，把光标移到要放置对象的位置执行"编辑>粘贴"命令或按Ctrl+V快捷键执行粘贴操作。

查找和替换：当需要在文档中寻找一些相关的内容时，如果全靠手动查找，会浪费很多时间，利用"编辑"菜单中"查找"和"替换"命令可以快捷地实现内容的查找和替换操作。进行内容查找时，可执行"编辑>查找"命令或按Ctrl+F快捷键，在弹出的"查找"对话框中输入需要查找的内容后，单击"查找下一个"按钮，即可找到相应的内容，并以高亮显示。如果进行替换操作，则可执行"编辑>替换"命令或按Ctrl+H快捷键打开"替换"对话框，在"查找内容"文本框中输入要被替换掉的内容，在"替换为"文本框中输入要替换内容后，单击"查找下一处"按钮，即可查找到要被替换掉的内容，单击"替换"按钮则替换一处的内容，单击"全部替换"则在全文中把所有查找到的内容都替换掉。

4.6.2　命令提示符

WindowsXP提供的"命令提示符"其操作环境类似于 DOS操作系统环境。并且在Windows XP 中的命令提示符进一步提高了与DOS 下操作命令的兼容性，在命令提示符窗口中用户可以直接输入DOS内部命令进行操作。

在"开始"菜单的"运行"菜单项中输入"cmd"或"Command"按Enter键即可打开如图4-125所示的类似于DOS操作界面的"命令提示符"窗口。

在该窗口中输入相同于DOS中的命令后即可进行DOS操作。默认的"命令提示符"窗口是白字黑底显示，用户可以通过右键点击命令提示符的标题栏，在弹出的快捷菜单中选择"属性"命令，打开"'命令提示符'属性"对话框，如图4-126所示。

图 4-125 "命令提示符"窗口

图 4-126 "'命令提示符'属性"对话框

在该对话框的"选项"选项卡中可以进行光标的大小、显示方式和命令记录的缓冲区大小及数量的设置。 在"字体"选项卡中，可以在"点阵字体"和"新宋体"之间进行字体选择，并可设置字号。在"布局"选项卡中，可以设置屏幕缓冲区大小及窗口的大小，在"窗口位置"选项组中，可设置窗口在显示器上所处的位置。 在"颜色"选项卡，可以进行屏幕文字、背景以及弹出窗口文字、背景的颜色等设置。

4.6.3　计算器

计算器是Windows XP的附件中提供的一个能进行各种科学计算的应用程序，它可分为"标准计算器"和"科学计算器"两种。"标准计算器"可以完成日常工作中简单的算术运算，其使用方法与日常生活中所使用的计算机一样。而"科学计算器"可以完成较为复杂的科学运算，比如函数运算等。运算的结果不能直接保存，而是将结果存储在内存中，以供粘贴到别的应用程序和其他文档中，它的使用方法与日常生活中所使用的计算器的方法一样，可以通过鼠标单击计算器上的按钮来取值，也可以通过从键盘上输入来操作。

1. 标准计算器

在"开始"菜单的"所有程序"中单击"附件"，在弹出的快捷菜单中单击"计算器"，打开"计算器"窗口，如图4-127所示。

标准计算器窗口包括标题栏、菜单栏、数字显示区和工作区几部分。工作区由数字按钮、运算符按钮、存储按钮和操作按钮组成。在标准计算器中主要键的功能如表4-3所示。

如果需要把运算结果可以导入到别的应用程序中时，可以通过复制、粘贴命令来实现。

表 4-3 "标准计算器"中各主要键的功能

键　名	功　能	键　名	功　能
Backspace	删除最后一个数字	MR	调用记忆缓存
CE	全部清除	MS	将当前数存入记忆缓存
C	清除当前的运算结果	M+	将显示的值加到存储器中
MC	清除记忆缓存		

2. 科学计算器

当在进行一些比较复杂的运算和常见函数运算时，用标准计算器将不能满足需要，此时可以在"查看"菜单中选择"科学型"命令，打开科学计算器窗口，如图4-128所示。

图 4-127 "标准计算机器"窗口

图 4-128 "科学计算器"窗口

在科学计算器中不仅能进行常用三角函数、指数和对数的运算外，还可以进行进制转换。其中主要键的功能如表4-4所示。

表 4-4 "科学计算器"中各主要键的功能

键　名	功　能	键　名	功　能
Inv	将运算变为逆运算	x^3	进行 3 次方运算
Hyp	为一次双曲线计算建立正弦、余弦和正切运算	x^2	进行 2 次方运算
Sta	打开统计学功能，在此状态下可以计算平均数、方差等统计学数据	in	进行自然对数运算
Ave	计算"统计框"中数值的平均值	log	进行对数运算
Sum	计算"统计框"中数值的和	n!	进行阶乘运算
s	对总体参数为 n-1 的统计计算标准差	1/x	进行分数运算
Dat	将显示的值添加到统计框	pi	圆周率，即 π
F-E	将显示的十进制数转换成科学表示方式	Mod	计算整除剩余数
dms	将显示的值转换成角度、分、秒的形式	Lsh	将显示的整数值左移一位
sin	进行正弦函数运算	Or	返回整数值的按位或的结果
cos	进行余弦函数运算	And	返回整数值的按位与的结果
tan	进行正切函数运算	Xor	返回整数值的按位异或的结果
Exp	进行指数运算	Not	将显示的整数值按位取反
x^y	进行 n 次方运算	Int	取整

4.6.4 画图

"画图"工具是Windows XP中用于绘制图形和进行普通图形编辑的应用程序。它不仅可以绘制线条和比较简单的艺术图案，还可以修改由扫描仪或数码相机输入的多种格式的图片文件。

在"开始"菜单的"所有程序"中单击"附件"，在弹出的快捷菜单中单击"画图"打开"画图"窗口，如图4-129所示。"画图"窗口由标题栏、菜单栏、工具栏、绘图区、调色板和状态栏等部分组成。

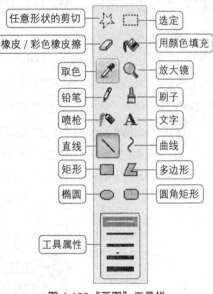

图 4-129 "画图"窗口

绘图区是用于绘制图形或输入文字的区域，可以在"选项"菜单中选择"图像属性"来调整绘图区的大小。也可以将鼠标指针移到"绘图区"边缘，当指针图标变成双箭头状时，按住左键拖动进行调整。

工具栏是为绘图提供各种工具的区域，其中各工具名称如图4-130所示。

调色板（又称颜料盒）是用于绘制图形时为图形上色的工具，在调色板的左侧大方框内有两个重叠的小矩形框，上一层矩形的颜色为前景色，即当前画笔的颜色，后一层矩形的颜色为背景色，即绘图的底色。调色板中用许多小方框提供了能够使用的各种颜色样板，在颜色框中，单击鼠标左键则把该颜色选为前景色，单击鼠标右键则选为背景色。

图 4-130 "画图"工具栏

在"画图"中常见的基本操作如下。

1. 新建画图文件

在启动"画图"程序时，会自动生成一个名为"未命名"的文件。在已打开的窗口中可以在"文件"菜单中选择"新建"命令（或按Ctrl+N快捷键）来建立一个新的画图文件。

2. 绘图

在工具栏中选用特定的工具在绘图区里绘制图形或输入文字。可以使用绘图工具、颜色板等进行编辑。

3. 修改

对绘图区中的图画内容进行修改，主要通过一些编辑工具或在"编辑"菜单执行一些编辑命令来实现。例如，可以用"橡皮擦"工具对图画中的部分内容进行擦除，用"用颜色填充"工具对图形进行颜色填充等。

4. 画图文件的保存

默认的画图文件的扩展名为.bmp，在对画图文件进行保存时可以在"文件"菜单中选择"保存"或"另存为"命令，在弹出的"保存为"对话框中可以选择文件的存储格式。其支持的文件格式有8种，分别为：单色位图、16色位图、256色位图、24位位图（这4类文件的文件扩展名都为.bmp或 .dib）以及jpeg文件、gif文件、tiff文件和png文件，保存的颜色数越多，图片就越逼真，文件所占空间也就越大。

4.7 多媒体功能

多媒体是文本、声音、图像、视频等多种媒体的集合。Windows XP中提供了多个功能强大的多媒体工具，例如，Windows Media Player、Windows Movie Maker和录音机等。利用这些工具不仅可以播放计算机上的多媒体信息，而且还可以与网络技术结合，播放Internet上的各种丰富的多媒体信息。Windows XP中常用的多媒体工具有Windows Media Player和录音机。

4.7.1 Windows Media Player

Windows Media Player是一个用来播放多媒体文件的工具，它不仅能播放本地的多媒体文件，而且还可以播放来自Internet的主流媒体文件。并且支持多种主流媒体文件格式的播放，例如，电影视频剪辑文件（.avi、.rmvb、.mpeg、.asf等）、波形文件（.wav）、声音文件（.midi、.mp3等），对于一些特殊的媒体格式还可以通过下载安装解码器来播放。

1. Windows Media Player 的启动

在"开始"菜单中点击"所有程序"中的"附件"，在弹出的菜单中点击"娱乐"中的"Windows Media Player"打开"Windows Media Player"播放窗口，如图4-131所示。

图 4-131 "Windows Media Player"播放窗口

2. Windows Media Player 的基本操作

（1）播放媒体文件

如果是播放本地磁盘上的多媒体文件，可在"文件"菜单中单击"打开"命令，在弹出的"打开"对话框中选中要播放的文件，将其添加到播放列表中，在播放列表中双击要播放的文件即可，默认情况下打开播放文件后，将从第一个播放文件开始播放。

如果播放CD唱片、VCD或DVD影碟，则需先将碟片放入CD-ROM 或DVD-ROM驱动器中（如果是DVD影碟则必须放入DVD-ROM中），然后单击播放控件中的"播放"按钮即可。

单击窗口右下角的播放顺序切换按钮，可以让媒体的播放顺序在"顺序播放"、"重复播放"和"无序播放"之间进行切换。也可在"播放"菜单中选择"无序播放"或"重复播放"来设置，默认的播放顺序为"顺序播放"。

拖动"播放进度条"上的滑块还可以更改当前媒体的播放进度。

Windows Media Player中播放控件的组成如图4-132所示。其相应功能如表4-5所示。

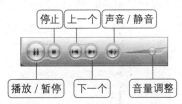

图 4-132 "Windows Media Player"中播放控件的组成

表 4-5 "Windows Media Player"播放控件中各按钮的功能

名　称	功　能	名　称	功　能
播放 / 暂停	开始 / 暂停播放媒体文件	下一个	前进到下一个媒体文件，并进行播放
停止	停止播放当前的媒体文件	音量调整	拖动滑块调整播放音量的大小
上一个	返回到上一个媒体文件，并进行播放	声音 / 静音	单击该按钮可以在静音和播放声音两种状态间进行切换

（2）设置Windows Media Player的外观

Windows Media Player的默认外观是一个窗口形式，如图4-131所示，这种外观称为"完整模式"。在"查看"菜单中选择"外观模式"可以将其外观切换为外观模式，也可以在"完整模式"窗口中的右下角单击"切换外观模式"按钮，在"完整模式"和"外观模式"之间进行切换。

选择"查看"菜单中的"外观选择器"，在窗口左侧的外观选择器窗格还可以选择其他个性的外观形式。

（3）设置视图区的色彩和氛围

在Windows Media Player中不但可以听音乐，还可以在听音乐的同时观看一些特殊的图像，这些图像会随音乐节奏的起伏而变化，效果非常独特。

在"查看"菜单中，选择"可视化效果"菜单项，在如图4-133所示的菜单项中有多种可视化效果供选择，选择不同的效果将在播放窗口的视图区中产生不同的色彩和氛围。

图 4-133　Windows Media Player 中丰富的可视化效果

4.7.2 录音机

录音机是Windows XP中提供的另一个进行媒体播放和编辑的工具，使用录音机工具可以录制、混合、播放、编辑声音，也可以将声音链接插入到某个文件当中。

1. 录音机的启动

在"开始"菜单中点击"所有程序"中的"附件"，在弹出菜单中选择"娱乐"中的"录音机"，打开如图4-134所示的"声音-录音机"窗口。"声音-录音机"窗口主要由标题栏、菜单栏和操作按钮组成。

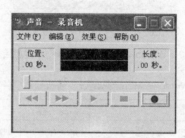

图4-134 "录音机"窗口

2. 声音的录制和保存

在确认麦克风连接无误的情况下，单击"录音"按钮开始录音，录音完成后单击"停止"按钮停止录音。需要注意的是在使用录音机进行录音时每一次只能录制不超过60秒的声音文件。录制完成后可以单击"播放"按钮来回放已经录制的声音文件。

录制完声音文件后可以选择"文件"菜单中的"保存"或"另存为"命令，对当前声音文件进行保存，录音机所录制的声音文件以波形文件保存，其文件扩展名为.wav。

3. 声音的编辑

录音机程序提供了一定的声音编辑和处理功能。可以进行声音的插入、删除、混合和一定的音效处理。

（1）插入声音

录音机可以将两个声音文件链接起来形成一个完整的声音文件，将滑块拖动到要插入另一个声音文件的位置（或播放到要编辑的位置时按"暂停"按钮），选择"编辑"菜单中的"插入文件"命令，在"插入文件"对话框中选择要插入的声音文件即可。

（2）删除部分声音

当录制完一个声音文件后，后期编辑过程中可以对其中的某段文件进行删除。打开一个要编辑的声音文件，将滑块拖到要删除的声音文件的位置（播放到要编辑的位置时按"暂停"按钮），选择"编辑"菜单中的"删除当前位置以前的内容"或"删除当前位置以后的内容"对指定内容进行删除。

（3）声音混合

声音混合即通常所说混音，利用录音机工具可以将已经录制的声音文件同别的声音文件进行混合，产生声音叠加的效果。打开一个需要进行声音混合的声音文件，并通过拖动滑块或播放指定要进行混音的位置，选择"编辑"菜单中的"与文件混音"，在弹出的"混音文件"对话框中选择要混入的声音文件即可。

（4）音效处理

在录音机中还可以对声音文件进行变速播放、回声和使声音反向播放等特殊效果的处理操作。在"效果"菜单中有"加速"、"减速"、"添加回音"和"反转"等菜单项，选择不同的菜单命令即可对当前声音文件进行相应操作。

4.8　思考与练习

1. 填空题

（1）在中文Windows XP中，要在不同输入法之间切换可按_____快捷键，在中英文输入法之间切换可按_____快捷键。

（2）在Windows的下拉式菜单中，浅灰色命令表示____，命令项后面若带有省略号，表示选择该命令后，屏幕会出现一个_____。

（3）Windows系统中一个完整文件名由_____和_____组成，中间由_____隔开。

2. 选择题

（1）Windows的桌面中主要包含（　　）。

  A．桌面背景   B．"我的电脑"图标

  C．任务栏   D．所用程序图标

（2）在Windows XP的资源管理器窗口的左侧窗格中，文件夹前标有"+"时，表示该文件夹（　　）。

  A．只含有文件   B．含有子文件夹

  C．是空文件夹   D．只含有文件而不含有文件夹

（3）在Windows XP操作系统中可以在"控制面板"中实现的操作有（　　）。

  A．更改显示器和打印机设置 B．进行网络设置

  C．创建快捷方式   D．程序删除

3. 问答题

（1）Windows XP中菜单的种类有哪些？

（2）在Windows XP中启动应用程序的方法有哪些？

（3）Windows XP的窗口分为哪几种？各有什么作用？

第五章　计算机网络

5.1　计算机网络的概念

在人们使用计算机的早期，几百人通过各自的终端共同使用一台主机；到了80年代是个人计算机时代，人们可以享受独自使用一台计算机的乐趣；随着计算机应用的深入，以及人们对信息需求的日益强烈，众多计算机使用者希望能够共享信息资源，希望各计算机之间能互相传递信息进行通信。个人计算机的硬件和软件配置一般都比较低，其功能也有限，因此，共享大型与巨型计算机的硬件和软件资源，以及它们所管理的信息资源，以便充分利用这些资源的需求日益增大。基于这些原因，促使计算机向网络化发展，将分散的计算机连接成网，组成计算机网络。

5.1.1　什么是计算机网络

计算机网络从产生到现在已经发展了几十年，在其发展的过程中，计算机网络的概念也随之不断的演变。现在的计算机网络，已经不仅仅是在物理上简单地把几台计算机连接到一起，而是一个规范的、高效的体系结构。到了今天，人们对计算机网络的定义比较认同的看法是，计算机网络是由地理位置分散的、具有独立功能的多台计算机，利用通信设备和传输介质互相连接，并配以相应的网络协议和网络软件，以实现数据通信和资源共享的计算机系统。

对于网络中的用户来说，计算机网络提供的是一种透明的传输机构。一个计算机网络可以是家中或办公室中的两台计算机，也可以是全球成百上千台计算机，计算机连接所使用的介质可以是双绞线、同轴电缆或光纤等有线介质，也可以是无线电、激光、大地微波或卫星微波等无线介质。作为网络用户来讲，可以不必考虑计算机网络的物理结构或者传输介质，而直接方便地访问网络上的资源。

5.1.2　计算机网络的产生和发展

1946年第一台计算机问世时，计算机数量很少，价格昂贵。使用计算机的用户需不远千里到计算机房去上机。这样，除要花费大量的时间、精力外，又因受时间、地点的限制，无法对急待处理的信息及时加工处理。为了解决这个问题，在计算机内部增加通信功能，使远地站点的输入输出设备通过通信线路直接和计算机相连，达到了不用到计算机房就可以在远地站点一边输入一边处理的目的，并且还可以将处理结果再经过通信线路送回到远地站点。这样就开始了计算机和通信的结合。当然，这种结合只是简单的计算机联机系统（如图5-1所示），还没有构成我们今天所说的计算机网络。由此可见，计算机网络经历了一个从简单到复杂、从低级到高级的发展过程。

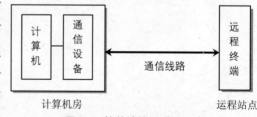

图 5-1　简单计算机联机系统

计算机网络的发展大致可以划分为以下几个阶段。

1. 具有通信功能的单机系统

这个阶段是计算机和通信结合的初级阶段。最早的通信设备是1954年研制出的一种称为收发器的终端。人们使用收发器实现了把穿孔卡片上的数据通过电话线发送给远方的计算机。

之后，发展到电传打字机也可以与远程终端和计算机相连。用户可以在远地的电传打字机上键入程序并传送给计算机，而计算机处理的结果又可以返回到电传打字机，被打印出来。因为是使用电话线路进行信息的传输，所以必须在电话线路的两端分别加上称为调制解调器（Modem）的设备。调制解调器的功能是完成数字信号和模拟信号的转换。电话线路连接的单机系统如图5-2所示。

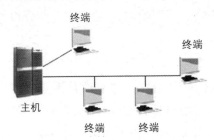

图 5-2　以单机为中心的通信系统

2. 具有通信功能的多机系统

在具有通信功能的单机系统中，计算机只是与一个远程终端相连，计算机的利用率低。采用多机系统将一台计算机和多个远程终端相连，各个远程终端分时使用计算机，并且当没有远程终端使用计算机时，计算机仍可以独立使用，提高了计算机的利用率。这是计算机网络发展的第二阶段。

无论是单机系统还是多机系统，在计算机发展的这两个阶段有一点是共同的，即都是面向终端的计算机联机系统网络。在60年代，这种面向终端的计算机联机系统网络获得了很大的发展。其中许多网络至今仍在使用。

3. 计算机通信网络

随着计算机应用的发展和硬件价格的下降，一个单位经常拥有多个联机系统，这些联机系统中各主机之间要求能互相连接起来，以便作到资源共享。

当今有名的阿帕网（Advanced Research Projects Agency，ARPA）就属于计算机通信网。阿帕网是由美国国防部高级研究计划局研制并于1969年12月投入运行的。当时只有4个节点。到1980年已经发展到100多个节点，除了遍布美国本土外，还通过卫星延伸至夏威夷和伦敦的计算机网络。一般都把阿帕网作为计算机通信网诞生的标志。

计算机通信网（如图5-3所示）实现了多台计算机之间的互相连接、互相通信。较之联机系统中只有一台计算机与多台终端互相连接并进行通信的情况要复杂得多。

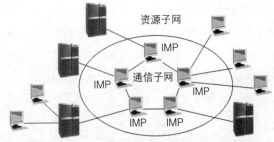

图 5-3　资源子网与通信子网组成的两级网络结构

4. 局域网的兴起和分布式计算的发展

70年代开始，随着大规模集成电路技术和计算机技术的飞速发展，硬件价格急剧下降，微型计算机被广泛应用，局域网技术得到迅速发展。

局域网的发展也导致计算模式的变革。早期的计算机网络是以主计算机为中心的，计算机网络控制和管理功能都是集中式的，也称为集中式计算机模式。随着个人计算机（PC）功能的增强，用户一个人就可在微机上完成所需要的作业，PC方式呈现出的计算机能力已发展成为独立的平台，这就导致了一种新的计算结构——分布式计算模式的诞生。

目前计算机网络的发展正处于第四阶段。这一阶段计算机网络发展的特点是：互连、高速、智能与更为广泛的应用。

5. 计算机网络互联

随着经济全球化发展，人们的活动空间要求的范围越来越大，一个计算机网络所覆盖的范围已经不能满足人们的需求，计算机网络互联问题就出现了。目前，世界上网络互联数目最多、规模最大的互联网络，就是Internet（互联网）。实际上Internet就是在阿帕网的基础上发展起来的。

5.1.3　计算机网络的主要功能

计算机网络的功能主要体现在以下几个方面。

1. 数据通信

数据通信是计算机网络最基本的功能，主要完成交换机和计算机之间的相互数据通信。从而方便地进行信息收集、处理与交换。

2. 资源共享

资源是指网络中所有的软件、硬件和数据。共享是指网络中的用户都能够部分或全部地使用这些资源。硬件共享是指计算机网络中的各种输入/输出设备、大容量的存储设备、高性能的计算机都是可以共享的硬件资源，对于一些价格高又不经常使用的设备，可通过计算机网络共享提高设备的利用率，节省重复投资。软件共享是指网络用户对网络系统中的各种软件资源的共享。如计算机中的各种软件、工具软件、语言处理程序等。数据共享是指网络用户对网络中的各种数据资源的共享。网络中的数据库和各种信息资源是共享的一个主要内容。

3. 分布式处理

当某台计算机负载过重，或该计算机正在处理某项工作，网络可将任务转交给空闲的计算机来完成，这样处理能均衡计算机的负载，提高处理问题的实时性；对大型综合性问题，可将问题分解成若干个部分，并分别交给不同的计算机分头处理，充分利用网络资源，扩大计算机的处理能力。

4. 提高系统的可靠性和可用性

计算机系统可靠性的提高主要表现在计算机网络中每台计算机都可以依赖计算机网络相互为后备机，一旦某台计算机出现故障，其他的计算机可以马上承担起原先由该故障机所担负的任务，避免了系统的瘫痪，使得计算机的可靠性得到了大大的提高。

5.2 计算机网络的分类

计算机网络的分类标准很多，按拓扑结构分有星型、总线型、环型等，按使用范围分类有公用网和专用网，按传输技术分类有广播式与点到点式网络，按交换方式分类有报文交换与分组交换等。事实上这些分类标准都只能给出网络某方面的特征，不能确切地反映网络技术的本质。目前比较公认的能反映网络技术本质的分类方法是按计算机网络的分布距离分类。因为在距离、速度、技术细节三大因素中，距离影响速度，速度影响技术细节。

5.2.1 以网络的覆盖范围分类

以网络的覆盖范围分类计算机网络可分为以下几类。

1. 局域网（Local Area Network，LAN）

LAN是在一个较小地理范围内，如一家公司、一所学校或一个办公室内，将计算机和外部设备通过传输媒体连接起来，以实现区域信息资源共享的目标，其传输速度较高。一般数据传输率最高可达10Gbps之间，传输可靠，误码率低、结构简单、易于实现。

2. 城域网（Metropolitan Area Network，MAN）

MAN是在一个城市范围内建立的计算机网络。覆盖范围一般在10km左右。通常采用与局域网相似的技术，传输主要采用光纤。当前城域网的主要作用是骨干网，通过它将位于同一城市内不同地点的主机、数据库，以及局域网等相互连接起来。

3. 广域网（Wide Area Network，WAN）

WAN通常跨接很大的物理范围，如一个国家。广域网包含很多用来运行用户应用程序的机器，通常把这些机器叫做主机，把这些主机连接在一起的是通信子网。通信子网的任务是在主机之间传送信息。将计算机网络中的纯通信部分的子网与应用部分的主机分离开来，可以大大简化网络设计。

4. Internet（互联网）

目前世界上有许多网络，而不同网络的物理结构、协议和所采用的标准是各不相同的。如果连接到不同网络的用户需要进行相互通信，就需要将这些不兼容的网络通过网关连接起来，并由网关完成相应的转换功能。多个不同的网络系统相互连接，就构成了世界范围内的互联网。比如可以将多个小型的局域网通过广域网连接起来，这是形成互联网的最常见形式。

表 5-1 网络覆盖范围分类表

网络分类	缩写	分布距离	地理范围
局域网	LAN	10m	房间
		100m	建筑物
		1km	校园
城域网	MAN	10km	城市
广域网	WAN	100km	国家
Internet		1000km	洲际

5.2.2 以网络的拓扑结构分类

计算机网络的拓扑结构是引用拓扑学中的研究与大小、形状无关的点、线特性的方法，把网络单元定义为节点，两节点间的线路定义为链路，则网络节点和链路的几何位置就是网络的拓扑结构。网络的拓扑结构主要有总线型、环型和星型结构。

1. 总线拓扑结构

总线拓扑结构是将网络中的所有设备都通过一根公共总线连接，通信时信息沿总线进行广播式传送，如图5-4所示。

图 5-4　总线拓扑结构的网络

总线拓扑结构简单，增删节点容易。网络中任何节点的故障都不会造成全网的瘫痪，可靠性高。但是任何两个节点之间传送数据都要经过总线，总线成为整个网络的瓶颈。当节点数目多时，易发生信息拥塞。总线结构投资少，安装布线容易，可靠性较高。在传统的局域网中，是一种常见的结构。

2. 环型拓扑结构

环型拓扑结构中，所有设备被连接成环，信息传送是环广播式的，如图5-5所示。在环型拓扑结构中每一台设备只能和相邻节点直接通信。与其他节点的通信时，信息必须依次经过二者间的每一个节点。

图 5-5　环型拓扑结构的网络

环型拓扑结构传输路径固定，无路径选择问题，故实现简单。但任何节点的故障都会导致全网瘫痪，可靠性较差。网络的管理比较复杂，投资费用较高。当环型拓扑结构需要调整时，如节点的增、删、改，一般需要将整个网重新配置，扩展性、灵活性差，维护困难。

3. 星型拓扑结构

星型拓扑结构是由一个中央节点和若干从节点组成，如图5-6所示。中央节点可以与从节点直接通信，而从节点之间的通信必须经过中央节点的转发。

图 5-6　星型拓扑结构的网络

星型拓扑结构简单，组建网络容易，传输速率高。每节点独占一条传输线路，消除了数据传送堵塞现象。一台计算机及其接口的故障不会影响到网络，扩展性好，配置灵活，对站点的增、删、改容易实现，网络易于管理和维护。但网络可靠性依赖于中央节点，中央节点一旦出现故障将导致全网瘫痪。

5.3　网络的基本组成

计算机网络根据其构成的软件、硬件系统可以分为传输/交换设备、用户设备和网络软件三个部分。传输设备（传输媒体）一般包括双绞线、同轴电缆和光纤等；交换设备一般包括网桥、中继器、网关、交换机和路由器等；用户设备一般包括计算机、服务器、终端等；网络软件主要有网络操作系统、网络协议软件和用户程序等。

5.3.1　网络硬件

网络硬件包含传输/交换设备及用户设备中的部分设备，是网络连接的基础。

1. 服务器

服务器（Server）是整个网络系统的中心，它为网络用户提供服务并管理整个网络。服务器可提供多种多样的网络资源，包括各种硬件资源（如大容量磁盘、光盘以及打印机等外部设备）、软件资源（如各种工具软件以及应用程序）和数据资源（如数据文件和数据库）等等。由于服务器担负网络功能的不同，又可分为文件服务器、通信服务器、备份服务器、打印服务器等类型，一般在小型局域网中，最常用到的是文件服务器。

文件服务器在网络中起着非常重要的作用。它负责管理用户的文件资源，处理客户机的访问请求，将相应的文件下载到某一客户机。为了保证文件的安全性，常为文件服务器配置磁盘阵列或备份的文件服务器。

打印服务器负责处理网络中用户的打印请求。一台或几台打印机与一台计算机相连，并在计算机中运行打印服务程序，使得各客户机都能共享打印机，这就构成了打印服务器。还有一种网络打印机，内部装有网卡，可以直接与网络的传输介质相连，作为打印服务器。

应用系统服务器是可运行应用程序的服务器端软件，该服务器一般保存着大量信息供用户查询。应用系统服务器处理客户端程序的查询请求，只将查询结果返回给客户机。

通信服务器负责处理本网络与其他网络的通信，以及远程用户与本网的通信。

2. 工作站

工作站（Workstation）是指连接到网络上的计算机。工作站与服务器不同，服务器可以为整个网络提供服务并管理整个网络，而工作站只是一个接入网络的设备。工作站接入网络中后，即可向服务器发送请求，要求访问其他计算机上的资源。工作站的接入和离开对网络系统不会产生影响。工作站有的时候也被称为"节点"或"客户机"。

3. 网络连接设备

在计算机网络中，除了服务器和工作站外还有大量的用于计算机之间、网络与网络之间的连接设备，这些设备称为网络连接设备，主要包括：网络适配器、中继器、网桥、路由器、交换机等。

（1）网络适配器（Network Adapter）

网络适配器又称网卡，它是使计算机联网的设备。平常所说的网卡就是将PC机和LAN连接的网络适配器。网卡插在计算机主板插槽中，负责将用户要传递的数据转换为网络上其他设备能够识别的格式，通过网络介质传输。它的主要技术参数为带宽、总线方式、电气接口方式等（如图5-7所示）。它的基本功能为：从并行到串行的数据转换，包的装配和拆装，网络存取控制，数据缓存和网络信号。

网卡必须具备两大技术：网卡驱动程序和I/O技术。驱动程序使网卡和网络操作系统兼容，实现PC机与网络的通信；I/O技术可以通过数据总线实现PC和网卡之间的通信。网卡是计算机网络中最基本的元素。在计算机局域网络中，如果有一台计算机没有网卡，那么这台计算机将不能和其他计算机通信，也就是说，这台计算机是孤立的。

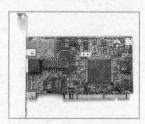

图 5-7　PCI 总线网卡

（2）中继器（Repeater）

在计算机网络中，信号在传输介质中传递时，由于传输介质的阻抗会使信号愈来愈弱，导致信号衰减失真，当网线的长度超过一定限度后，若想再继续传递下去，必须将信号整理放大，恢复成原来的强度和形状。中继器的主要功能就是将收到的信号重新整理，使其恢复原来的波形和强度，然后继续传递下去，以实现更远距离的信号传输。

中继器是最简单的网络连接设备，如图5-8所示，它连接同一个网络的两个或多个网段。如用同轴电缆建立的总线型网络每段长度最大为185米，最多可有5段，因此增加中继器后，总线型网络的地理范围可扩展到185×5=925米。

图 5-8　RS-485/422 中继器

（3）网桥（Bridge）

网桥是用于连接两个相似网络，并可对网络的数据流进行简单管理的设备，即它不但能扩展网络的距离和范围，而且可使网络具有一定的可靠性和安全性。我们有时希望信号在计算机网络中传输时，某些信号只需要在网络的某个区域内传递，传递到不必要的区域会徒增干扰，影响整体效率，另一方面也不易保证数据的安全性。为了合理限制网络信号的传送，我们可使用网桥适当地分割网络。其原理是，当数据送达到网桥后，网桥会判断信号该不该传到另一端，假如不需要就把它拦截下来，以减少网络的负载，只有当数据需要穿过它送到另一端的计算机时，网桥才会放行。

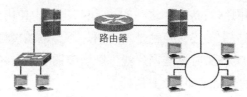

图 5-9 路由器连接不同类型的网络

（4）路由器（Router）

路由器是用于连接不同技术网络的网络连接设备，如图5-9所示，它为不同网络之间的用户提供最佳的通信路径，因此路由器有时俗称"路径选择器"。

在计算机网络中，路由器有自己的网络地址，它实际上是一台具有特殊用途的计算机。在大型的互联网上，为了管理网络，一般要利用路由器将大型网络划分成多个子网。全球最大的互联网Internet由各种各样的网络组成，路由器是一种非常重要的组成部分。在互联网络中，路由器通过它保存的路由表查找数据以确定从当前位置到目的地的正确路径，如果网络路径上发生故障，路由器可选择另一路径，以保证数据的正常传输。

（5）交换机（Switch）

交换机是非常重要的网络互联设备，如图5-10所示，它能经济地将网络分成小的冲突网域，为每个工作站提供更高的带宽。协议的透明性使得交换机在软件配置简单的情况下可直接安装在多协议网络中；交换机使用现有的电缆、中继器、集线器和工作站的网卡，不必进行高层的硬件升级；交换机对工作站是透明的，这样管理开销低廉，简化了网络节点的增加、移动和网络变化的操作。

图 5-10 千兆以太网的主干交换机

用专门设计的集成电路可使交换机以线路速率在所有的端口并行转发信息，提供了比传统桥接器高得多的操作性能。如理论上单个以太网端口对含有64个八进制数的数据包，可提供14880bps的传输速率。这意味着一台具有12个端口、支持6道并行数据流的"线路速率"以太网交换器必须提供89280bps的总体吞吐率。专用集成电路技术使得交换器在更多端口的情况下以上述性能运行，其端口造价低于传统型桥接器。

5.3.2 传输介质

目前应用比较广泛的网络传输介质主要有同轴电缆、双绞线和光纤。在局域网中经常使用的传输介质主要是同轴电缆和双绞线。是因为它们比较适合在短距离内传输数据，价格相对来讲比较便宜。而利用光纤可以实现远距离高速通信，不过由于采用光纤的网络所使用的网卡等通信部件都相当昂贵，而且管理比较复杂，所以目前仍主要应用于连接城际网或广域网等大型网络。

1. 双绞线

双绞线是由两根绝缘铜导线拧成规则的螺旋状结构。绝缘外皮是为了防止两根导线短路。每根导线都带有电流，并且其信号的相位差保持180°，目的是抵消外界电磁干扰对两个电流的影响。螺旋状结构可以有效降低电容（电流流经导线过程中，电容可能增大）和串扰（两根导线间的电磁干扰）。把若干对双绞线捆扎在一起，外面再包上保护层，就是常见的双绞线电缆。

双绞线既可以传输模拟信号，又可以传输数字信号。因结构不同，可分为非屏蔽双绞线和屏蔽双绞线。屏蔽双绞线比非屏蔽双绞线增加了一个屏蔽层，能够更有效地防止电磁干扰。

双绞线用RJ-45头连接到网络设备上，这种RJ-45头与电话中使用的RJ-11头非常相似，不过这种接头上有8个连接点。接头上的连接点都是一片铜片，与电缆接触的一端比较尖锐，好像刀片一样，这样用压线器压紧RJ-45头时这些铜片就可以切破铜线的绝缘外皮，使铜片和电缆的铜线紧密接触，起到传导信号的作用，如图5-11所示。

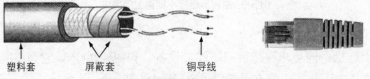

塑料套　　　　屏蔽套　　　　铜导线

图 5-11　屏蔽双绞线和 RJ-45 接头

利用双绞线组网，可以获得良好的稳定性，在实际应用中越来越多。尤其是近年来，快速以太网的发展，使用双绞线组建不须再增加其他设备，从而降低了成本。

2. 同轴电缆

同轴电缆是由一根空心的外圆柱导体及其所包围的单根内导线所组成，如图5-12所示。柱体同导线用绝缘材料隔开，其频率特性比双绞线好，能进行较高速率的传输。同轴电缆的屏蔽性能好，抗干扰能力强，在双绞线还未盛行之前，同轴电缆几乎占据了整个局域网的市场。

同轴电缆一般采用总线型拓扑结构，即一根缆上接多部机器，这种拓扑适用于机器密集的环境。但是当一个节点发生故障时，故障会串联影响到整根缆上的所有机器，故障的诊断和修复都很麻烦。所以，同轴电缆逐步被非屏蔽双绞线或光缆取代，但是目前在小型办公网和家庭网络中仍有应用。

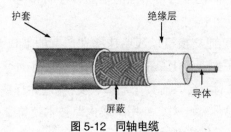

护套　　　　　　　　　　绝缘层

屏蔽　　　　导体

图 5-12　同轴电缆

同轴电缆既可以传输模拟信号，又可以传输数字信号。按照阻抗划分，可分为50Ω同轴电缆和75Ω同轴电缆。50Ω同轴电缆适用于数字信号传输，常用于组建局域网。75Ω同轴电缆适用于频分多路复用的模拟信号传输，常用于有线电视信号的传输。按照同轴电缆的直径区分，同轴电缆有粗缆和细缆两种。粗缆直径为0.5英寸，传输距离为500m，它与网卡相连需通过收发器。收发器一端与网卡的AUI接口相连，叫做DIX接头，另一端是一个刺入式抽头，可刺破绝缘层与缆芯相连；细缆直径为0.25英寸，传输距离为185m，它与网卡相连需通过BNC连接器。

3. 光导纤维

光导纤维简称光纤。与前述两种传输介质不同的是，光纤传输的信号是光，而不是电流，它是通过传导光脉冲来进行通信的。可以简单地理解为以光的有无来表示二进制0和1。

光纤由内向外分为核心、覆层和保护层三个部分。其核心是由极纯净的玻璃或塑胶材料制成的光导纤维芯，覆层也是由极纯净的玻璃或塑胶材料制成的，但它的折射率要比核心部分低。正是由于这一特性，如果到达核心表面的光，其入射角大于临界角时，就会发生全反射。光线在核心部分进行多次全反射，达到传导光波的目的。图5-13中描绘了光纤的基本传导原理。

图 5-13 光纤的基本传导原理

光纤分为多模光纤和单模光纤两种。若多条入射角不同的光线在同一条光纤内传输，这种光纤就是多模光纤。单模光纤的直径只有一个光波长（5~10μm），即只能传导一路光波，单模光纤因此而得名。

作为光纤传输的发送方，光源一般采用发光二极管或激光二极管，将电信号转换为光信号。接收端要安装光电二极管，作为光的接收装置，并将光信号转换为电信号。光纤是迄今传输速率最快的传输介质（现已超过10Gbps）。光纤具有很高的带宽，几乎不受电磁干扰的影响，中继距离可达30km。光纤在信息的传输过程中，不会产生光波的散射，因而安全性高。另外，它的体积小、重量轻，易于铺设，是一种性能良好的传输介质。但光纤脆性高，易折断，维护困难，而且造价较贵。

4. 无线媒体

网络传输介质也可以采用技术先进的非直接连接介质如微波、红外线和卫星等，每一种传输介质都是建立在不同的电磁辐射基础之上的，微波多用于电话或通信系统。利用无线媒体进行通信的主要有卫星通信和地面无线通信。

卫星通信是以同步地球通信卫星为信号中继站，通过一颗或数颗卫星联接地面上的地球卫星接收站。卫星接收到来自地面发送站的信号后，再以广播的方式向地面发回。卫星通信的优点是通信距离长，可靠性高；其缺点是保密性差。

地面无线通信主要是利用微波收发机进行通信，并可利用微波中继站来增大传输距离。地面无线通信的优点是成本低，其缺点是传输距离较短、误码率比有线通信高。

5.3.3 网络软件

计算机网络的软件系统包括网络操作系统和网络应用服务系统等。网络应用服务系统针对不同的应用有不同的应用软件。网络操作系统除具有常规操作系统所应具有的功能外，还应具有网络管理功能，如网络通信功能、网络资源管理功能和网络服务功能等。

网络操作系统主要由三个部分组成：网络适配器驱动程序、子网协议和应用协议。

网络适配器驱动程序完成网卡接收和发送数据的处理，正确地为网卡选择驱动程序及设置参数是建立网络的重要操作。一般网络操作系统包含一些常用网卡的驱动程序；子网协议是网络内发送应用和系统报文所必需的通信协议，子网协议的选择关系到网络系统的性能；应用协议与子网协议进行通信，实现网络操作系统的高层服务。

5.4 网络体系结构与通信协议

计算机网络通信是一个将复杂过程分解为若干个容易处理的部分，然后逐个分析处理的过程，这种结构化设计方法是工程设计中经常用到的手段。另一方面，计算机网络系统是一个十分复杂的系统，要使其能协同工作实现信息交换和资源共享，它们之间必须具有共同约定。如何表达信息、交流什么、怎样交流及何时交流，都必须遵循某种互相都能接受的规则。

5.4.1 网络体系结构

网络体系结构介绍如下。

1. 分层结构

为了减少网络结构设计的复杂性，通常采用分层次的结构来设计，也就是将它们分解成若干个层次，分层带来的好处是将一个难以处理的复杂问题分解为若干个较容易处理的更小一些的问题。每一层的功能都向它的上层提供服务，而把本层具体的实现的细节屏蔽起来。每层只关心本层的内容，并通过获得下层提供的服务来实现本层的功能。

在构建计算机网络系统中，不同的需求、不同的设计目标使得网络体系结构的层次的划分各不相同。层次划分一旦确定，则每个层次要实现的主要功能、提供的主要服务也就确定下来。在某一层次为了便于本层功能的实现可能需要再进一步地分解问题，这就使得某一层上可能有多个协议，所谓对等层的对等实体，也就是指相同的协议。

2. 网络体系结构的定义

所谓网络的体系结构就是计算机网络各层次及其协议的集合。层次结构一般以垂直分层模型来表示。如果两个网络的体系结构不完全相同就称为异构网络。异构网络之间的通信需要相应的连接设备进行协议的转换。

3. 开放系统互连（OSI）基本参考模型

开放系统互连基本参考模型是由国际标准化组织于1997年开始研究，1983年正式批准的网络体系结构参考模型。这是一个标准化开放式计算机网络层次结构模型。在这里"开放"的含义表示能使任何两个遵守参考模型和有关标准的系统进行互连。

OSI的体系结构定义了一个7层模型，从下向上依次包括：物理层、数据链路层、网络层、传输层、会话层、表示层和应用层。

各层的主要功能和特点如下。

（1）物理层：物理层是7层中的第一层，也是最下一层。物理层直接和传输介质相连。物理层的任务是实现网内两实体间的物理连接，按位串行传送比特流，将数据信息从一个实体经物理信道送往另一个实体，向数据链路层提供一个透明的比特流传送服务。

（2）数据链路层：数据链路层是OSI 7层协议中的第二层。数据链路层主要负责在两个相邻结点间的链路上无差错地传送以帧为单位的数据。

帧是一种信息单位，每一帧应该包括一定数量的数据和一些必要的控制信息。控制信息包括同步信息、地址信息、差错控制信息以及流量控制信息等。

（3）网络层：网络层是OSI 7层协议的第三层，介于数据链路层和传输层之间。数据链路层提供的是两个节点之间数据的传输，还没有做到主机到主机之间数据的传输，而主机到主机之间数据的传输工作是由网络层来完成的。网络层是通信子网的最高层，它的任务是选择合适的路由和交换节点，透明地向目的站传输发送站所发送的分组信息，也就是说路由选择是网络层的一项主要工作。

（4）传输层：传输层是OSI 7层协议的第四层，又称为主机－主机协议层，也有人将传输层称作运输层或传送层。该层的功能是提供一种独立于通信子网的数据传输服务，使源主机与目标主机像是点对点地简单连接起来一样。

（5）会话层：会话层是OSI 7层协议的第五层，又称为对话层。会话层所提供的会话服务主要分为两大部分，即会话连接管理与会话数据交换。

（6）表示层：表示层是OSI 7层协议的第六层。表示层的目的是表示出用户看得懂的数据格式，实现与数据表示有关的功能，主要完成数据字符集的转换，数据格式化和文本压缩，数据加密、解密等工作。

（7）应用层：应用层是OSI 7层中的最高层。应用层为用户提供服务，是OSI用户的窗口，并为用户提供一个OSI的工作环境。应用层的内容主要取决于用户的需要，因为每个用户可以自行决定运行什么程序和使用什么协议。应用层的功能包括程序执行的功能和操作员执行的功能。在OSI环境下，只有应用层是直接为用户服务的。应用层包括的功能最多，已经制定的应用层协议很多，例如虚拟终端协议VTP，电子邮件，事务处理等。

如图5-14所示，根据7层的功能，又将传输层以上的三层（会话层、表示层、应用层）协议称为高层协议，而将下三层（物理层、数据链路层、网络层）协议称为低层协议，居中的传输层则有人将其归入低层协议，有人将其归入高层协议。高层协议是面向信息处理的，完成用户数据处理的功能；低层协议是面向通信的，完成网络功能。

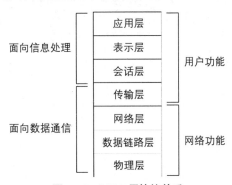

图 5-14　OSI 7 层协议关系

5.4.2　网络通信协议

在计算机网络中，可利用通信设备将分布在各地的计算机连接起来，由于不同计算机系统采用不同的操作系统，计算机性能以及接入网络的方式各不相同，要使它们之间能够实现信息交换和资源共享，首先面临的问题是它们之间的交流内容是什么、怎样交流、何时交流。即要解决异种计算机和异构网络互联的问题。例如，一个中国人要与德国人交流，虽然他们彼此都不懂对方的语言，但他们都会英语。那么，他们可以约定用英语来进行交流，则英语成为双方交流所要遵循的规则。

其实，在人们的日常生活中处处存在"协议"，人们之间的交往是一种信息的交互过程，每做一件事情都必须遵循一种事先规定好的规则或约定。例如，在日常生活中的书信往来是通过邮局来传递的，信封按照邮政的规定来填写发信人和收信人的邮政编码和通信地址，如果填写的地址不对（或收信与发信地址位置颠倒），则这封信将不会发送到收信人手上。

同样的，计算机网络要做到有条不紊地交换数据，每个结点和站点都必须遵守一些事先约定好的规则，这些规则精确地定义了信息传输顺序、信息的格式和信息的内容等约定，这些规则、标准或约定称为网络协议（Protocol）。一个网络协议主要有以下三个要素组成。

语法：即用户数据与控制信息的结构和格式。

语义：即要发出何种控制信息，以及完成的动作和做出的响应。

时序：即事件实现顺序的详细说明。

协议只确定计算机各种规定的外部特点，不对内部的具体实现做任何规定，计算机网络的软件、硬件的厂商在生产网络产品时，必须按照协议规定的规则生产，但生产商选择什么元器件、采用什么样的工艺、元器件的布局与内部结构不受约束。

1. TCP/IP（传输控制协议/网际协议）协议模型

在诸多网络互连协议中，TCP/IP协议是一个使用非常普遍的网络互连标准协议。目前，众多的网络产品厂家都支持TCP/IP协议，TCP/IP也被广泛用于互联网（Internet）连接的所有计算机上，所以TCP/IP已成为一个事实上的网络工业标准，建立在TCP/IP结构体系上的协议也成为应用最广泛的协议。

TCP/IP协议模型采用4层的分层体系结构，由下向上依次是：网络接口层、网际层、传输层和应用层，如表5-2所示。

表 5-2　TCP/IP 协议分层与 OSI 分层对比表

OSI 分层模式	TCP/IP 分层模式	TCP/IP 常用协议
应用层	应用层	FTP、Telnet、DNS、SMTP、HTTP、POP、NFS
表示层		
会话层		
传输层	传输层	TCP、UDP
网络层	网际层	IP、ICMP、ARP、RARP
数据链路层	网络接口层	Ethernet、ATM、FDDI、ISDN、TDMA、X.25
物理层		

各层的主要功能如下。

（1）网络接口层：TCP/IP模型的最底层是网络接口层，它相当于OSI参考模型的物理层和数据链路层，它包括那些能使TCP/IP与物理网络进行通信的协议。然而，TCP/IP标准并没有定义具体的网络接口协议，而是旨在实现灵活性，以适应各种网络类型。一般各物理网络可以使用自己的数据链路层协议和物理层协议，不需要在数据链路层上设置专门的TCP/IP协议。

（2）网际层：网际层是在因特网标准中正式定义的第一层。网际层所执行的主要功能是消息寻址以及把逻辑地址和名称转换成物理地址。通过判定从源计算机到目标计算机的路由，该层还控制通信子网的操作。在网际层中，最常用的协议是IP（网际协议），此外还包含ICMP（互连网控制报文协议）、ARP（地址转换协议）和RARP（反向地址转换协议）。

（3）传输层：在TCP/IP模型中，传输层的主要功能是提供从一个应用程序到另一个应用程序的通信，常称为端对端的通信。现在的操作系统都支持多用户和多任务操作，一台主机可能运行多个应用程序，因此所谓端到端的通信实际是指从源进程发送数据到目标进程的通信过程。传输层定义了两个主要的协议：TCP（传输控制协议）和UDP（用户数据报协议），分别支持两种数据传送方法。

（4）应用层：TCP/IP模型的应用层是最高层，但与OSI的应用层有较大区别。实际上，TCP/IP模型的应用层功能相当于OSI参考模型的会话层、表示层和应用层三层的功能。最常用的协议包括FTP（文件传输协议）、Telnet（远程登录）、DNS（域名服务）、SMTP（简单邮件传输协议）和HTTP（超文本传输协议）等。

TCP/IP协议组中包括上百个互为关联的协议，不同功能的协议分布在不同的协议层，下面介绍几个常用协议。

FTP（File Transfer Protocol）：远程文件传输协议，允许用户将远程主机上的文件拷贝到自己的计算机上。

Telnet（Remote Login）：提供远程登录功能，一台计算机用户可以登录到远程的另一台计算机上，如同在远程主机上直接操作一样。

SMTP（Simple Mail Transfer Protocol）：简单邮政传输协议，用于传输电子邮件。

NFS（Network File Server）：网络文件服务器，可使多台计算机透明地访问彼此的目录。

UDP（User Datagram Protocol）：用户数据包协议，它和TCP一样位于传输层，和IP协议配合使用，在传输数据时省去包头，但它不能提供数据包的重传，所以适合传输较短的文件。

2. IP地址

IP地址在Internet网络中占有非常重要的地位，IP地址在现有IPv4网络中采用32位来表示。接入Internet网络的每一台主机都需要有一个IP地址，每个IP地址只能分配给网络中的某台主机，但网络中某台主机可以有多个IP地址，如网络中的路由器设备，一般有两个及以上的IP地址。IP地址由两部分组成：一个部分是网络号；另外一个部分是主机号。格式如图5-15所示。

同一网络内的所有主机使用相同的网络号，主机号是惟一的。为了便于网络管理，根据机构网络的大小对IP地址进行分类，即分为A类、B类、C类等。

图 5-15　IP 地址的组成

A类：网络号以0开头，占1个字节长度，主机号占3个字节，用于大型网络。

B类：网络号以10开头，占2个字节长度，主机号占2个字节，用于中型网络。

C类：网络号以110开头，占3个字节长度，主机号占1个字节，用于小型网络。

除了A、B、C三类网络地址外，还有D、E两类地址，具体规定如下。

D类：网络号以1110开头，用于多播地址。

E类：网络号以11110开头，用于实验性地址，保留备用。

IP地址的类型及划分如图5-16所示。

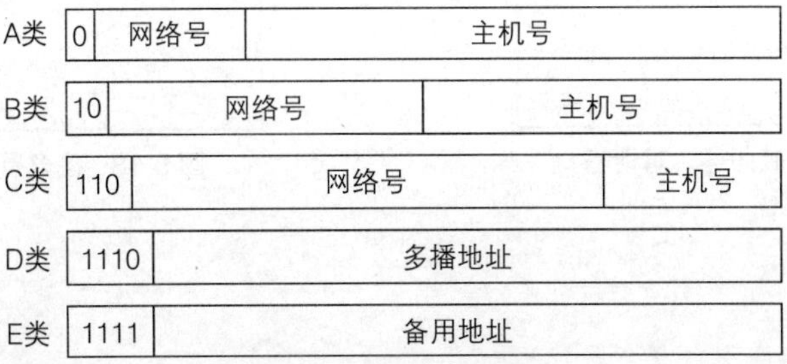

A类	0	网络号	主机号
B类	10	网络号	主机号
C类	110	网络号	主机号
D类	1110	多播地址	
E类	1111	备用地址	

图 5-16　IP 地址类型

3. 地址解析协议和逆向地址解析协议

在网际协议中定义的是因特网中的IP地址，但在实际进行通信时，物理层不能识别IP地址只能识别物理地址。因此，需在IP地址与物理地址之间建立映射关系，地址之间的这种映射叫地址解析。

网络中的物理地址即网卡的序列号。IEEE规定网卡序列号为6个字节（48位），前三个字节为厂商代号，由厂商向IEEE注册登记申请，后三个字节为网卡的流水号。

地址解析包括从IP地址到物理地址的映射和从物理地址到IP地址的映射。TCP/IP协议组提供了两个映射协议：ARP（地址解析协议）和RARP（逆向地址解析协议）。ARP用于从IP地址到物理地址的映射，RARP用于从物理地址到IP地址的映射。

5.5 Windows XP 在网络中的应用

作为Windows系列中最常用的个人操作系统，Windows XP新增了众多的应用于小型局域网和Internet的全新的技术和功能，借助于Windows XP，用户可以更方便地访问局域网和Internet上的资源。本小节将简要介绍Windows XP在局域网应用中的新特性。

5.5.1 利用"网络安装向导"自动配置网络

配置网络属性在过去比较麻烦，不过在Windows XP中，这一切变得比较简单，因为系统采用了一个全新的"网络安装向导"。安装向导可以自动检测局域网内其他计算机的共享资源（例如文件、打印机和Internet连接等），并可以自动完成本机的文件和打印机等资源的共享。通过"网络安装向导"，可以方便地对整个局域网内的计算机进行配置，使得家庭网络或小型办公网的组建变得非常的方便。具体步骤如下。

Step 01 选择"开始>所有程序>附件>通讯>网络安装向导"命令，弹出如图5-17所示的"网络安装向导"对话框，单击"下一步"按钮。

Step 02 进入如图5-18所示的界面，提示继续运行向导前需完成其中显示的步骤，单击"下一步"按钮。

图 5-17 "网络安装向导"对话框

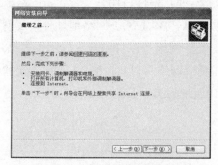
图 5-18 检查是否完成安装步骤

Step 03　进入选择连接方法的界面，如直接将此电脑连接到Internet，这里选中 "此计算机通过居民区的网关或网络上的其他计算机连接到Internet" 单选按钮，然后单击"下一步"按钮，如图5-19所示。

Step 04　进入为电脑设置局域网中描述和名称的界面，在"计算机描述"文本框中可任意输入对该电脑的描述，在"计算机名"文本框中可设置电脑在局域网中的名称，设置完成后单击"下一步"按钮，如图5-20所示。

图 5-19　选择连接方式

图 5-20　设置电脑在局域网中的描述和名称

Step 05　进入为创建的局域网命名的界面，在其中的"工作组名"文本框中可设置局域网的名称，这里保存默认设置，完成后单击"下一步"按钮，如图5-21所示。

Step 06　进入设置文件和打印机共享的界面，默认选中"启用文件和打印机共享"单选按钮，单击"下一步"按钮，如图5-22所示。

图 5-21　设置局域网名称

图 5-22　设置文件和打印机共享

Step 07　进入显示有关此局域网设置的信息界面，确认无误后单击"下一步"按钮，如图5-23所示，否则单击"上一步"按钮返回前面的对话框，并重新进行设置。

Step 08　进入准备如何使用安装向导的界面，选中"完成该向导。我不需要在其他计算机上运行该向导"单选按钮，然后单击"下一步"按钮，如图5-24所示。

图 5-23　显示局域网设置信息

图 5-24　显示安装进度

Step 09　进入完成安装向导的界面，如图5-25所示，单击"完成"按钮后将弹出确认对话框，提示用户若想使设置生效，需重新启动电脑，此时单击"是"按钮将重新启动电脑。

图 5-25　提示安装即将完成

5.5.2　TCP/IP协议的设置

网络安装向导可以协助用户完成大多数的网络设置工作，不过如果计算机使用固定IP地址，而不是从网络中的DHCP服务器自动获得IP地址，那么在运行"网络安装向导"之后还需要手动配置TCP/IP协议。具体操作如下。

Step 01　选择"开始>设置>网络连接>本地连接"命令，在弹出的对话框中单击"属性"按钮，打开"本地连接 属性"对话框，如图5-26所示。在"此连接使用下列项目" 列表框中可以查看该网络连接所安装和正在使用的客户端程序、网络协议和服务等网络组件。选中组件前面的复选框，就可以启用该组件，否则该网络组件将不起任何作用。

Step 02　单击"安装"按钮，弹出"选择网络组件类型"对话框，可以安装新的网络组件如图5-27所示，包括各种网络客户端、网络服务和网络协议。

图 5-26　查看本地连接的属性

图 5-27　选择网络组件类型

Step 03　选中"Internet协议（TCP/IP）"，单击"属性"按钮，打开"Internet 协议（TCP/IP）属性"对话框，选中"使用下面的IP地址"单选按钮，填入本连接IP地址、子网掩码和默认网关。选中"使用下面的DNS服务器地址" 单选按钮，填入本连接的首选和备用DNS服务器的地址，如图5-28所示。

Step 04　在"Internet协议（TCP/IP）属性"对话框中单击"高级"按钮，打开"高级TCP/IP设置"对话框，可修改本连接的高级TCP/IP属性，包括为同一连接添加多个IP地址多个网关，如图5-29所示，以及高级DNS设置，WINS 设置，TCP/IP过滤设置等。

图 5-28　设置 TCP/IP 属性

图 5-29　高级 TCP/IP 设置

Step 05 单击"确定"按钮，关闭"高级TCP/IP设置"和"TCP/IP设置"对话框，完成本地连接的TCP/IP协议的设置。

5.5.3　更高效、安全的Internet连接

防火墙是充当网络与外部世界之间的保卫边界的安全系统。Windows XP内建了Internet防火墙，可以过滤掉从家庭或小型办公网络进入Internet以及从 Internet进入家庭或小型办公网络时产生的某些可能危及网络安全的信息。这个防火墙最大的特点是有完全的网络地址转换能力，网络中的防火墙主机可以用这个功能来保护整个小型网络，此时防火墙能够对外部屏蔽局域网中的所有单机地址。通过运行网络安装向导就可以自动配置Internet防火墙。当然，也可以通过下面的步骤完成防火墙的配置。

Step 01 选择"开始>控制面板>网络和 Internet连接>网络连接"命令，打开"网络连接"窗口，如图5-30所示。

Step 02 在"网络连接"窗口中双击"本地连接"图标，打开"本地连接 属性"对话框。

图 5-30　"网络连接"窗口

Step 03 在"本地连接"对话框中"高级"选项卡的"Windows防火墙"选项组下，单击"通过限制或防止从Internet访问此计算机来保护计算机和网络"右边的"设置"按钮，即可进行启用Internet连接防火墙的操作，如图5-31所示。

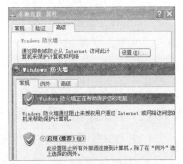

图 5-31　Windows 防火墙

5.5.4　共享局域网内的打印机

为了使局域网内每台计算机都可以方便地使用网络服务器上的打印机，可共享服务器上的打印机资源。具体实现步骤如下。

Step 01 选择"开始>打印机和传真"命令，打开"打印机和传真"窗口。

Step 02 在已安装的某个打印机图标上单击鼠标右键，在弹出的快捷菜单中选择"共享"命令，如图5-32所示。

Step 03 弹出相应的属性对话框，在其中选中"共享这台打印机"单选按钮，激活其下的"共享名"文本框，在其中可设置该打印机在局域网中的名称，如图5-33所示。

图 5-32 "打印机和传真"窗口

图 5-33 设置打印机共享

Step 04 完成设置后单击"确定"按钮。

5.6 思考与练习

1. 填空题

（1）计算机网络按其覆盖的地理范围可以分为三类，即_____、_____和_____。

（2）IP地址是由32位的二进制数组成，根据其功能不同可分为网络号和_____。

（3）局域网是一种在小区域内使用的网络，其英文缩写为_____。

2. 选择题

（1）在计算机网络中，通常把提供并管理共享资源的计算机称为（　　）。

    A．服务器   B．工作站   C．网关   D．网桥

（2）OSI的中文含义是（　　）。

    A．网络通信协议   B．国家信息基础设施

    C．开放系统互联参考模型   D．公共数据通信网

（3）以下设备属于网络通信设备的有（　　）。

    A．网络适配器   B．双绞线   C．集线器   D．路由器

    E．交换机   F．显卡

3. 简答题

（1）什么是计算机网络？其主要功能是什么？

（2）什么是拓扑结构？计算机网络按拓扑结构来分各有哪几种类型？

（3）OSI参考模型将网络通信功能分成哪7层，各有什么功能？

4. 上机练习题

（1）能独立地安装网卡及其驱动程序。

（2）设置本地计算机的IP地址、子网掩码、网关和域名服务器。

（3）安装和启用360网络防火墙。

第六章　Internet 的应用

6.1　Internet 概述

Internet是人类历史发展中的一个伟大的里程碑，Internet是世界上最大的计算机网络，它连接了全球不计其数的网络与计算机，也是世界上最为开放的系统。它是未来信息高速公路的雏形，人类正由此进入一个前所未有的信息化社会。

6.1.1　什么是 Internet

Internet是一个以TCP/IP协议连接各个国家、各个地区、各个机构的计算机网络的数据通信网，它将数万个计算机网络、数千万台主机互连在一起，形成的一个世界上覆盖面最广、规模最大的计算机网络；从信息资源的角度来说，Internet是一个集各个部门、各个领域的信息资源为一体供网络用户共享的信息资源网。

6.1.2　Internet 的发展历程

Internet的发展已有数十年的历史，而起源则是美苏间的军事战争。

1. Internet 的起源与发展

从某种意义上，Internet可以说是美苏冷战的产物。这样一个庞大的网络，它的由来，可以追溯到1962年，当时美国国防部为了保证美国本土防卫力量和海外防御武装在受到前苏联第一次核打击以后仍然具一定的生存和反击能力，认为有必要设计出一种分散的指挥系统：它由一个个分散的指挥点组成，当部指挥点被摧毁后，其他点仍能正常工作，并且这些点之间，能够绕过那些已被摧毁的指挥点而继续保持。为了对这一构思进行验证，1969年，美国国防部国防高级研究计划署（DoD/DARPA）资助建立了名为阿帕网的网络，这个网络把位于洛杉矶的加利福尼亚大学、位于圣芭芭拉的利福尼亚大学、斯坦福大学，以及位于盐湖城的犹它州州立大学的计算机主机连接起来，位于各个结点的大型计算机采用分组交换技术，通过专门的通信交换机和专门的通信线路相互连接。这个阿帕网就是Internet最早的雏形。

到1972年时，阿帕网上的网点数已经达到40个，这40个网点彼此之间可以发送小文本文件（当时称这种文件为电子邮件，也就是我们现在的E-mail）和利用文件传输协议发送大文本文件，包括数据文（即现在Internet中的FTP），同时也发现了通过把一台电脑模拟成另一台远程电脑的一个终端而使用远程电脑上的资源的方法，这种方法被称为Telnet。由此可见，E-mail、FTP和Telnet是Internet上较早出现的重要工具，特别是E-mail仍然是目前Internet上最主要的应用。

1973年，美国国防部也开始研究如何实现各种不同网络之间的互联问题。到1974年，IP（Internet协议）和TCP（传输控制协议）问世，合称TCP/IP协议。这两个协议定义了一种在电脑网络间传送报文的方法。随后，美国国防部决定向全世界无条件地免费提供TCP/IP，即向全世界公布解决电脑网络之间通信的核心技术，TCP/IP协议核心技术的公开最终使Internet快速发展。

到1980年，世界上既有使用TCP/IP协议的美国军方的DARPA（Defense Advanced Resear Project Agency）网，也有很多使用其他通信协议的各种网络。为了将这些网络连接起来，美国人温顿·瑟夫（Vinton Cerf）提出一个想法，在每个网络内部各自使用自己的通讯协议，在和其他网络通信时使用TCP/IP协议。这个设想最终导致了Internet的诞生，并确立了TCP/IP协议在网络互联方面不可动摇的地位。

Internet的第一次快速发展源于NSF（美国国家科学基金会）的介入，即NSFNET的建立。80年代中期，NSF为鼓励大学和研究机构共享他们非常昂贵的4台计算机主机，希望各大学、研究所的计算机与这4台巨型计算机连接起来。最初NSF曾试图使用DARPA网作为NSFNET的通信干线，但由于DARPA网的军用性质，并且受控于政府机构，这个决策没有成功。于是他们决定自己出资，利用阿帕网发展出来的TCP/IP通讯协议，建立名为NSFNET的广域网。

进入90年代初期，Internet事实上已成为一个"网际网"，即各个子网分别负责自己的架设和运作费用，而这些子网又通过NSFNET互联起来。NSFNET连接全美上千万台计算机，拥有几千万用户，是Internet最主要的成员网。随着计算机网络在全球的拓展和扩散，美洲以外的网络也逐渐接入NSFNET主干或其子网。

2. Internet 在中国

Internet的迅速崛起，引起了全世界的瞩目，我国也非常重视信息基础设施的建设，注重与Internet的连接。目前，已经建成和正在建设的信息网络，对我国科技、经济、社会的发展以及与国际社会的信息交流产生着深远的影响。

1987年至1993年是Internet在中国的起步阶段，国内的科技工作者开始接触Internet资源。在此期间，以中科院高能物理所为首的一批科研院所与国外机构合作开展了一些与Internet联网的科研课题，通过拨号方式使用Internet的E-mail电子邮件系统，并为国内一些重点院校和科研机构提供国际Internet电子邮件服务。

1986年，由北京计算机应用技术研究所和德国卡尔斯鲁厄大学合作，启动了名为CANET（Chinese Academic Network）的国际互联网项目。

1989年，中国科学院高能物理所通过其国际合作伙伴——美国斯坦福加速器中心主机的转换，实现了国际电子邮件的转发。由于有了专线，通信能力大大提高，费用降低，促进了Internet在国内的应用和传播。

1990年10月，中国正式向国际互联网信息中心（InterNIC）登记注册了最高域名"cn"，从而开通了使用自己域名的Internet电子邮件。继CANET之后，国内其他一些大学和研究所也相继开通了Internet电子邮件连接。

从1994年开始至今，中国实现了和互联网的TCP/IP连接，从而逐步开通了互联网的全功能服务。大型电脑网络项目正式启动，互联网在我国进入飞速发展时期。目前经国家批准，国内可直接连接互联网的网络有4个，即CSTNET（中国科学技术网络）、CERNET（中国教育和科研计算机网）、CHINANET（中国公用计算机互联网）、CHINAGBN（中国金桥信息网）。此外，我国台湾地区也独立建立了几个提供Internet服务的网络，并在科研及商业领域发挥出巨大效益。

6.1.3　Internet 网络的主要功能

Internet发展到今天，已不单纯是一个计算机网络，它包括了世界上的任何东西，从知识到信息，从经济到军事，几乎无所不包，无所不含。可以说，Internet已成为人们在工作、生活、娱乐等方面获取和交流信息不可缺少的工具。其主要功能有以下几个方面。

1. WWW 服务

WWW（World Wide Web，万维网）是目前Internet上最为流行、最受欢迎也是最新的一种信息浏览服务。它最早于1989年出现于欧洲的粒子物理实验室（CERN），该实验室是由欧洲12国共同出资兴办的。WWW的初衷是为了让科学家们以更方便的方式彼此交流思想和研究成果，但现在它正成为一种最受欢迎的游览工具。

WWW是一个将检索技术与超文本技术结合起来、遍布全球的检索工具，它遵循超文本传输协议（HTTP），它以超文本（hypertext）或超媒体（hypermedia）技术为基础，将Internet上各种类型的信息（包括文本、声音、图形、图像、影视信号）集合在一起，存放在WWW服务器上，供用户快速查找。通过使用WWW浏览器，一个不熟悉网络的人几分钟就可漫游Internet。电子商务、网上医疗、网上教学等服务都是基于WWW、网上数据库和新的编程技术实现的。

WWW在Internet上使用得是如此广泛，以至于世界上大多数的公司、机构都建立了自己的WEB站点，设置自己的主页，以利于检索者记住他们。

2. 文件传输

在Internet上有许多极有价值的信息资料，当用户想从一个地方获取这些信息资料或者将自己的一些信息资料放到网络中的某个地方时，用户就可以使用Internet提供的文件传输协议（FTP）服务将这些资料从远程文件服务器下载到本地主机磁盘上；或者将本地主机上的信息资料通过Internet传到远程某主机上。

3. 电子邮件

电子邮件是Internet上提供和使用最广泛的一种服务，它可以发送文本文件、图片、程序等。还可以传输多媒体文件（例如图像和声音等）、订阅电子杂志、参与学术讨论、发表电子新闻等。通过它可以在短时间内将信件发给远方的朋友，使用方便，传送快速，费用低廉。

电子邮件好比是邮局的信件一样，不过它的不同之处在于，电子邮件是通过Internet与其他用户进行联系的快速、简洁、高效、价廉的现代化通信手段，而且它有很多的优点，如E-mail比传统的邮局邮寄信件要快得多，在不出现黑客蓄意破坏的情况下，信件的丢失率和损坏率也非常小。

使用电子邮件服务首先要拥有一个完整的电子邮件地址，它由用户帐号和电子邮件域名两部分组成，中间使用"@"把两部分相连。如rongqiang50@sina.com、estuser@126.com等。用来收发电子邮件的软件工具很多，在功能、界面等方面各有特点。

4. 远程登录

远程登录（Telnet）是Internet提供的基本信息服务之一，是提供远程连接服务的终端仿真协议。它可以使你的计算机登录到Internet上的另一台计算机上，而你的计算机就成为你所登录计算机的一个终端，分享该计算机提供的资源和服务，感觉就像在该计算机上操作一样。Telnet提供了大量的命令，这些命令可用于建立终端与远程主机的交互式对话，可使本地用户执行远程主机的命令。例如，可以用远程登录的方式使用Internet上的某台大型机处理用户的海量数据。

5. 新闻讨论组

现实社会中，人们通过广播、报纸、电视等新闻媒体了解当今世界的动态和发展；在Internet社会中，也提供有这种服务，这便是新闻讨论组。

目前，Internet上有几千个新闻组，讨论的内容从文艺到天文，从电影到宗教，从哲学到计算机等等，无所不包，无所不含。通过这些新闻组，人们可以了解各个领域的最新动态。存放新闻的服务器叫做新闻服务器，各服务器之间没有直接联系，不同的新闻服务器讨论的题目可从几十个到几千个不等。Internet上的用户可对某个新闻服务器上的讨论话题发表见解。

6. 电子公告牌

电子公告牌（BBS）是与新闻讨论组类似的另一种服务。在Internet上存在着另一种服务器，它通过字符和网页两种界面与用户交流。用户通过这种服务器可发布信息、获取信息、收发电子邮件、与人交谈、多人聊天、就某个问题表决。这是在青年学生中很受欢迎的服务。

7. 电子商务

电子商务是目前迅速发展的一项新业务，它是指在Internet上利用电子货币进行结算的一种商业行为。网上书城、网上超市、网上拍卖……它不但改变着人们的购物方式，也改变着商家的经营理念，由于其广阔的发展前景，它已成为了Internet吸引商业用户的一个重要的方面。

8. 虚拟现实

虚拟现实（Virtual Reality，VR）是一种可以创建和体验虚拟世界的计算机系统。它是由计算机生成的通过视觉、听觉、触觉等作用于使用者，使之产生身临其境的交互式视景的仿真。它综合了计算机图形学、图像处理与模式识别、智能接口技术、人工智能、传感技术、语音处理与音响技术、网络技术等多门科学。

9. Real Audio 语音广播

Real Audio是Internet上一种语音实时压缩的专利技术。当你在Web页上打开一个Real Audio声音文件时，系统会在接收到该文件的前几千个字节之后，就开始解压缩，然后播放解开的部分，与此同时，其余部分仍在传送，这样就节约了大量的时间。

10. 视频会议

随着网络技术的迅速发展，现在我们可以借助一些软件在Internet上实现电视会议。它跟以前意义上的电视会议相比，具有传播范围更广、传输速度更快、价格更低廉的特点。Internet上的视频会议大都采用点对点方式。有的软件也提供了一对多的传输方式，即多台站点可以同时看到一台站点的输出。总之，对于以缩短距离、建立联系为目的的会议来说，Internet视频会议是一个廉价的解决方案。

除了这些，网络上还有许多其他功能，如网上炒股、网络游戏等等，随着科技的发展，还会有更多的服务和功能，它会使我们的生活更加便利。

6.2 Internet 接入技术

目前，因特网的应用越来越普遍，不论是单位和个人用户都希望能接入到Internet上。随着网络带宽的增加、传输速度的加快，Internet的接入技术的种类也不断增多、技术性能不断改进。任何用户都希望能选择一种最适合自己、性能价格比高的接入技术。

接入技术根据其传输介质可分为有线接入和无线接入两大类，具体分类如表6-1所示。

表 6-1 有线接入和无线接入技术的主要类型

有线接入技术		无线接入技术		
接入方式	说明	固定接入		移动接入
拨号接入	模拟电话网	微波	一点多址	无线寻呼
ISDN 接入	综合业务数字网			
ADSL 接入	非对称数字用户线		固定无线接入	蜂窝移动电话
HFC 接入	混合光纤 / 同轴电缆			
DDN 接入	数字数据网	卫星	VSAT	无绳电话
LLC	电力线上网		直播卫星	卫星移动

下面只简单介绍几种常用的接入技术。

6.2.1 PSTN 拨号接入

PSTN（公用电话交换网）是一种全球语音通信电路交换网络，拥有多达8亿的用户。最初它是一种固定线路的模拟电话网，当前PSTN几乎全部采用数字电话网并且包括移动和固定电话。PSTN拨号接入技术是利用PSTN通过调制解调器拨号实现用户接入的方式。这种接入方式是大家非常熟悉的一种接入方式，目前最高的速率为56kbps，已经达到香农定理确定的信道容量极限，这种速率远远不能够满足宽带多媒体信息的传输需求；但由于电话网非常普及，用户终端设备Modem很便宜，大约在100~500元之间，而且不用申请就可开户，只要家里有电脑，把电话线接入Modem就可以直接上网。调制解调器接入结构如图6-1所示。

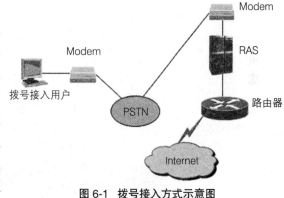

图 6-1 拨号接入方式示意图

6.2.2 ISDN 拨号接入

ISDN（综合业务数字网）接入技术俗称"一线通"，它采用数字传输和数字交换技术，将电话、传真、数据、图像等多种业务综合在一个统一的数字网络中进行传输和处理。用户利用一条ISDN用户线路，可以在上网的同时拨打电话、收发传真，就像两条电话线一样。ISDN基本速率接口有两条 64kbps的信息通路和一条16kbps的信令通路，简称2B+D，当有电话拨入时，它会自动释放一个B信道来进行电话接听。

像普通拨号上网要使用Modem一样，用户使用ISDN也需要专用的终端设备，这一设备主要由网络终端NT1和ISDN适配器组成。网络终端NT1就像有线电视上的用户接入盒一样必不可少，它为ISDN适配器提供接口和接入方式。ISDN适配器和Modem一样又分为内置和外置两类，内置的一般称为ISDN内置卡或ISDN适配卡，外置的ISDN适配器则称之为TA。

6.2.3 DDN 专线接入

DDN（Digital Data Network）是随着数据通信业务发展而迅速发展起来的一种新型网络。DDN的主干网传输媒介有光纤、数字微波、卫星信道等，用户端多使用普通电缆和双绞线。DDN将数字通信技术、计算机技术、光纤通信技术以及数字交叉连接技术有机地结合在一起，提供了高速度、高质量的通信环境，可以向用户提供点对点、点对多点透明传输的数据专线出租电路，为用户传输数据、图像、声音等信息。DDN的通信速率可根据用户需要在 $N \times 64kbps$（N=1~32）之内进行选择，当然速度越快租用费用也越高。

用户租用DDN业务需要申请开户。DDN的收费一般可以采用包月制和计流量制，这与一般用户拨号上网的按时计费方式不同。DDN的租用费较贵，普通个人用户负担不起，DDN主要面向集团公司等需要综合运用的单位。

6.2.4 ADSL 个人宽带接入

ADSL（非对称数字用户环路）是一种能够通过普通电话线提供宽带数据业务的技术，也是目前极具发展前景的一种接入技术。ADSL素有"网络快车"之美誉，因其下行速率高、频带宽、性能优、安装方便、不需交纳电话费等特点而深受广大用户喜爱，成为继Modem、ISDN之后的又一种全新的高效接入方式。

ADSL方案的最大特点是不需要改造信号传输线路，完全可以利用普通铜质电话线作为传输介质，配上专用的Modem即可实现数据高速传输。ADSL支持上行速率640kbps~1Mbps，下行速率1Mbps~8Mbps，其有效的传输距离在3~5公里范围以内。在ADSL接入方案中，每个用户都有单独的一条线路与ADSL局端相连，它的结构可以看作是星形结构，数据传输带宽是由每一个用户独享的。目前国内电信采用的协议是PPPoE协议。ADSL的接入如图6-2所示，其中滤波器的作用是分离电话线路中的高频信号和低频语音信号，分离后的高频数字信号送入ADSL Modem，低频语音信号送入电话机。

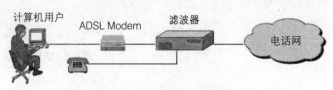

图 6-2 ADSL 接入示意图

6.2.5 光纤接入网

光纤接入网是采用光纤取代传统双绞线作为主要传输媒体的一种宽带接入网技术。这种接入网方式在光纤上传送的是光信号，因而需要在发送端将电信号通过电/光转换变成光信号，在接收端利用光网路单元进行光/电转换，将光信号恢复为电信号送至用户设备。光纤接入网具有上下信息都能宽频带传输、新建系统具有较高的性能价格比、传输速度快、传输距离远、可靠性高、保密性好，可以提供多种业务等优点。

按照光纤铺设的位置，光纤接入网可分为FTTH（光纤到用户）、FTTC（光纤到路边）、FTTB（光纤到大楼）、FTTO（光纤到办公室）等。

光纤接入网的基本结构包括用户、交换局、光纤、电/光交换模块（E/O）和光/电交换模块（O/E），如图6-3所示。由于交换局交换的和用户接收的均为电信号，而在主要传输介质光纤中传输的是光信号，因此两端必须进行电/光和光/电转换。

图 6-3　光纤接入网基本结构示意图

6.2.6　FTTx+LAN

FTTx+LAN，即光纤接入和以太网技术结合而成的高速以太网接入方式，可实现"千兆到在楼，百兆到层面，十兆到桌面"，为最终光纤到户提供了一种过渡。

FTTx+LAN接入比较简单，在用户端通过一般的网络设备，如交换机、集线器等将同一幢楼内的用户连成一个局域网，用户室内只需添加以太网RJ45信息插座和配置以太网接口卡，在另一端通过交换机与外界光纤干线相连即可。总体来看，FTTx+LAN是一种比较廉价、高速、简便的数字宽带接入技术，特别适用于我国这种人口居住密集型的国家。

6.2.7　无线接入

无线接入技术是指从业务节点到用户终端之间的全部或部分传输设施采用无线手段，向用户提供固定和移动接入服务的技术。采用无线通信技术将各用户终端接入到核心网的系统，或者是在市话端局或远端交换模块以下的用户网络部分采用无线通信技术的系统都统称为无线接入系统。由无线接入系统所构成的用户接入网称为无线接入网。

无线接入按接入方式和终端特征通常分为固定接入和移动接入两大类。

固定无线接入，指从业务节点到固定用户终端采用无线技术的接入方式，用户终端不含或仅含有限的移动性。此方式是用户上网浏览及传输大量数据时的必然选择，主要包括卫星、微波、扩频微波、无线光传输和特高频。

移动无线接入，指用户终端移动时的接入，包括移动蜂窝通信网（GSM、CDMA、TDMA、CDPD）、无线寻呼网、无绳电话网、集群电话网、卫星全球移动通信网以及个人通信网等，是当前接入研究和应用中很活跃的一个领域。

1. 卫星通信接入

利用卫星的宽带IP多媒体广播可解决Internet带宽的瓶颈问题，由于卫星广播具有覆盖面大，传输距离远，不受地理条件限制等优点，利用卫星通信作为宽带接入网技术，在我国复杂的地理条件下，是一种有效方案并且有很大的发展前景。目前，应用卫星通信接入Internet主要有两种方案，即全球宽带卫星通信系统和数字直播卫星接入技术。

2. WAP 技术

WAP（无线应用协议）是由WAP论坛制定的一套全球化无线应用协议标准。它基于已有的Internet标准，如IP、HTTP、URL等，并针对无线网络的特点进行了优化，使得互联网的内容和各种增值服务适用于手机用户和各种无线设备用户。WAP独立于底层的承载网络，可以运行于多种不同的无线网络之上，如移动通信网（移动蜂窝通信网）、无绳电话网、寻呼网、集群网、移动数据网等。WAP标准和终端设备也相对独立，适用于各种型号的手机。

WAP网络架构由三部分组成，即WAP网关、WAP手机和WAP内容服务器。移动终端向WAP内容服务器发出URL地址请求，用户信号经过无线网络，通过WAP协议到达WAP网关，经过网关"翻译"，再以HTTP协议方式与WAP内容服务器交互，最后WAP网关将返回的Internet丰富信息内容压缩、处理成二进制码流返回到用户尺寸有限的WAP手机的屏幕上。

3. 移动蜂窝接入

移动蜂窝Internet接入主要包括基于第一代模拟蜂窝系统的CDPD技术，基于第二代数字蜂窝系统的GSM和GPRS，以及在此基础上的改进数据率GSM服务技术，目前正向第三代蜂窝系统（3G，the 3rd Generation）发展。GSM在我国已得到了广泛应用，GPRS可提供115.2kbps，甚至230.4kbps的传输速率，称为2.5代，而EDGE则被称为2.75代，因为它的速率已达第三代移动蜂窝通信下限384kbps，并可提供大约2Mbps的局域数据通信服务，为平滑过渡到第三代打下了良好基础。3G将达到2Mbps速率，实现较快速的移动通信Internet无线接入。

6.3　域名系统与统一资源定位符 URL

IP地址是对Internet网络和主机的一种数字型标识，这对于计算机网络来说自然是有效的，但对于用户来说，要记住成千上万的主机IP地址则是一件十分困难的事情。为了便于使用和记忆，也为了便于网络地址的分层管理和分配，Internet在1984年采用了域名服务系统（Domain Name System，DNS）。

6.3.1　域名系统

域名服务系统的主要功能是定义一套为机器取域名的规则，把域名高效率地转换成IP地址。域名服务系统是一个分布式的数据库系统，由域名空间、域名服务器和地址转换请求程序三部分组成。

域名采用分层次方法命名，每一层都有一个子域名，子域名之间用点分隔。格式如下。

主机名·网络名·机构名·最高层域名

例如：www.sina.com.cn

凡域名空间中有定义的域名都可以有效地转换成IP地址，同样IP地址也可以转换成域名。因此，用户可以等价地使用域名或IP地址。但需要注意的是，域名的每一部分与IP地址的每一部分并不是一一对应，而是完全没有关系，就像人的名字和他的电话号码之间没有必然的联系是一样的道理。

域名由两种基本类型组成：以机构性质命名的域和以国家地区代码命名的域。常见的以机构性质命名的域，一般由三个字符组成，如表示商业机构的"com"，表示教育机构的"edu"等。以机构性质或类别命名的域如表6-2所示。

表 6-2 以机构性质命名的域

域　名	含　义
com	商业机构
edu	教育机构
gov	政府部门
mil	军事机构
net	网络组织
int	国际机构（主要指北约）
org	其他非盈利组织

以国家或地区代码命名的域，一般用两个字符表示，是为世界上每个国家和一些特殊的地区设置的，如中国为"cn"、香港为"hk"、日本为"jp"、美国为"us"等。但是，美国国内很少用"us"作为顶级域名，而一般都使用以机构性质或类别命名的域名。表6-3介绍了一些常见的国家或地区代码命名的域。

表 6-3 以国家或地区命名的域

域　名	国家或地区	域　名	国家或地区	域　名	国家或地区	域　名	国家或地区
cn	中国	nl	荷兰	in	印度	ch	瑞士
hk	香港	es	西班牙	ie	爱尔兰	th	泰国
is	冰岛	se	瑞典	il	以色列	tr	土耳其
br	巴西	no	挪威	it	意大利	gb	英国
ca	加拿大	pk	巴基斯坦	jm	牙买加	us	美国
fr	法国	ru	俄罗斯	jp	日本	vn	越南
de	德国	sa	沙特阿拉伯	mx	墨西哥	tw	台湾

DNS 的分布式机制支持有效且可靠的名字到IP地址的映射。多数名字可以在本地映射，不同站点的服务器相互合作能够解决大网络的名字与IP地址的映射问题。单个服务器的故障不会影响DNS的正确操作。DNS是一种通用协议，它并不仅限于网络设备名称。

6.3.2 统一资源定位符 URL

URL（Uniform Resource Locator）是对可以从Internet上得到的资源的位置和访问方法的一种简洁的表示。URL给资源的位置提供一种抽象的识别方法，并用这种方法给资源定位。只要能够对资源定位，系统就可以对资源进行各种操作。如存取、更新、替换和查找其属性。

URL由三部分组成：资源类型、存放资源的主机域名及资源文件名。

例如：http:// www.estedu.com /main. asp是一个URL地址。

其中：http表示该资源的类型是超文本信息。

www.estedu.com 表示是易斯顿国际美术学院的主机域名。

main. asp为资源文件名。

6.4 Internet 的应用

Internet的应用非常广泛，下面介绍最常见的几种。

6.4.1 Internet 信息的浏览

对Internet信息的浏览一般都是通过浏览器来实现的。1993年3月，第一个图形界面的浏览器开发成功，名字为Mosaic。1995年，著名的Netscape Navigator浏览器上市，而现在应用浏览器用户数最多的是微软公司的IE（Internet Explorer）。

1994年底，微软公司的一个开发小组将他们的浏览器和Spyglass公司的Mosaic技术整合在一起，开发了IE的第一个版本，其后IE和Netscape Navigator进行了漫长的斗争。2001年8月，IE发布了6.0版。随着微软公司下一代视窗操作系统正式发布，该公司新一代互联网浏览器软件IE 7.0的中文正式版也正式亮相，从2006年12月1日开始，在微软公司的官方网站和中国国内各大门户网站上，消费者均可免费下载该软件。这是微软公司5年来首次发布互联网浏览器系列软件的升级版本。2006年10月中旬，该公司发布了该软件的英文版。

IE浏览器的基本使用方法如下（IE 7.0）。

（1）启动浏览器。在Windows桌面或快速启动栏中，单击图标，启动应用程序IE 7.0。

（2）输入网页地址（URL）。在IE窗口的地址栏输入要浏览页面的URL，按下Enter键，观察IE窗口右上角的IE标志，等待出现浏览页面的内容。例如，在地址栏输入郑州轻工业学院易斯顿国际美术学院主页的URL"http://www.estedu.com/"，IE浏览器将打开易斯顿国际美术学院的主页，如图6-4所示。

图 6-4 用 IE 7.0 打开易斯顿国际美术学院主页

（3）网页浏览。在IE打开的页面中，包含有指向其他页面的超链接。当将鼠标光标移动到具有超链接的文本或图像上时，鼠标指针会变为形状，单击鼠标左键，将打开该超链接所指向的网页。

（4）断开当前连接。单击工具栏中的"停止"按钮，即可中断当前网页的传输。IE浏览器的菜单和工具栏如图6-5所示。

图 6-5 IE 浏览器的菜单和工具栏

（5）重新建立连接。在断开连接之后，单击工具栏中的"刷新"按钮，可重新开始被中断的网页传输。

（6）将当前网页地址保存到收藏夹。使用"收藏"菜单的"添加到收藏夹"命令，并在

"添加收藏"窗口中选择"创建位置",可将当前网页放入收藏夹,如图6-6所示。

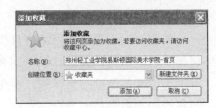

图 6-6 添加到收藏夹对话框

(7)浏览历史记录。单击工具栏中的"历史"按钮，会在IE窗口的左边打开"历史记录"窗口,该窗口列出了最近一段时间以来所有浏览过的页面。可以按日期、访问站点、访问次数查看历史记录,也可以根据指定的关键词对历史记录进行搜索。

(8)主页设置。使用"工具"菜单中的"Internet选项"命令,打开"Internet选项"对话框。单击"常规"选项卡,在"主页"的地址栏中,输入一个URL地址(如http://www.estedu.com),单击"确定"按钮,即可以将输入的URL设置为IE的主页,如图6-7所示。

也可以通过单击"使用当前页"按钮,将IE浏览器当前打开的页面作为主页;单击"使用默认页"按钮,将系统默认的"http://www.microsoft.com/"设置为主页;单击"使用空白页"按钮,则不把任何URL作为主页。

高级选项卡:高级选项卡中包含HTTP设置、安全、多媒体、浏览等9类设置。每一个分类中包含有多个选项,这些选项用于设置浏览器运行的参数和状态设置。如在多媒体分类中取消选择"播放网页中的动画"、"播放网页中的声音"、"播放网页中的视频"复选框,则可以加快网页的下载速度,如图6-8所示。

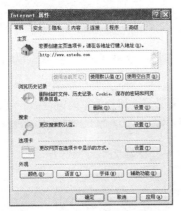

图 6-7 "Internet 属性"对话框

图 6-8 IE 浏览器高级设置

6.4.2 Internet 信息的查找

在互联网发展初期,网站相对较少,信息查找比较容易。然而伴随互联网爆炸性的发展,普通网络用户想找到所需的资料简直如同大海捞针,这时为满足大众信息检索需求的专业搜索网站便应运而生了。随着互联网规模的急剧膨胀,一家搜索引擎光靠自己单打独斗已无法适应目前的市场状况,因此现在搜索引擎之间开始出现了分工协作,并有了专业的搜索引擎技术和搜索数据库服务提供商。像国外的Inktomi(已被Yahoo收购),它本身并不是直接面向用户的搜索引擎,但向包括Google、Yahoo、MSN、HotBot等在内的其他搜索引擎提供全文网页搜索服务。国内的百度也属于这一类,搜狐和新浪用的就是它的技术。因此从这个意义上说,它们是搜索引擎的搜索引擎。

1. 关键词检索

关键词检索功能是网络信息检索工具的基本检索功能，也是百度最基本的检索功能。关键词属于自然语言，灵活、不受词表控制，但简单的关键词检索方法，命中过多，查准率很低，百度为改善关键词检索性能，提供了按相关度排列结果、布尔逻辑检索，短语或者句子检索、加权检索和限制检索等增强措施。利用百度进行专题信息检索，为提高查准率，须认真分析课题，选择恰当的关键词，掌握和运用百度检索语法规则，准确设计表达需求的检索式，反复调整检索策略，才能获得高质量的检索结果。

（1）单关键字检索

简单专题信息检索，最直截了当就是在搜索框内输入一个关键词，然后点击下面的"百度一下"按钮（或者直接按Enter键），结果就出来了。

如果检索人员或用户对查询的领域熟悉，只想寻找某些专题网站，首先考虑用目录检索，百度根据其专业的"网页级别"技术对目录中登录的网站进行了排序，可以使检索效率更高，按所需主题沿某类别层层查找网站，目录中剔除了大量不相关的信息，分类明确，网站专题信息更集中。

图 6-9　单关键字"艺术设计"的检索结果

例：搜索"艺术设计"

结果：约有 8,830,000 项符合"艺术设计"的查询结果，搜索用时0.001秒。如图6-9所示。

（2）多关键字检索

使用单关键字检索，获得的信息浩如烟海，而且绝大部分并不符合要求。为了精确地获得内容，增加搜索的关键字，建立多关键字的"与"、"或"、"非"搜索式，可以进一步缩小搜索范围和结果。"与"关系表示搜索的每一个结果必须同时包含关键字。一般搜索引擎需要在多个关键字之间加上"+"，而百度无需用明文的"+"来表示逻辑"与"，只需空格就可以了。关系式"A+B"表示搜索的结果中同时包含A和B。

图 6-10　搜索引擎"与"操作

例：搜索"艺术设计 现代"（搜索所有包含关键词"艺术设计"和"现代"的网页）

结果：约有1,990,000项符合"艺术设计 现代"的查询结果，搜索用时0.055秒。如图6-10所示。

2. 网站搜索

"site"表示搜索结果局限于某个具体网站或者网站频道，如"sina.com.cn"，或者是某个域名，如"com.cn"、"com"等等。如果是要排除某网站或者域名范围内的页面，只需用"- 网站 / 域名"。

例：搜索"北京奥运会site:sina.com.cn"（搜索包含"北京奥运会"的中文新浪网站页面）

结果：共约有3,600,000项查询结果，搜索用时0.34秒。如图6-11所示。

图 6-11　指定网站搜索

注意：site后的冒号须为英文字符，而且，冒号后不能有空格，否则，"site:"将被作为一个搜索的关键字。此外，网站域名不能有"HTTP"以及"WWW"前缀，也不能有任何"/"的目录后缀；网站频道则只局限于"频道名.域名"方式，而不能是"域名/频道名"方式。

3. 图像文件搜索

百度提供了Internet上图像文件的搜索功能，我们可以选中搜索分类中的"图片"项，然后在关键字栏位内输入描述图像内容的关键字。百度给出的搜索结果具有一个直观的缩略图，以及对该缩略图的简单描述，如图像文件名称，以及大小等。点击缩略图，页面分成两帧，上帧是图像之缩略图，以及页面链接，而下帧，则是该图像所处的页面。

4. 文档搜索

很多有价值的资料，在互联网上并非是普通的网页，而是以Word、PowerPoint、PDF等格式存在。百度支持对Office文档（包括Word、Excel、Powerpoint）、Adobe PDF文档、RTF文档进行全文搜索。要搜索这类文档，需要在普通的查询词后面加一个"filetype："文档类型限定即可。"filetype："后可以跟以下文件格式：doc、xls、ppt、pdf、rtf、all。其中，all表示搜索所有这些文件类型。例如，查找谭浩强关于C语言程序设计方面的文档。可输入"C语言程序设计谭浩强 filetype:doc"，点击结果标题，可以点击标题后的"HTML版"快速查看该文档的网页格式内容。

6.4.3 文件的下载和上传

除了在线浏览各种信息和收发电子邮件外，互联网络上还有数不尽数的文件、资料和各类软件，因为有了FTP，使我们可以非常方便快捷地下载到自己的计算机上来，或将自己计算机中的资源上传到互联网中。因为FTP给人们提供了最广泛的资源共享，所以成为Internet上最收欢迎的功能之一。

用FTP方式上传、下载文件的主要方法如下。

1. 直接用浏览器上传或下载

打开IE浏览器，输入FTP地址（如ftp://jsj.estedu.com），登录FTP站点。如果浏览器没有显示登录框，可以在浏览区点鼠标右键选"登录"选项。如果站点允许匿名登录，直接选"匿名登录"后登录；如果站点不允许匿名登录，则需要输入用户名和密码，并取消"匿名登录"选项登录。如果用户在安全的电脑上登录，可以选中"保存密码"。登录用户名称和密码需要服务器提供者指定。

2. 使用 CuteFTP 软件上传或下载

首先进行CuteFTP软件的安装，可按照提示输入磁盘目录并逐步完成安装，这时在系统桌面上会自动创建一个快捷图标，双击图标进入CuteFTP主窗口。如图6-12所示。

图 6-12 CuteFTP 主窗口界面

主界面分三个工作窗口。

本地目录窗口：默认显示的是整个磁盘目录，可以通过下拉菜单选择已经完成的网站的本地目录，以准备开始上传。

服务器目录窗口：用于显示FTP服务器上的目录信息，在列表中可以看到文件名称、大小、类型、更改日期等。窗口上面显示的是当前所在位置路径。

队列窗口：显示"队列"的处理状态，可以查看到准备上传的目录或将文件放到队列列表中，此外配合时间表的使用还能达到自动上传的目的。

FTP站点的创建方法如下。

Step 01 单击"文件"菜单，选择"新建>FTP站点"命令，进入"站点属性"窗口，如图6-13所示。

图 6-13 CuteFTP"站点属性"窗口"常规"选项卡

Step 02 输入"常规"选项卡中各项。

标签：输入便于自己分辨的FTP站点名称。

主机地址：输入FTP站点地址，如jyzx.estedu.com或者IP地址。

用户名、密码：输入服务器管理员指定的用户名和密码。

登录方式：分为"标准"、"匿名"和"两者"三种方式，一般我们通常选择"标准"登录方式。

Step 03 输入"动作"选项卡各项，如图6-14所示。

客户端连接时，切换到远程文件夹：输入服务器指定存放网站文件的目录。

客户端连接时，切换到本地文件夹：选择在本地电脑存放网站文件的路径。

Step 04 设置上述各项后，点击"确定"即可生成新建FTP站点。

上传文件：只要双击本地文件显示区显示的文件名就可以将本地文件送上服务器了，在匿名登录的情况下，并不是所有的FTP站点都允许上传文件，一般在Incoming目录可以提供匿名上传的权限。

下载文件：只要双击站点文件显示区显示的文件名就可以将站点上的文件下载到本地。

以上操作，也可以简单的通过鼠标在不同窗口的拖放来完成，非常方便。或者也可以使用工具栏上的相应快捷键或者快捷按钮。

图 6-14 CuteFTP"站点属性"窗口"动作"选项卡

6.4.4　E-mail 电子邮件及其应用

电子邮件是Internet最早的服务之一，1971年10月，美国工程师汤姆林森（Ray Tomlinson）于所属BBN科技公司在剑桥的研究室，首次利用与阿帕网连线的计算机传送信息至指定的另一台计算机，这便是电子邮件的起源。早期的电子邮件只能像普通邮件一样进行文本信息的通信，随着Internet的发展，电子邮件是Internet上使用最多的和最受用户欢迎的一种应用服务。电子邮件将邮件发送到邮件服务器，并存放在其中收信人邮箱中。收信人可随时上网到邮件服务器信箱中读取邮件。上述的性质相当于利用Internet为用户设立了存放邮件的信箱。这不仅使用方便，而且还具有传递迅速和费用低廉的优点。现在电子邮件中不仅可以传输文本形象，而且可以包含各式各样类型的文件，如图像、声音等。

1. E-mail 地址

E-mail与普通的邮件一样也需要地址，它与普通邮件的区别在于它是电子地址。所有在Internet之上有信箱的用户都有自己的一个或几个E-mail地址，并且这些E-mail地址都是惟一的。邮件服务器就是根据这些地址，将每封电子邮件传送到各个用户的信箱中，E-mail地址就是用户的信箱地址。就像普通邮件一样，你能否收到E-mai1，取决于是否取得了正确的电子邮件地址。一个完整的Internet邮件地址由两个部分组成，即用户帐号和邮件服务器地址，邮件服务器的地址可以是IP地址，也可以是域名表示的地址，即主机名+域名。邮箱地址的格式为：用户帐号@邮件服务器地址。

2. E-mail 协议

使用E-mail客户端程序时，需要事先配置好，其中最重要的一项就是配置接收邮件服务器和发送邮件服务器，如新浪网的接收邮件服务器是pop3.sina.com.cn，发送邮件服务器是smtp.sina.com.cn；Tom网的接收邮件服务器是pop.tom.com，发送邮件服务器是smtp.tom.com。

从上面的例子中就知道了E-mail经常使用的协议：POP3和SMTP。

（1）POP3协议

POP3（Post Office Protocol 3）协议通常被用来接收电子邮件，使用 TCP 端口 110。这些命令被客户端计算机用来发送给远程服务器。反过来，服务器返回给客户端计算机两个回应代码。服务器通过侦听 TCP 端口 110 开始 POP3 服务。当客户主机需要使用服务时，它将与服务器主机建立 TCP 连接。当连接建立后，POP3 发送确认消息。客户和 POP3 服务器相互交换命令和响应，这个过程一直会持续到连接终止。

（2）SMTP协议

SMTP（Simple Mail Transfer Protocol）协议通常被用来发送电子邮件，使用TCP端口25。SMTP是工作在两种情况下：一是电子邮件从客户机传输到服务器，二是从某一个服务器传输到另一个服务器。SMTP是个请求/响应协议，命令和响应都是基于ASCII文本，并以CR和LF符结束，响应包括一个表示返回状态的三位数字代码。SMTP在TCP协议25号端口监听连接请求。

SMTP的连接和发送过程如下。

建立TCP连接；客户端发送HELLO命令以标识发件人自己的身份，然后客户端发送MAIL命令，服务器端以OK作为响应，表明准备接收；客户端发送RCPT命令，以标识该电子邮件的计划接收人可以有多个RCPT行，服务器端则表示是否愿意为收件人接受邮件；协商结束，发送邮件，用命令DATA发送以表示结束输入内容一起发送出去；结束此次发送，用QUIT命令退出。

图6-15显示了电子邮件系统的收发过程。发送方发出的邮件经过Internet上的一系列发送邮件服务器的转发，最后到达接收邮件的服务器的邮箱中。当接收方的计算机连接到自己的邮件服务器后，就可以从邮箱中读取邮件了。

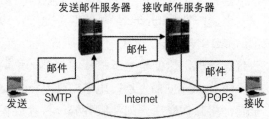

图 6-15　电子邮件的工作示意图

3. 电子邮件的应用

（1）电子信箱的申请

要与人用E-mail进行书信往来，首先就要有一个自己的电子信箱。有不少网站都提供电子信箱的申请。其中有的是用户众多的免费信箱，有的是服务更完善的是收费信箱，也有的是与整个网站合为一体的社区信箱。下面就以163信箱为例介绍免费信箱的申请方法。如图6-16所示。

图 6-16　网易 163 免费邮首页

首先输入网址http://mail.163.com按Enter键，在屏幕下边点击"注册"，然后输入用户名、密码和验证码。用户名长度应为3~19位，只能由小写英文字母（a-z）和数字（0-9）构成，不能有空格且不能全为数字。输入结束后点击"完成"，如果用户名被占用，则返回重填。密码为5~8位字母或数字，确认密码就是再填一遍，填完后点击"完成"按钮即可。

（2）收邮件

打开IE浏览器，在地址栏中输入http://mail.163.com后按Enter键就可以进入网易邮箱的首页。在"普通登录"下面中输入用户名及密码，点击"登录"按钮即可进入邮箱主页。

在邮箱主页中，点击"收信"按钮后就可以看到收件箱中邮件的列表以及发件人、主题、日期、大小及是否含有附件等相关信息，单击其中一个邮件的主题后，就可以看到邮件的正文了。如有附件标志，可以点击它下载保存，查看附件，如图6-17所示。

图 6-17　网易 163 免费邮收件箱界面

（3）发邮件

在邮箱主页中，点击"写信"按钮打开信件编辑页面，在"收件人"栏中填写收件人的E-mail地址。如root2009@sina.com.cn，在"主题"栏中输入邮件标题，在"内容"栏中输入邮件正文。点击"添加附件"按钮，在"打开文件"对话框中找到要添加的文件选中后点击"打开"按钮可添加文件。在完成上述操作后，经检查无误，单击"发送"按钮即可发出邮件了，如图6-18所示。

图 6-18 网易 163 免费邮写信界面

4. Foxmail 的使用

Foxmail是中国人自己开发的一个电子邮件收发的工具。使用它，我们在联网的情况下，可以不进入免费信箱的站点就把邮件接收到本地硬盘上阅读，也可以先把信件写好之后再联网发送出去。这样就可以节省我们的上网时间。与Outlook Express相比，它更符合中国人的使用习惯，支持多帐号和多POP3协议，并有帐号加密的功能。

同样的，在使用Foxmail之前，要求我们必须已经有了一个电子信箱帐号，并且知道它的接收服务器和发送服务器的地址。比如我们刚才申请163的信箱，它的接收服务器（POP3服务器）的地址是163.com，而它的发送服务器（SMTP服务器）的地址是smtp.163.com。知道了这个才可以使用软件来接收发送邮件。关于服务器的地址，在申请信箱的网站上都会有标明，可以去对应网站查一下。

（1）建立帐户

现在可以用Foxmail收发电子邮件了。首先需要把电子信箱的帐号添加到软件中去。如果是安装了Foxmail后第一次启动此软件，就会自动出现帐号添加向导。否则可执行"帐户>新建"命令，然后开始建立新的帐户了。因为Foxmail是一个多帐号的邮件收发软件，可以有多个人共同使用这个软件，各自收取各自信件。这里需要填写的"用户名"和其他Foxmail帐户相区别，如图6-19所示。可以为中文、数字和英文。

接着要指定服务器的地址，包括接收邮件的POP服务器地址和发送邮件的SMTP服务器地址，如图6-20所示。在正确地填写了信箱地址之后，如果这个信箱是一个常用的免费信箱，比如163、新浪等，其服务器地址会自动出现在对应的栏目中。POP帐户名里填写的就是在这个服务器的帐号。

图 6-19 Foxmail 用户向导建立新的帐户

图 6-20 Foxmail 用户向导指定服务器

（2）接收和发送邮件

建立好Foxmail用户后，点击"撰写"就可以给他人发送邮件。正确填写"收信人"和"主题"后，在正文区编辑信件。信件的编写过程中，可随时点击"草稿"按钮将其以草稿的形式保存在"发件箱",以便再次编辑。信件编写完毕后,如果此时没有联网,就点击"保存内容"按钮,将信件以待发送邮件的形式保存到"发件箱"等联网后再发送。如果此时已经联网,可直接点击"发送"按钮,将信件发送出去。如图6-21所示。

图 6-21 Foxmail 写邮件

信件的接收也很容易,在联网状态下,点击"接收"就可以接收本帐户下的所有邮件。点击"发送"就可以把发件箱中的待发邮件发送出去。选中收到的邮件后,点击"回复"按钮就可以直接给原作者回信。

(3)多帐户和多POP3

Foxmail是一个支持多帐户和多POP3的邮件收发软件。如果有多个人公用这个软件的话,可以为每个人建立一个帐户,每个帐户还可以分别加锁,以免使用同一台计算机的人看到自己的往来信件。添加多帐户的方法请参考"建立帐户"。选中自己的帐户名称,点击鼠标右键,选择"访问口令",就可以为自己的帐户设置密码了。如果拥有多个信箱地址,想在自己的帐户中收取多个信箱中的信件,也可以非常简单地做到。选中自己的帐户名称,选择"属性",在帐户属性窗口中,选择"其他POP3"标签,然后选择"新建"按钮。

如图6-22所示依次填写"显示名称"、"POP3服务器"、"POP3"帐户和"口令"后点击确定就可以了。使用这个方法,可以把自己所有的信箱都添加到本帐户中,一次就可以把所有信件收取下来。用这种多POP3的帐户发送信件时是用建立帐户时填写的SMTP服务器发送的。

图 6-22 Foxmail 添加多帐户

6.5 Internet 与电子商务的应用

20世纪90年代以来,以Internet为代表的网络技术取得飞速发展,以此为契机,现代信息技术突破了功能和地域的局限,为人类社会创造了一个全新的信息空间,对人类经济、社会、科技、文化、生活各个领域都产生了革命性的影响,迅速改变了人们的生活和工作方式。电子商务作为一种新型的商务动作模式也应运而生。商务活动作为人类最基本、最广泛的联系方式,使电子商务成为了互联网最广阔和最具活力的应用领域。人们普遍认为,电子商务是21世纪经济发展的核心,它所带来的机遇与挑战,正受到世界各国政府和企业界的重视和积极的投入。它在诞生的几年里所经历的跌宕起伏,更引起了业内人士对电子商务的关注。

6.5.1 电子商务的概念

电子商务源于英文Electronic Commerce，简写为EC。顾名思义，其内容包含两个方面：一是电子方式，二是商务活动。一般来说，电子商务是指利用电子化和网络化手段进行的商务活动。广义而言，电子商务还包括政府机构、企事业单位各种内部业务的电子化；电子商务还可被看作是一种现代化的商业和行政作业方法，这种方法通过改善产品和服务质量、提高服务传递速度，满足政府组织、企业和消费者降低成本的需求，并通过计算机网络加快信息交流以支持决策；电子商务可以包括通过以电子方式进行的各项社会活动。随着信息技术的发展，电子商务的内涵和外延也在不断充实和扩展，并不断被赋予新的含义，开拓出更广阔的应用空间。

1997年11月，国际商会在巴黎举行的世界电子商务会议对电子商务所作的定义为：电子商务交易各方以电子交易方式而不是通过当面交换或直接面谈方式进行的任何形式的商业交易。

电子商务是部分或完全利用电子网络手段来进行商品和服务交易活动的总称。电子商务行为的成立取决于两个要素：一是活动要有商业背景；二是活动的各个环节中要含有网络化、电子化因素。

6.5.2 电子商务的特点及分类

电子商务综合运用信息技术、以提高贸易伙伴间商业运作效率为目标，将一次交易全过程中的数据和资料用电子方式实现，在整个商业运作过程中实现交易无纸化、直接化。电子商务可以使贸易环节中各个参与者更紧密地联系，更快地满足需求，在全球范围内选择贸易伙伴，以最小的投入获得最大的利润。

电子商务与传统的商务活动方式相比，具有以下几个特点。

1. 交易虚拟化

通过Internet进行的贸易活动，贸易双方从贸易磋商、签订合同到支付等，无需当面进行，均通过计算机在互联网上完成，整个交易完全虚拟化。对卖方来说，可以到网络管理机构申请域名，制作自己的主页，组织产品信息上网。而虚拟现实、网上聊天等新技术的发展使买方能够根据自己的需求选择商品，并将信息反馈给卖方。通过信息的交互传递，签订电子合同，完成交易并进行电子支付。整个交易都在网络这个虚拟的环境中进行。

2. 交易成本低

电子商务使得买卖双方的交易成本大大降低，具体表现如下。

（1）距离越远，网络上进行信息传递的成本相对于信件、电话、传真而言就越低。此外，还可缩短传递时间、减少数据重复录入，降低信息成本。

（2）买卖双方通过网络进行商务活动，无需中介者参与，减少了交易的环节，减少了流通成本。

（3）卖方可通过Internet进行产品介绍、宣传，避免了在传统方式下的广告制作及印刷制品等的费用，降低了宣传成本。

（4）电子商务实行"无纸贸易"，可减少90%的文件处理费用，降低管理成本。

（5）互联网使买卖双方即时沟通供需信息，使无库存生产和无库存销售成为可能，从而使库存成本尽可能为零。

（6）企业利用Intranet（内部网）可实现"无纸办公"，提高了内部信息的传递效率，节省了时间，同时降低了管理成本。通过互联网络把公司总部、代理商以及分布在其他国家的子公司、分公司联系在一起，可及时对各地市场情况作出反应，及时生产、及时销售、降低存货、快捷配送，从而降低产品成本。

（7）传统的贸易平台是地面店铺，新的电子商务贸易平台则是一台联网的计算机，去除了经营成本。

3. 交易效率高

由于Internet将贸易中的商业报文标准化，使商业报文在世界各地的传递能在瞬间完成，计算机自动处理数据，使原料采购、产品生产、需求与销售、银行汇兑、保险、货物托运及申报等过程无须专人干预，就能在最短的时间内完成。电子商务克服了传统贸易方式的费用高、易出错、处理速度慢等缺点，极大地缩短了交易时间，使整个交易非常快捷与方便。

4. 交易透明化

电子商务使买卖双方从交易的洽谈、签约以及货款的支付、交货通知等整个交易过程都在网络上进行。通畅、快捷的信息传输可以保证各种信息之间互相核对自动化、实时化，防止伪造信息的可能性。例如，在典型的许可证EDI系统中，由于加强了发证单位和验证单位的通信、核对，假的许可证就不易通过。

5. 提升企业竞争力

电子商务使得许许多多的中小企业也可以通过网络实现全天候、国际化的商务活动，通过网络进行宣传、营销，可以创造更多的销售机会，从而提高企业的竞争力。

6. 促进经济全球化

电子商务使得世界各地的人们都可以了解到国际上的商业信息，加速了信息沟通和交流，促进了国际商务活动的开展，跨国商务活动变得越来越简易和频繁，适应了经济全球化的发展趋势。

电子商务的应用类型可以从技术标准、支付方法、服务类型、商务形式等各种角度来区分，下面分别介绍。

1. 按服务分类

从服务类型来分，可将电子商务分为企业对企业的电子商务、企业对消费者的电子商务和消费者对消费者的电子商务。这里企业包括企事业单位、金融机构和政府部门。

（1）企业-企业（B2B）

这类电子商务的一个例子就是使用网络向供应商那里发订单、接收发票和付钱。这类电子商务已经有好几年的历史了，是最早的电子商务模式，如在专用或增值网络上使用电子数据交换等。

此外，这类业务中还包括企业和政府机构之间的所有交易。例如，政府把即将进行的详细订货信息在Internet上发布，各企业通过Internet对其做出反应。目前这类交易还处于发展初期，但是随着政府机关部门对电子商务认识的提高以及电子商务本身的发展，这种形式很快将发展起来。除了公开订货外，政府机关还可以将电子商务的应用领域扩展到税务部门的收税、电力电信部门的收费等。

（2）企业-消费者（B2C）

这种方式主要用于电子零售业，它随着Internet的膨胀而迅速发展。现在Internet上有许多虚拟商场提供各种商品或服务，如计算机软件、汽车等；此外，这类应用还包括消费者-政府机构间的应用，如利用电子商务进行个人纳税、缴费等。

（3）消费者-消费者（C2C）

C2C是电子商务实现的更高境界，用户之间可以直接进行自由贸易。

2. 按商务形式分类

电子商务按商务形式来分类，可以有邮购、零售、网上信息销售、电子商厦、预定、网上拍卖、文书传递等多种形式。

（1）邮购

零售商收受基于数字化的定单或付款目录，并据此递送实物商品。

（2）网上信息销售

类同于邮购零售，但这些商品是受版权保护的数字化商品，因而可在网上传送。

（3）电子商厦

这是一个提供服务者（ISP）组织服务的虚拟大厦，其服务范围可以多种多样，可以从提供目录服务到计费服务等。

（4）预定

通过用户的预定来为用户提供服务，如预定电子杂志、电影、预定车票等。

（5）网上拍卖

以拍卖的方式在网络上进行商品销售或服务。

（6）文书传递

双方或多方在网上交换文件并签名。

3. 技术标准分类法

根据电子商务采用的技术标准对电子商务业务进行分类，可以将其划分为两个大的应用领域，即基于SET通用协议的电子商务和非SET通用协议的电子商务。基于SET通用协议的电子商务集中在在线交易型业务方面，目前是被公认的国际电子商务标准，它是基于银行卡交易的安全电子交易协议。

4. 支付分类法

从支付角度来分，可以分为支付型电子商务业务和非支付型电子商务业务。而非SET（Secure Electronic Transaction）协议的电子商务从这个角度来看，则包括基于SET的电子商务业务以外的其他所有电子商务业务。

（1）支付型电子商务业务

支付型电子商务业务不仅对业务系统的安全有要求，而且要求业务系统提供安全的支付功能，支付体系上又可分为两大类。

1）SET支付体系。基于国际电子商务标准安全电子交易协议SET，所有交易流程均符合SET协议的统一规定。

2）非SET通用支付体系。目前已由中国电信总局、邮电部电信研究规划院、湖南省信息产业局、中国农业银行湖南省分行等单位联合研制出了一种体系，并实施了多种应用。

（2）非支付型电子商务业务

这类业务仅对业务系统有安全要求，它直接建立在安全基础结构之上。

6.5.3　电子商务构架

电子商务涵盖的业务很广，主要包括电子数据交换、信息交换、销售服务、电子商务支付、运输，也可以对能够进行电子化传送的产品进行实际发送，组建虚拟商店或虚拟企业，企业与贸易伙伴可共同拥有和运营共享的商业方法等。电子商务利用现代通信技术支持实际业务，主要包括EDI（电子数据交换）、电子邮件、EFT（电子资金转账）、传真、多媒体、安全认证文件交换、目录服务等。

借助网络进行电子交易是电子商务实施的重要环节。对于网上交易而言，通信、计算机、电子支付以及安全等现代信息技术是其实现的保证。网上交易的过程如图6-23所示。

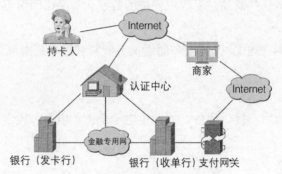

图 6-23　电子商务网上交易示意图

图中消费者向商家发出购物请求，商家把消费者的支付指令通过支付网关（负责将持卡人的帐户中资金转入商家帐户的金融机构，由金融机构或第三方控制，处理持卡人购买和商家支付的请求）送往商家的收单行，收单行通过银行卡网络从发卡行（消费者开户行）取得授权后，把授权信息通过支付网关送回商家，商家取得授权后，向消费者发送购物回应信息。在这个过程中，认证机构需分别向持卡人、商家和支付网关发出持卡人证书、商家证书和支付网关证书。三者在传输信息时，要加上发出方的数字签名，并用接收方的公开密钥对信息加密，这样，实现商家无法获得持卡人的信用卡信息，银行无法获得持卡人的购物信息，同时保证商家能收到货款和进行支付。

网上交易的过程看似简单，但却是建立在电子商务基本框架基础之上的。

电子商务的框架结构是指电子商务活动环境中所涉及的各个领域以及实现电子商务应具备的技术保证。从总体上来看，电子商务框架结构由三个层次和两大支柱构成。其中，电子商务框架结构的三个层次分别是：网络层、信息发布与传输层、电子商务服务和应用层，两大支柱是指社会人文性的公共政策和法律规范以及自然科技性的技术标准和网络协议。

（1）网络层。网络层指网络基础设施，是实现电子商务的最底层的基础设施，它是信息的传输系统，也是实现电子商务的基本保证。它包括远程通信网、有线电视网、无线通信网和互联网。因为电子商务的主要业务是基于Internet的，所以Internet是网络基础设施中最重要的部分。

（2）信息发布与传输层。网络层决定了电子商务信息传输使用的线路，而信息发布与传输层则解决如何在网络上传输信息和传输何种信息的问题。目前Internet上最常用的信息发布方式是在WWW上用HTML语言的形式发布网页，并将Web服务器中发布传输的文本、数据、声音、图像和视频等的多媒体信息发送到接收者手中。从技术角度而言，电子商务系统的整个过程就是围绕信息的发布和传输进行的。

（3）电子商务服务和应用层。电子商务服务层实现标准的网上商务活动服务，如网上广告、网上零售、商品目录服务、电子支付、客户服务、CA认证（电子认证）、商业信息安全传送等。其真正的核心是CA认证。因为电子商务是在网上进行的商务活动，参与交易的商务活动各方互不见面，所以身份的确认与安全通信变得非常重要。CA认证中心担当着网上"公安局"和"工商局"的角色，而它给参与交易者签发的数字证书，就类似于"网上的身份证"，用来确认电子商务活动中各自的身份，并通过加密和解密的方法实现网上安全的信息交换与安全交易。

在基础通信设施、多媒体信息发布、信息传输以及各种相关服务的基础上，人们就可以进行各种实际应用。比如供应链管理、企业资源计划、客户关系管理等各种实际的信息系统，以及在此基础上开展企业的知识管理、竞争情报活动。而企业的供应商、经销商、合作伙伴以及消费者、政府部门等参与电子互动的主体也是在这个层面上和企业产生各种互动的。

（4）公共政策和法律规范。法律维系着商务活动的正常运作，对市场的稳定发展起到了很好的制约和规范作用。进行商务活动，必须遵守国家的法律、法规和相应的政策，同时还要有道德和伦理规范的自我约束和管理，二者相互融合，才能使商务活动有序进行。

随着电子商务的产生，由此引发的问题和纠纷不断增加，原有的法律法规已经不能适应新的发展环境，制定新的法律法规并形成一个成熟、统一的法律体系，成为世界各国发展电子商务的必然趋势。

（5）技术标准和网络协议。技术标准定义了用户接口、传输协议、信息发布标准等技术细节。它是信息发布、传递的基础，是网络信息一致性的保证。就整个网络环境来说，标准对于保证兼容性和通用性是十分重要的。

网络协议是计算机网络通信的技术标准，对于处在计算机网络中的两个不同地理位置上的企业来说，要进行通信，必须按照通信双方预先共同约定好的规程进行，这些共同的约定和规程就是网络协议。

6.5.4　Internet中的电子商务

电子商务可提供网上交易和管理等商务活动全过程的服务。因此，它具有企业业务组织、信息发布与广告宣传、咨询洽谈、网上订购、网上支付、网上金融与电子帐户、信息服务传递、意见征询和调查统计、交易管理等各项功能。

1. 网上购物

网上购物是指企业与消费者之间以Internet为主要服务提供手段进行的商务活动。它是一种电子化零售模式，采用在线销售，以网络手段实现公众消费和提供服务，并保证与其相关的付款方式电子化。它是随着WWW的出现而迅速发展起来的。目前在Internet上遍布各种类型的网上商店和虚拟商业中心，提供从鲜花、书籍、饮料、食品、玩具到计算机、汽车等各种消费品和服务。WWW网上有很多这一类型电子商务成功应用的例子，如国内较大的购物网站卓越网（www.joyo.com），如图6-24所示以及当当网（www.dangdang.com）等。为了获得消费者的认同，网上销售商在"网络商店"的布置上往往煞费苦心。网上商品不是摆在货架上，而是做成了电子目录，里面有商品的图片、详细说明书、尺寸和价格等信息。

图 6-24　卓越网网站主页

　　网上购买引擎和购买指南还不时帮助消费者在众多的商品品牌之间做出选择。消费者对选中的商品只要用鼠标轻轻一点，再把它拖到网络的"购物车"里就可以了。在付款时消费者需要输入自己的姓名、家庭住址以及信用卡号码，点击确认一次网上购物就算完成。为了消除消费者的不信任感，大多数网上销售商还提供免费电话咨询服务。

　　在实际进行过程中，即从顾客输入订货单后开始到拿到销售商店出具的电子收据为止的全过程仅需5~20秒的时间。这种电子购物方式十分省事、省力、省时。购物过程中虽需要经过信用卡公司和商业银行等多次进行身份确认、银行授权、各种财务数据交换和帐务往来等，但所有业务活动都是在极短的时间内完成的。总之，这种购物过程彻底改变了传统的面对面交易的购物方式，是一种新颖有效、保密性好、安全保险、可靠的电子购物过程，利用各种电子商务保密服务系统，就可以在Internet上使用自己的信用卡放心地购买自己所需的物品。

2. 网上拍卖

　　网上拍卖是消费者对消费者的交易，简单的说就是消费者本身提供服务或产品给消费者。如易趣网（www.ebay.com.cn），如图6-25所示，以及淘宝网（www.taobao.com）等就是通过为买卖双方提供一个在线交易平台，使卖方可以主动提供商品上网拍卖，而买方可以自行选择商品进行竞价。网站按比例收取交易费用，或者提供平台方便个人在平台上开设网上商店，以会员制的方式或通过服务项目收取服务费。

图 6-25　易趣网网站主页

　　个人电子商务市场的巨大潜力吸引了诸多国内外企业和投资者的眼光，尽管当前中国C2C电子商务市场还没有显现任何盈利迹象，但是培育中国个人电子商务市场已经成为国内外众多企业争取用户份额、留住客户、进行强力竞争的手段。

　　以交易者网上竞拍为例，在线交易流程如下。

Step 01　交易者登录交易网站，注册相关信息。

Step 02　卖方发布商品的信息，确定价格和截止日期等。

Step 03　买方查询商品信息，参与网上购物过程。

Step 04　双方成交，买方付款，卖方交货，完成交易。

3. 信息服务、在线交易

信息服务、在线交易是指企业在开放的网络中寻求贸易伙伴、谈判、订购到结算的整个贸易过程。通过电子商务，处于生产领域的商品生产企业可以根据买方的需求和数量进行生产，以及实现个性化的生产；处于流通领域的商贸企业可以更及时、准确地获取消费者信息，从而准确订货，减少库存，并通过网络促进销售，提高效率、降低成本，获取更大的利益。

在该电子商务运行模式中，参与主体主要包括：认证机构、采购商、供应商、后台管理、企业服务平台、物流配送中心等。

采购商的主要业务有：在线招标、在线洽谈、网上签约、订单处理、支付货款、货物接受、在线业务数据统计等。供应商的主要业务有：产品目录制作和发布、产品数据维护、在线投标、在线洽谈、网上签约、订单处理、在线业务数据统计等。后台管理是由交易中介服务平台的管理者（第三方）对在平台上进行的商务流程的管理活动，而不是交易双方企业的相关商务活动。后台管理的主要内容有：注册会员管理、系统运营维护、产品管理、订单管理、信息发布等。

企业可以在网络上发布信息，寻找贸易机会，通过信息交流比较商品的价格和其他条件，详细了解对方的经营情况，选择交易对象。在交易过程中，可以迅速完成签约、支付、交货、纳税等一系列操作，加快货物和资金的流转。当前著名的B2B网站有：中国商品交易中心（http://www.ccec.com/），阿里巴巴·中国（http://china.alibaba.com/），如图6-26所示，慧聪网（http://www.hc360.com/）以及中企动力（http://www.ce.net.cn）等。

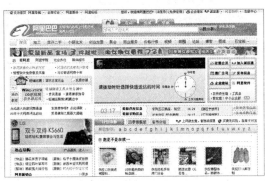

图 6-26　阿里巴巴网站主页

4. 网上银行

电子商务中，交易双方都需要寻找一个可靠的信用中介来完成交易的支付过程，自然就把目光投向了商业银行。商业银行涉足电子商务领域，除了交易双方的需求外，更重要的原因是商业银行看到了电子商务活动中蕴藏着的巨大的商业利润。因此，银行网络化将是一种必然的趋势，网上银行的出现也将改变企业、商业银行传统的经营模式，将在电子商务中起到举足轻重的作用。网上银行又称在线银行，也称网络银行。是指银行利用Internet网络或其他专用网络，为银行客户在网上提供开户、销户、支付、转账、查询、汇款、网上证券、投资理财等传统服务项目。客户足不出户就能够安全快捷地办理银行业务。

美国安全第一网上银行（SFNB）于1995年10月18日正式在Internet上对外营业，成为世界上第一家网络银行，与传统银行的服务方式明显不同，它没有营业大厅，没有营业网点，却可以开展传统银行的所有银行业务。顾客只要通过一台与Internet相连的计算机，就可以在任何时间、任何地点获得该银行的所有银行业务。在短短一年时间内，该银行就吸引了4000多客户，业务遍及美国50个州，并且以每月650人的速度递增，存款达900万美元。该银行业务量巨大并且增长迅速，但其业务人员仅仅15人。

中国第一家网上银行是中国银行，1996年中国银行在Internet上建立和发布了自己的主页，成为全国第一家在Internet上向全世界发布信息的银行，如图6-27所示。1997年10月，中国银行率先创建了中国第一家网络银行，建立了中国银行在线服务系统，推出了企业理财、银证快车和网上支付三大类网上银行服务。1998年3月6日，国内第一笔"网上银行"交易在Internet上进行，中央电视台的王珂平先生通过中国银行的网上银行服务，从世纪互联公司购买了10个小时的机时。

图 6-27　中国银行网上银行主页

目前网上银行的发展正从帐户信息向在线交易全面转变。我国中国工商银行、中国银行、中国建设银行、招商银行等都已推出比较完善的网上银行服务。

5. 电子政务

电子政务，在英文中称为E-Government，简写为E-Gov。电子政务是政府部门运用先进的电子信息技术手段（计算机、网络、电话、手机、数字电视等），以实现政务信息数字化、政务公开化、办公高效化、服务网络化等为目标，将管理和服务通过网络技术进行集成，向社会提供优质和全方位的、规范而透明的、符合国际标准的管理和服务的过程。电子政务是在吸取了电子商务的经验基础上发展起来的基于Internet的应用。

我国电子政务的发展起源于20世纪80年代初，大致经历了4个不同的发展阶段。

（1）办公自动化阶段，主要特点是利用计算机替代部分手工劳动，提高政府文字、报表处理等工作的效率。但由于早期计算机设备价格昂贵，软件易用性差，该阶段普及较慢，有一部分人误将过去的"办公自动化"与现在的"电子政务"混为一谈，直到80年代末期，全国各地不少政府机构建立起了各种纵向或横向的内部信息网络，有了专门的信息中心，才对提高政府的信息处理能力和决策水平起到了重要的作用。

（2）"金字工程"实施阶段，是20世纪90年代我国的政府信息化建设进一步加快的标志。1993年12月，我国政府成立"国家经济信息化联席会议"，确立"实施信息化工程，以信息化带动产业发展"的指导思想，正式启动"金卡"、"金桥"、"金关"等重大信息化工程，这些工程都是由中央政府直接领导，以加强信息化基础设施建设为重点，以保证国民经济重点领域的数据传输和信息共享为主要目的。紧随"三金工程"之后的是"金税工程"，它是为了配合中国财税体制的改革，推行以增值税为主体的流转税制度，严格税收征管，杜绝税源流失而实施的一项全国性的信息化工程。除此以外，近年来国家又启动了"金审工程"、"金盾工程"、"金卫工程"等新的"金字工程"。这些工程的相继完工，将会对我国的政府信息化建设和电子政务发展起到直接的推动作用。

（3）政府上网阶段，开始于1999年初的"政府上网工程"，它标志着真正意义的电子政务活动在我国正式启动。"政府上网工程"的主要目的是推动各级政府部门通过网络向社会提供各种公共信息资源，并逐步应用网络实现政府的相关职能，为实现电子政务打下坚实的基础。

6.6 思考与练习

1. 填空题

（1）在地理性顶级域名中"中国"的顶级域名是_____。

（2）某因特网用户的电子邮件地址为llanxi@yawenkasi.com，这表明该用户在其邮件服务器上的（邮箱）帐户名是_____。

（3）计算机网络中的文件传输协议是_____。

2. 选择题

（1）从www.ustc.edu.cn可以看出它是中国的一个（　　）部门站点。

    A．政府部门　　　　　　　　　B．军事部门

    C．商业组织　　　　　　　　　D．教育部门

（2）Internet上，访问Web网站时用的工具是浏览器。下列（　　）就是目前常用的Web浏览器。

    A．Internet Explorer　　　　　　B．Outlook Express

    C．Yahoo　　　　　　　　　　D．FrontPage

（3）当个人计算机以拨号方式接入Internet网时，必须使用的设备是（　　）。

    A．网卡　　　　　　　　　　　B．调制解调器（Modem）

    C．电话机　　　　　　　　　　D．浏览器软件

3. 简答题

（1）Internet的主要功能有哪些？

（2）在IE浏览器中，"历史记录"与"收藏夹"的区别是什么？

（3）简述"电子商务"的构架和在Internet中的应用。

4. 上机练习题

（1）能独立打开"百度"网站。

（2）在百度上输入关键字，搜索新浪网站中关于"汶川大地震"的所有网页。

第七章　计算机的安全

7.1　计算机的使用安全

计算机的应用越来越广泛，人们的日常生活、工作、学习等各个方面几乎都会应用到计算机，它已经成为人们现在必不可少的工具。一台妥善管理的计算机，它就会一直处于比较好的工作状态，可以尽量地发挥它的作用；相反，一台管理不当的计算机，它可能会处于不好的工作状态，操作系统可能会三天两头地出错，预定的工作无法完成，更重要的是可能导致数据的丢失，造成无法挽回的损失。因此，做好计算机的安全管理是十分必要的。

7.1.1　计算机的环境要求

为保证电脑能够正常地运行，发挥其功效，就必须使它在一个适当的外部环境下工作，这些环境条件包括温度、湿度、清洁程度和电磁环境等方面。

1. 温度

常温环境下，即10~45℃，超出此范围，就不能保证电脑能够正常地运行。

2. 湿度

电脑能够在30%~80%的相对湿度环境下工作，超出此范围，就不能保证电脑正常地运行。

结合上述两点，电脑的安放位置应尽可能地远离热源，而且不能太潮湿。一般家中的环境都是可以满足要求的。

3. 清洁

电脑应该在一个相对干净的环境中运行，否则，尘土就会侵入电脑内部，经过长期的积累后，会引起电路的短路，聚积在软驱磁头及光驱光头上的尘土不仅会使读写磁盘或光盘时产生错误，严重时还会划伤盘面，造成其上的数据损坏和丢失。当电脑在运行一段时间后，应进行相应的清洁工作。这里的清洁工作，主要是电脑内部的清洁，如软驱的清洁、主机内电路板的清洁。注意，在清洁前一定要先切断与室内电源的连接，其次是不要用湿毛巾或尖锐硬物进行清洁，而只能用刷子、无水酒精等。

4. 电磁干扰

在电脑中有一个非常重要的部件，这就是硬盘，在其上存储数据的介质是一种磁材料。如果将电脑经常放置在较强的磁场环境下，就有可能造成硬盘上数据的损失，甚至这种强磁场还会干扰电脑的正常运行，使电脑出现一些莫名其妙的现象，如显示器可能会产生花斑、抖动等。这种电磁干扰可能来源于音响设备、电机、大功率电器、电源、静电以及较大功能的变压器如UPS，甚至日光灯等。因此在使用电脑时，应尽量使电脑远离这些干扰源。

5. 电源安全

电脑对电源也有要求。正常的交流电电量范围是220V±10%，频率范围是50Hz±5%，并且应具有良好的接地系统。有可能的话，应使用UPS来保护电脑，使得电脑在断电时能继续运行一段时间。

电脑在工作时，应有良好的地线保护，这不仅是保证电脑本身的安全，更重要的是保护电脑使用者的安全。

7.1.2 计算机的使用注意事项

日常的使用习惯对计算机的影响也很大，首先是要正常开关机，开机的顺序是，先打开外设（如打印机，扫描仪等）的电源，显示器电源不与主机电源相连的，还要先打开显示器电源，然后再开主机电源。关机顺序相反，先关闭主机电源，再关闭外设电源。其道理是，尽量地减少对主机的损害，因为在主机通电的情况下，关闭外设的瞬间，对主机产生的冲击较大。关机后一段时间内，不能频繁地做开机关机的动作，因为这样对各配件的冲击都很大，尤其是对硬盘的损伤更为严重。一般关机后距离下一次开机的时间，至少应有10秒钟。特别要注意当电脑工作时，应避免进行关机操作。如机器正在读写数据时突然关机，很可能会损坏驱动器（硬盘、软驱等）；更不能在机器工作时搬动机器。当然，即使机器未工作时，也应尽量避免搬动机器，因为过大的振动会对硬盘一类的配件造成损坏。另外，关机时必须先关闭所有的程序，再按正常的顺序退出，否则有可能损坏应用程序。

计算机设备使用时需要注意以下内容。

（1）计算机主机的安放应当平稳，保留必要的工作空间，留出用来放置磁盘、图纸等常用物件的地方以方便工作；要调整好显示器的高度，位置应保持显示器的上边与视线基本平行，太高或太低都会使操作者容易疲劳。

（2）计算机专用电源插座上应严禁再使用其他电器，如暖手炉等个人电器设备；应该检查电脑设备是否全部关闭后再离开。

（3）不能在计算机工作的时候搬动计算机和插拔设备或带电插拔各接口（除USB接口），否则容易烧毁接口卡或造成集成块的损坏。

（4）注意电脑周围的清洁卫生，并应注意防尘、防潮、防静电、防强磁场、防过热过冷，避免阳光直射。

（5）显示器在加电的情况下（特别是已加电一定时间后）及刚刚关机时，不要移动显示器，以免造成显像管灯丝的断裂；显示器应远离磁场，以免显像管磁化、抖动等；将多台显示器相邻摆放时，应相互具有1m的距离，以免由于相互干扰造成显示抖动的现象。

（6）由于硬盘的频繁使用、病毒、误操作等，有些数据很容易丢失。所以要经常对一些重要的数据进行备份，以免辛苦完成的工作因备份不及时而全部丢失；经常整理磁盘，及时清理垃圾文件，以免垃圾文件占用过多的磁盘空间，同时给对正常文件的查找和管理带来不便，在急用时找不到需要的文件等。

7.2 计算机网络的安全

随着计算机的网络化和全球化，人们日常生活中的许多活动将逐步转移到网络上来。但由于计算机网络多样性、终端分布不均匀性和网络的开放性、互联性等特征，致使网络易受黑客、恶意软件的入侵和攻击。据统计，几乎每20秒全球就有一起黑客事件发生，仅美国每年因计算机网络安全问题所造成的经济损失就超过100亿美元。随着计算机网络技术的开放、共享和互联程度的扩大，网络的安全和可靠成为不同使用层次的用户共同关心的问题。人们都在希望自己的网络能够更加可靠的运行，不受外来入侵者的干扰和破坏。因此，如何对网络上的各种非法行为进行主动防御和有效抑制，是当今计算机网络安全方面待解决的重要问题。提高网络的安全性和可靠性，是保证网络正常运行的前提和保障。

7.2.1 网络安全概述

导致计算机网络不安全的因素主要来自于两个方面，一方面是网络本身存在的安全缺陷；另一方面是人为因素和自然因素，自然因素是一些意外事故，如发生地震毁坏网络或服务器突然断电等，这种因素并不可怕，可怕的是人为因素，即人为的入侵和破坏。

1. 环境因素

自然环境的变化对计算机网络的传输线路会产生巨大的不良影响。例如温度、湿度、防尘条件、地震、风灾、火灾等天灾以及事故都会对网络造成严重的损害和影响；强电、磁场会毁坏传输中以及信息载体上的数据信息；雷电能轻而易举地穿过电缆，破坏连在网络中的计算机，使计算机网络瘫痪。

2. 资源共享

资源共享是计算机网络的主要功能，但随着计算机资源共享进一步加强，随之而来的网络安全问题日益突出。资源共享后，包括硬件、软件及数据资源的共享，网络中的各个工作站就都可以访问主计算机的资源，各个工作站之间也可以相互共享资源，为异地用户提供了巨大方便，同时也给非法用户窃取信息、破坏信息创造了条件，非法用户可通过个人工作站侵入网络，进行非法浏览、非法修改，甚至删除文件的操作。

一般情况，大多数共享资源同它们的许多使用者之间有相当一段距离，例如网络打印机，这样就给窃取信息者在时间和空间上创造了便利条件。

3. 数据通信

数据通信也是计算机网络的主要功能之一。计算机网络通过数据通信来交换信息，这些信息是通过物理线路、无线电波以及网络设备进行的，这样在通信中传输的信息极易被泄露，比如，入侵者在网络中数据包经过的网关或路由器上窃听或截取传送的信息，再通过分析，找到信息的规律和格式，进而获取信息的内容，造成网上传输信息泄露。尤其是电子商务，它建立在一个较为开放的网络环境上，一旦信用卡帐号、密码被人知悉，或者订货和付款的信息被竞争对手获悉，就有可能造成重大损失。

4. 计算机病毒

几乎每一个上过Internet的用户都受过计算机病毒的影响。计算机网络一旦感染病毒，它就会在网络内进行再生和传染，很快就会遍及网络各节点，可以短时间内造成网络系统的瘫痪。

5. TCP/IP 协议的安全缺陷

Internet的发展为社会、经济、文化和科技带来了巨大的推动和冲击，它强调使用的开放性和共享性，但由于其采用的TCP/IP协议安全性很弱，没有为用户提供高度的安全保护，同时，Internet自身是一个开放系统，因此是一个不设防的网络空间，以致Internet上许多基于TCP/IP协议的服务都存在不同程度上的安全缺陷。例如，WWW、FTP、E-mail、Telnet及DNS域名服务等，还有TFTP、SNMP、NFS等服务。Internet的基石是TCP/IP协议，该协议在实现上力求简单高效，而没有考虑安全因素，因而现存的TCP/IP协议存在安全缺陷。

目前，具体的破坏计算机网络安全的途径如下。

（1）窃取计算机用户口令上机或通过网络非法访问数据、复制、删改软件和数据。

（2）通过磁盘或者网络传播计算机病毒。

（3）通过窃取计算机工作时产生的电磁波辐射、接线头或通信线路来破译计算机数据。

（4）窃取存储有重要数据的存储介质：光盘、磁盘、硬盘、磁带等。

（5）黑客绕过防火墙和用户端口，通过网络非法侵入计算机系统。

（6）控制或者指定网络路由，即发送方指定一条经过精心设计的、绕过安全控制的路由用以发送病毒或非法数据。

7.2.2　计算机病毒

"计算机病毒"最早是由美国计算机病毒研究专家F.Cohen博士提出的。"计算机病毒"有很多种定义，国外最流行的定义为：计算机病毒，是一段附着在其他程序上的可以实现自我繁殖的程序代码。在《中华人民共和国计算机信息系统安全保护条例》中的定义为："计算机病毒是指编制或者在计算机程序中插入的破坏计算机功能或者数据，影响计算机使用并且能够自我复制的一组计算机指令或者程序代码。"

1. 计算机病毒的发展历史

世界上第一例被证实的计算机病毒是在1983年，出现了计算机病毒传播的研究报告。同时有人提出了蠕虫病毒程序的设计思想；1984年，美国人Thompson开发出了针对Unix操作系统的病毒程序。

1988年11月2日晚，美国康尔大学研究生"罗特·莫里斯"将计算机病毒蠕虫投放到网络中。该病毒程序迅速扩展，造成了大批计算机瘫痪，甚至欧洲联网的计算机都受到影响，直接经济损失近亿美元。

在我国80年代末，有关计算机病毒问题的研究和防范已成为计算机安全方面的重大课题。1982年"黑色星期五"病毒侵入我国；1985年在国内发现更为危险的"病毒生产机"，生存能力和破坏能力极强，这类病毒有1537、CLME等。进入90年代，计算机病毒在国内的泛滥更为严重。CIH病毒是首例攻击计算机硬件的病毒，它可攻击计算机的主板，并可造成网络的瘫痪。2000年以后，我国互联网用户飞速发展，针对网络传播的蠕虫病毒也发展起来。"武汉男生"，俗称"熊猫烧香"，就是一种感染型的蠕虫病毒，它能感染系统中exe，com，pif，src，html，asp等格式的文件，还能中止大量的反病毒软件进程并且会删除扩展名为gho的文件，该文件是系统备份工具GHOST的备份文件，使用户的系统备份文件丢失。被感染的用户系统中所有exe格式的可执行文件全部被改成熊猫举着三根香的模样，如图7-1所示，该病毒具有极大的破坏性。

图7-1 感染"熊猫烧香"病毒后计算机被破坏的文件

2. 计算机病毒的危害

在使用计算机时，有时会碰到一些莫名奇妙的现象，例如计算机无缘无故地重新启动，运行某个应用程序突然出现死机，屏幕显示异常，硬盘中的文件或数据丢失等。这些现象有可能是因硬件故障或软件配置不当引起，但多数情况下是计算机病毒引起的，计算机病毒的危害是多方面的，归纳起来，大致可以分成如下几方面。

（1）破坏硬盘的主引导扇区，使计算机无法启动。

（2）破坏文件中的数据，删除文件。

（3）对磁盘或磁盘特定扇区进行格式化，使磁盘中信息丢失。

（4）产生垃圾文件，占据磁盘空间，使磁盘空间逐渐减少。

（5）占用CPU运行时间，使运行效率降低。

（6）破坏屏幕正常显示，破坏键盘输入程序，干扰用户操作。

（7）破坏计算机网络中的资源，使网络系统瘫痪。

（8）破坏系统设置或对系统信息加密，使用户系统紊乱。

3. 计算机病毒的结构

由于计算机病毒是一种特殊程序，因此，病毒程序的结构决定了病毒的传染能力和破坏能力。计算机病毒程序主要包括三大部分。

（1）传染部分：是病毒程序的一个重要组成部分，它负责病毒的传染和扩散。

（2）表现和破坏部分：是病毒程序中最关键的部分，它负责病毒的破坏工作。

（3）触发部分：病毒的触发条件是预先由病毒编者设置的，触发程序判断触发条件是否满足，并根据判断结果来控制病毒的传染和破坏动作，触发条件可以是日期、时间、某个特定程序或传染次数等多种形式。例如，Jerusalem（黑色星期五）病毒是一种文件型病毒，它的触发条件之一是：如果计算机系统日期是13日，并且是星期五，病毒发作，删除任何一个在计算机上运行的com文件或exe文件。

4. 病毒的种类

目前计算机病毒的种类很多，其破坏性的表现方式也很多。据资料介绍，全世界目前已发现的计算机病毒已超过8万种，它们种类不一，分类的方法也很多，一般有4种分类的方法。

（1）按感染方式分类

1）引导型病毒：是指在系统启动、引导或运行的过程中，病毒利用系统扇区及相关功能的疏漏，直接或间接地修改扇区，实现直接或间接地传染、侵害或驻留等功能。引导型病毒按其寄生对象的不同又可分为两类，即MBR（主引导区）病毒和BR（引导区）病毒。MBR病毒也称为分区病毒，将病毒寄生在硬盘分区主引导程序所占据的硬盘0头0柱面第1个扇区中，典型的

MBR病毒有大麻（Stoned）、2708、INT60病毒等。BR 病毒是将病毒寄生在硬盘逻辑0扇或软盘逻辑0扇（即0面0道第1个扇区）中，典型的BR病毒有Brain、小球病毒等。

2）文件型病毒：一般只传染磁盘上的可执行文件（com文件，exe文件等）。在用户调用染毒的可执行文件时，病毒首先被运行，然后病毒驻留内存伺机传染其他文件或直接传染其他文件。其特点是附着于正常程序文件，成为程序文件的一个外壳或部件。这是较为常见的传染方式。如1575/1591病毒、848病毒。

3）混合型病毒：兼有以上两种病毒的特点，既感染引导区又感染文件，因此扩大了这种病毒的传染途径。这种病毒有Flip病毒、新世际病毒、One-half病毒等。

（2）按寄生方式分类

1）操作系统型病毒：是最常见、危害最大的病毒。这类病毒把自身贴附到一个或多个操作系统模块或系统设备驱动程序或一些高级的编译程序中，保持主动监视系统的运行，用户一旦调用这些系统软件时，即实施感染和破坏。

2）外壳型病毒：把自己隐藏在主程序的周围，一般情况下不对原程序进行修改。微机许多病毒都是采取这种外围方式传播的。

3）入侵型病毒：将自身插入到感染的目标程序中，使病毒程序和目标程序成为一体。这类病毒的数量不多，但破坏力极大，而且很难检测，有时即使查出病毒并将其杀除，但被感染的程序已被破坏，无法使用了。

4）源码型病毒：在源程序被编译之前，隐藏在用高级语言编写的源程序中，随源程序一起被编译成目标代码。

（3）按破坏情况分类

1）良性病毒：它的发作方式往往是显示信息、奏乐、发出声响等，对计算机系统的影响不大，破坏较小，但干扰计算机正常工作。

2）恶性病毒：干扰计算机运行，使系统变慢、死机、无法打印等。

3）极恶性病毒：它会导致系统崩溃、无法启动，其采用的手段通常是删除系统文件、破坏系统配置等。

4）毁灭性病毒：它通过破坏硬盘分区表、FAT区、引导记录、删除数据文件等行为使用户的数据受损，如果没有做好备份则将遭受巨大损失。

5. 病毒的特点

防治计算机病毒，首先要了解计算机病毒的特征和破坏机理，为防范和消除计算机病毒提供充实可靠的依据。根据计算机病毒的产生、传染和破坏行为的分析，计算机病毒通常具有以下特征。

（1）隐蔽性：计算机病毒是一种非法程序，一般可隐蔽在操作系统、可执行程序和数据文件中，很难被人觉察和发现。

（2）破坏性：一个病毒破坏的对象、方式和程度，取决于它的编写者的目的和水平。如果一个怀有恶意的人掌握了尖端技术，就很有可能引发一场世界性的灾难。当前病毒的破坏性主要体现为以下几种形式。

1）破坏文件分配表FAT，造成用户在磁盘上的信息丢失。

2）破坏磁盘文件、磁盘文件的目录或封锁磁盘、封锁系统。

3）减少内存可用空间。

4）修改程序或修改中断向量，干扰系统工作。

（3）传染性：传染性是计算机病毒最主要的特点，也是判断一个程序是否有病毒的根本依据。

（4）潜伏性：病毒程序感染后往往并不马上发作，一个编制巧妙的病毒程序可以在几周到几年内隐蔽在合法文件中，悄悄进行传播和繁殖。显然，潜伏性越好，病毒的传染范围就越大。

（5）可触发性：计算机病毒绝大部分会设定一定条件作为发作条件。这个条件可以是某个日期、键盘的点击次数或是某个文件的调用。其中，日期作为发作条件的病毒居多。如"欢乐时光"病毒的发作条件是"月+日=13"，比如5月8日、6月7日等。

6. 病毒的传播途径

病毒的传播途径大致分为以下几种。

（1）通过不可移动的计算机硬件设备进行传播，如计算机的专用芯片和硬盘等。这种病毒虽然极少，但破坏力却极强，目前尚没有较好的检测手段对付。

（2）通过移动存储设备来传播，这些设备包括U盘、移动硬盘等。在移动存储设备中，U盘是使用最广泛、最频繁的存储介质，因此也成了计算机病毒寄生的"温床"。目前多数计算机都是从这类途径感染病毒的。

（3）通过计算机网络进行传播。现代信息技术的巨大进步已使空间距离不再遥远，"相隔天涯，如在咫尺"，但也为计算机病毒的传播提供了新的"高速公路"。计算机病毒可以附着在正常文件中通过网络进入一个又一个系统，国内计算机感染一种"进口"病毒已不再是什么大惊小怪的事了。在我们信息国际化的同时，我们的病毒也在国际化。这种方式已经成为最主要的传播途径。

（4）通过点对点通信系统和无线通道传播。目前，这种传播途径还不是十分广泛，但预计在未来的信息时代，这种途径很可能与网络传播途径成为病毒扩散的两大"时尚渠道"。

7. 病毒的防治

病毒在发作前是难以发现的，因此所有的防病毒技术都是在系统后台运行，先于病毒获得系统的控制权，对系统进行实时监控，一旦发现可疑行为，就阻止非法程序的运行，利用一些专门的技术进行判别，然后加以清除。反病毒技术包括检测病毒和杀病毒两方面，而病毒的清除都是以有效的病毒探测为基础的。只有建立一个有层次的、立体的防病毒系统，才能有效地制止病毒在网络上蔓延。下面提供一些防治网络病毒的措施。

（1）小心使用电子邮件。

（2）在计算机网络中，要保证系统管理员有最高的访问权限，避免过多地出现超级用户。

（3）为工作站上用户帐号设置复杂的密码。

（4）工作站采用防病毒芯片，可以防止引导型病毒。

（5）正确设置文件属性，合理地规范用户的访问权限。

（6）在计算机中安装具有实时监控功能的防病毒软件，并及时升级。

（7）建立健全网络系统安全管理制度，严格操作规程和规章制度，定期做文件备份和病毒检测。即使有了杀毒软件，也不可掉以轻心，因为没有一个杀毒软件可以完全杀掉所有病毒，所以，仍要定期备份，一旦真的遭到病毒的破坏，可将受损的数据恢复。

（8）为解决网络防病毒的要求，可在网络中使用网络版防病毒软件和网关型防病毒系统。

7.2.3 网络黑客与木马程序

黑客和木马程序是威胁计算机安全的两大隐患，但与病毒有很大的不同。

1. 什么是网络黑客

黑客（hacker），源于英语动词hack，意为"劈，砍"，引申为"干了一件非常漂亮的工作"。在早期麻省理工学院的校园俚语中，"黑客"则有"恶作剧"之意，尤指手法巧妙、技术高明的恶作剧。黑客不像绝大多数电脑使用者那样，只规规矩矩地了解别人指定了解的狭小部分知识，他们通常具有硬件和软件的高级知识，并有能力通过创新的方法剖析系统。

黑客起源于20世纪50年代麻省理工学院的实验室中，他们精力充沛，热衷于解决难题。60、70年代，"黑客"一词极富褒义，用于指那些独立思考、奉公守法的计算机迷，他们智力超群，对电脑全身心投入，从事黑客活动意味着对计算机的最大潜力进行智力上的自由探索，为电脑技术的发展做出了巨大贡献。正是这些黑客，倡导了一场个人计算机革命，倡导了现行的计算机开放式体系结构，打破了以往计算机技术只掌握在少数人手里的局面，开创了个人计算机的先河。现在黑客使用的侵入计算机系统的基本技巧，例如破解口令（password cracking），开天窗（trapdoor），走后门（backdoor），安放特洛伊木马（Trojan horse）等，都是在这一时期发明的。从事黑客活动的经历，成为后来许多计算机业巨子简历上不可或缺的一部分。例如，苹果公司创始人之一乔布斯就是一个典型的例子。

1999年中国的互联网用户突飞猛增，创造了历史同期增长最快的水平，那一年也成为了中国黑客发展最快的一年，Unix、Linux、HTTP、FTP等网络技术性问题和黑客技术成为了中国黑客的主要话题，中国黑客们如饥似渴地摄取技术养分，黑客技术性网站也开始逐渐增多，新的黑客技术高手不断涌现。这一时期最具代表性的技术性黑客当属流光、溯雪、乱刀等黑客软件的开发者。随着一次次升级与完善，流光等这些优秀的软件走进了世界优秀黑客软件的舞台。2000年以后，很多国内的黑客组织也如雨后春笋般纷纷诞生。这时，国内的黑客阵营基本分成三种：一是以中国红客为代表，略带政治性色彩与爱国主义情结的黑客；另外一种是以蓝客为代表，他们热衷于纯粹的互联网安全技术，对于其他问题不关心；最后一种就是完全追求黑客原始本质精神，不关心政治，对技术也不疯狂的原色黑客。

2001年4月1日，我国南海地区发生了"中美撞机事件"后，美国一个名为PoizonBox的黑客组织率先向我国的一些网站发起了恶意的进攻。中美黑客产生了一些小的摩擦。到了五一假期期间，许多中国黑客拿起了手中的武器，大规模地向美国网站展开进攻，并号称有八万人之多，如图7-2所示。此次黑客行动，引起了众多媒体对中国黑客的关注，让全世界更多人了解了中国互联网上的这一特殊群体。

图7-2 2001年南海撞机事件引发的中美黑客大战

2. 黑客的攻击方法

目前人们面对电子商务等网络活动踌躇不前，原因之一就是因为对网上的安全和个人隐私有所顾虑。"知己知彼，百战不殆"，为了力求保护计算机系统免遭攻击，我们应该先了解黑客入侵计算机系统的一般工具和手法，然后才能采取有效的防卫方法，避免系统死机、钱财损失或客户资料失窃。下面介绍目前黑客最常用的一些入侵工具及方法。

（1）获取口令

获取口令有三种方法。一是通过网络监听非法得到用户口令，这类方法有一定的局限性，但危害性极大，监听者往往能够获得其所在网段的所有用户帐号和口令，对局域网安全威胁巨大；二是在知道用户的帐号后利用一些专门软件强行破解用户口令，这种方法不受网段限制，但黑客要有足够的耐心和时间；三是在获得一个服务器上的用户口令文件（Shadow文件）后，用暴力破解程序破解用户口令，该方法的使用前提是黑客获得口令的Shadow文件，该方法在所有方法中危害最大，因为它不需要像第二种方法那样一遍又一遍地尝试登录服务器，而是在本地将加密后的口令与Shadow文件中的口令相比较就能非常容易地破获用户密码。

（2）放置木马程序

特洛伊木马程序可以直接侵入用户的电脑并进行破坏，它常被伪装成工具程序或者游戏等诱使用户打开带有特洛伊木马程序的电子邮件附件或从网上直接下载，一旦用户打开了这些电子邮件的附件或者执行了这些程序之后，它们就像古特洛伊人在敌人城外留下的藏满士兵的木马一样留在自己的电脑中，并在自己的计算机系统中隐藏一个可以在Windows启动时悄悄执行的程序。当用户连接到因特网上时，这个程序就会通知黑客，来报告他的IP地址以及预先设定的端口。黑客在收到这些信息后，再利用这个潜伏在其中的程序，就可以任意地修改用户的计算机的参数设定、复制文件、窥视用户整个硬盘中的内容等，从而达到控制用户的计算机的目的。

（3）WWW的欺骗技术

在网上用户可以利用IE等浏览器进行各种各样的WEB站点的访问，如阅读新闻组、咨询产品价格、订阅报纸、电子商务等。然而一般的用户恐怕不会想到有这些问题存在：正在访问的网页已经被黑客篡改过，网页上的信息是虚假的。例如黑客将用户要浏览的网页的URL改写为指向黑客自己的服务器，当用户浏览目标网页的时候，实际上是向黑客服务器发出请求，那么黑客就可以达到获取信息的目的了。

（4）电子邮件攻击

电子邮件攻击主要表现为两种方式。一是电子邮件轰炸和电子邮件"滚雪球"，也就是通常所说的邮件炸弹，指的是用伪造的IP地址和电子邮件地址向同一信箱发送数以千计、万计甚至无穷多次的内容相同的垃圾邮件，致使受害人邮箱被"炸"，严重者可能会给电子邮件服务器操作系统带来危险，甚至瘫痪；二是电子邮件欺骗，攻击者佯称自己为系统管理员（邮件地址和系统管理员完全相同），给用户发送邮件要求用户修改口令或在看起来像正常的附件中加载病毒或其他木马程序，对这类欺骗用户只要提高警惕，就可以避免上当。

（5）通过一个节点来攻击其他节点

黑客在突破一台主机后，往往以此主机作为根据地，攻击其他主机。他们可以使用网络监听方法，尝试攻破同一网络内的其他主机，也可以通过IP欺骗和主机信任关系，攻击其他主机。这类攻击很狡猾，但由于某些技术很难掌握，如IP欺骗，因此较少被黑客使用。

（6）网络监听

网络监听是主机的一种工作模式，在这种模式下，主机可以接受到本网段在同一条物理通道上传输的所有信息，而不管这些信息的发送方和接受方是谁。此时，如果两台主机进行通信的信息没有加密，只要使用某些网络监听工具，例如NetXray for Windows/nt，Sniffit for Linux、Solaries等就可以轻而易举地截取包括口令和帐号在内的信息资料。虽然网络监听获得的用户帐号和口令具有一定的局限性，但监听者往往能够获得其所在网段的所有用户帐号及口令。

（7）寻找系统漏洞

许多系统都有这样那样的安全漏洞（Bugs），其中某些是操作系统或应用软件本身具有的，如Sendmail漏洞，Windows XP中的共享目录密码验证漏洞和IE 6漏洞等，这些漏洞在补丁未被开发出来之前一般很难防御黑客的破坏，除非将网线拔掉；还有一些漏洞是由于系统管理员配置错误引起的，如在网络文件系统中，将目录和文件以可写的方式调出，将未加Shadow的用户密码文件以明码方式存放在某一目录下，这都会给黑客带来可乘之机，应及时加以修正。

（8）利用帐号进行攻击

有的黑客会利用操作系统提供的缺省帐户和密码进行攻击，例如许多Unix主机都有FTP和Guest等缺省帐户，有的甚至没有口令。黑客用Unix操作系统提供的命令如Finger和Ruser等收集信息，不断提高自己的攻击能力。这类攻击只要系统管理员提高警惕，将系统提供的缺省帐户关掉或提醒无口令用户增加口令，一般都能抵御。

（9）偷取特权

利用各种特洛伊木马程序、后门程序和黑客自己编写的导致缓冲区溢出的程序进行攻击，前者可使黑客非法获得对用户机器的完全控制权，后者可使黑客获得超级用户的权限，从而拥有对整个网络的绝对控制权。这种攻击手段一旦奏效，危害性极大。

3. 黑客的攻击步骤

黑客们对计算机进行攻击的一般步骤如下。

（1）收集目标计算机的信息

信息收集的目的是为了进入所要攻击的目标网络的数据库。黑客会利用一些公开协议或工具，收集驻留在网络系统中的各个主机系统的相关信息。用到的工具是端口扫描器和一些常用的网络命令。端口扫描在下一小节有详细介绍。常用的网络命令有：SNMP协议、TraceRoute程序、Whois协议、DNS服务器、Finger协议、Ping程序、自动Wardialing软件等。

（2）寻求目标计算机的漏洞和选择合适的入侵方法

在收集到攻击目标的一批网络信息之后，黑客攻击者会探测网络上的每台主机，以寻求该系统的安全漏洞或安全弱点。通过发现目标计算机的漏洞进入系统或者利用口令猜测进入系统。发现计算机漏洞的方法用得最多的就是缓冲区溢出法。第二个方法是平时参加一些网络安全列表。还有一些入侵的方法是采用IP地址欺骗等手段。

（3）留下"后门"

后门一般是一个特洛伊木马程序，它在系统运行的同时运行，而且能在系统重新启动时自动运行这个程序。

（4）清除入侵记录

清除入侵记录是把入侵系统时的各种登录信息都删除，以防被目标系统的管理员发现。

4. 特洛伊木马

"特洛伊木马"（Trojan Horse）简称木马，是一种计算机程序，它驻留在目标计算机里。在目标计算机系统启动的时候，它自然启动，然后在某一端口进行监听，如果在该端口收到数据，就对这些数据进行识别，然后按识别后的命令，在目标计算机上执行一些操作，比如窃取口令、复制或删除文件、重新启动计算机等。木马拥有控制用户计算机系统、危害系统安全的功能，它可能造成用户资料泄露，破坏或使整个系统崩溃。

完整的木马程序一般由两部分组成，一是服务器程序，二是控制器程序。"中了木马"就是指被安装了木马服务器程序，若用户的电脑被安装了服务器程序，则拥有控制器程序的人就可以通过网络控制他的电脑，为所欲为，这时用户电脑上的各种文件、程序，以及在用户电脑上使用的帐户、密码就无安全可言了。

7.3 计算机网络安全解决方案

完整的网络安全解决方案所考虑的问题应当是非常全面的，保证网络安全需要靠一些安全技术，但是最重要的是要有详细的安全策略和良好的内部管理。在确立网络安全的目标和策略之后，还要确定实施网络安全所应付出的代价，然后选择确实可行的技术方案，方案实施完成之后最重要的是要加强管理，制订培训计划和网络安全管理措施。完整的安全解决方案应该覆盖网络的各个层次，并且与安全管理相结合。

（1）物理层的安全防护：在物理层上主要通过制订物理层面的管理规范和措施来提供安全解决方案。

（2）链路层安全保护：主要是链路加密设备对数据加密保护。它对所有用户数据一起加密，用户数据通过通信线路送到另一结点后解密。

（3）网络层和安全防护：网络层的安全防护是面向IP包的。网络层主要采用防火墙作为安全防护手段，实现初级的安全防护；在网络层也可以根据一些安全协议实施加密保护；在网络层也可实施相应的入侵检测。

（4）传输层的安全防护：传输层处于通信子网和资源子网之间，起着承上启下的作用。传输层也支持多种安全服务：对等实体认证服务、访问控制服务、数据保密服务、数据完整性服务、数据源点认证服务等。

（5）应用层的安全防护：原则上讲所有安全服务均可在应用层提供。在应用层可以实施强大的基于用户的身份认证；应用层也是实施数据加密、访问控制的理想位置；在应用层还可加强数据的备份和恢复措施；应用层可以对资源的有效性进行控制，资源包括各种数据和服务。应用层的安全防护是面向用户和应用程序的，因此可以实施细粒度的安全控制。

要建立一个安全的内部网，一个完整的解决方案必须从多方面入手。首先要加强主机本身的安全，减少漏洞；其次要用系统漏洞检测软件定期对网络内部系统进行扫描分析，找出可能存在的安全隐患；建立完善的访问控制措施，安装防火墙，加强授权管理和认证；加强数据备份和恢复措施；对敏感的设备和数据要建立必要的隔离措施；对在公共网络上传输的敏感数据要加密；加强内部网的整体防病毒措施；建立详细的安全审计日志等。

7.3.1 防火墙技术

防火墙（FireWall）成为近年来新兴的保护计算机网络安全技术性措施。它是一种隔离控制技术，在某个机构的网络和不安全的网络之间设置屏障，阻止对信息资源的非法访问，也可以使用防火墙阻止重要信息从企业的网络上被非法输出。

1. 防火墙原理

作为Internet网的安全性保护软件，防火墙已经得到广泛的应用。通常企业为了维护内部的信息系统安全，会在企业网和Internet间设立防火墙软件。企业信息系统对于来自Internet的访问，采取有选择的接收方式。它可以允许或禁止一类具体的IP地址访问，也可以接收或拒绝TCP/IP上的某一类具体的应用。如果在某一台IP主机上有需要禁止的信息或危险的用户，则可以通过设置使用防火墙过滤掉从该主机发出的数据包。如果一个企业只是使用Internet的电子邮件和WWW服务器向外部提供信息，那么就可以在防火墙上设置使得只有这两类应用的数据包可以通过，如图7-3所示。这对于路由器来说，不仅要分析IP层的信息，而且还要进一步了解TCP传输层甚至应用层的信息以进行取舍。防火墙一般安装在路由器上以保护一个子网，也可以安装在一台主机上，保护这台主机不受侵犯。

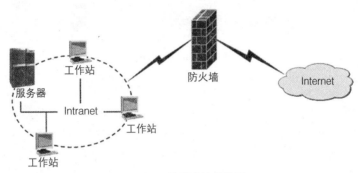

图 7-3 网络防火墙结构图

2. 防火墙的分类

目前，根据防火墙在ISO/OSI模型中的逻辑位置和网络中的物理位置及其所具备的功能，可以将其分为两大类：基本型防火墙和复合型防火墙。基本型防火墙有包过滤路由器和应用型防火墙。复合型防火墙将以上两种基本型防火墙结合使用，主要包括主机屏蔽防火墙和子网屏蔽防火墙。

（1）包过滤路由器

包过滤路由器（Packet Filters）在一般路由器的基础上增加了一些新的安全控制功能，是一个检查通过它的数据包的路由器，包过滤路由器的标准由网络管理员在网络访问控制表（Access Control List）中设定，以检查数据报的源地址、目的地址及每个IP数据报的端口。它是在OSI参考协议的下三层中实现的，因此，此类防火墙易于实现对用户透明的访问，且费用较低。但包过滤路由器无法有效地区分同一IP地址的不同用户，因此安全性较差。

（2）应用型防火墙

应用型防火墙（Application Gateway，又称双宿主网关或应用层网关）的物理位置与包过滤路由器一样，但它的逻辑位置在OSI参考协议的应用层上，所以主要采用协议代理服务（Proxy Services）。就是在运行防火墙软件的堡垒主机（Bastion Host）上运行代理服务程序Proxy。应用型防火墙不允许网络间的直接业务联系，而是以堡垒主机作为数据转发的中转站。堡垒主机是一个具有两个网络界面的主机，每一个网络界面与它所对应的网络进行通信。它既能作为服务器接收外来请求，又能作为客户转发请求。

（3）主机屏蔽防火墙

主机屏蔽防火墙由一个只需单个网络端口的应用型防火墙和一个包过滤路由器组成，如图7-4所示。将其物理地址连接在网络总线上，它的逻辑功能仍工作在应用层上，所有业务通过它进行代理服务。Intranet不能直接通过路由器和Internet相联系，数据包要通过路由器和堡垒主机两道防线。这个系统的第一个安全设施是过滤路由器，对到来的数据包而言，首先要经过包过滤路由器的过滤，过滤后的数据包被转发到堡垒主机上，然后由堡垒主机上应用服务代理对这些数据包进行分析，将合法的信息转发到Intranet的主机上。外出的数据包首先经过堡垒主机上的应用服务代理检查，然后被转发到包过滤路由器，最后由包过滤路由器转发到外部网络上。主机屏蔽防火墙设置了两层安全保护，因此相对比较安全。

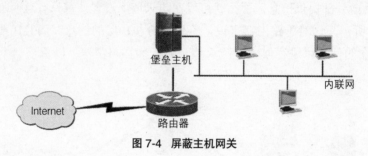

图7-4　屏蔽主机网关

（4）子网屏蔽防火墙

子网屏蔽防火墙（Screened Subnet Firewall）的保护作用比主机屏蔽防火墙更进了一步，它在被保护的Intranet与Internet之间加入了一个由两个包过滤路由器和一台堡垒机组成的子网。被保护的Intranet与Internet不能直接通信，而是通过各自的路由器和堡垒主机打交道。两台路由器也不能直接交换信息。

子网屏蔽防火墙是最为安全的一种防火墙体系结构，它具有主机屏蔽防火墙的所有优点，并且比之更加优越。

3. 防火墙的功能与作用

防火墙的主要功能与作用如下。

（1）过滤掉不安全服务和非法用户，保护那些易受攻击的服务。只有预先被允许的服务才能通过防火墙，这样就降低了受到非法攻击的风险，大大提高了网络的安全性。

（2）能控制对特殊站点的访问。如有些主机能被外部网络访问，而有些则要被保护起来，防止不必要的访问。通常会有这样一种情况，在内部网只有E-mail服务器、FTP服务器和WWW服务器能被外部网访问，而其他访问则被主机禁止。

（3）集中化的安全管理。对于一个企业来说，使用防火墙比不使用防火墙可能更加经济一些。这是因为如果使用了防火墙，就可以将所有修改过的软件和附加的安全软件都放在防火墙上。而不使用防火墙，就必须将所有软件分散到各个主机上。

（4）对网络存取访问进行记录和统计。如果有对Internet的访问经过防火墙，那么，防火墙就能记录下这些访问，并能提供网络使用的统计数据。当发生可疑动作时，防火墙能进行适当的警告，并提供网络是否受到监测和攻击的详细信息。

7.3.2 数据加密技术

数据加密技术从技术上的实现分为在软件和硬件两方面。按作用不同，数据加密技术主要分为数据传输、数据存储、数据完整性的鉴别以及密钥管理技术这4种。

在网络应用中一般采取两种加密形式：对称密钥和公开密钥，采用何种加密算法则要结合具体应用环境和系统，而不能简单地根据其加密强度来作出判断。因为除了加密算法本身之外，密钥合理分配、加密效率与现有系统的结合性，以及投入产出分析都应在实际环境中具体考虑。对于对称密钥加密。其常见加密标准为DES等，当使用DES时，用户和接受方采用64位密钥对数据加密和解密，当对安全性有特殊要求时，则要采取IDEA和三重DES等标准。作为传统企业网络广泛应用的加密技术，秘密密钥效率高，它采用KDC来集中管理和分发密钥并以此为基础验证身份，但是并不适合Internet环境。

在Internet中使用更多的是公钥系统。即公开密钥加密，它的加密密钥和解密密钥是不同的。一般对于每个用户生成一对密钥后，将其中一个作为公钥公开，另外一个则作为私钥由属主保存。常用的公钥加密算法是RSA算法，加密强度很高。具体做法是将数字签名和数据加密结合起来，发送方在发送数据时用自己的私钥加密一段与发送数据相关的数据作为数字签名，然后与发送数据一起用接收方密钥加密。当这些密文被接收方收到后，接收方用自己的私钥将密文解密得到发送的数据和发送方的数字签名，然后，用发布方公布的公钥对数字签名进行解密，如果成功，则确定是由发送方发出的。数字签名还与每次被传送的数据和时间等因素有关。由于加密强度高，而且并不要求通信双方事先要建立某种信任关系或共享某种秘密，因此十分适合Internet网使用。

7.3.3 网络认证和识别

认证就是指用户必须提供自己是谁的证明，如某个雇员，某个组织的代理或某个软件过程（如股票交易系统或Web订货系统的软件过程）。认证的标准方法就是弄清楚他是谁，他具有什么特征，他知道什么可用于识别他的东西。比如说，系统中存储了用户的指纹，用户接入网络时，就必须在连接到网络的电子指纹机上提供他的指纹（防止其以假的指纹或其他电子信息欺骗系统），只有指纹相符才允许访问系统。更普通的是通过视网膜血管分布图来识别，原理与指纹识别相同，声波纹识别也是商业系统采用的一种识别方式。网络通过用户拥有什么东西来识别的方法，一般是用智能卡或其他特殊形式的标志，这类标志可以从连接到计算机上的读出器读出来。最普通的就是口令，口令具有共享秘密的属性。例如，要使服务器操作系统识别要入网的用户，那么用户必须把他的用户名和口令送至服务器。服务器就将它与数据库里的用户名和口令进行比较，如果相符，就通过了认证，可以上网访问。这个口令就由服务器和用户共享。更保密的认证可以是几种方法组合而成。例如用ATM卡和PIN卡。在安全方面最薄弱的一环是规程分析仪的窃听，如果口令以明码（未加密）传输，接入到网上的规程分析仪就会在用户输入帐户和口令时将它记录下来，任何人只要获得这些信息就可以窃取用户信息。为了解决安全问题，一些公司和机构正千方百计地解决用户身份认证问题，目前主要有以下几种认证办法。

（1）双重认证。如意大利一家电信公司正采用"双重认证"办法来保证用户的身份证明。也就是说他们不是采用一种方法，而是采用两种形式的证明方法，这些证明方法包括令牌、智能卡和仿生装置，如视网膜或指纹扫描器。

（2）数字证书。这是一种检验用户身份的电子文件，也是企业现在可以使用的一种工具。这种证书可以授权购买，提供更强的访问控制，并具有很高的安全性和可靠性。随着电信行业坚持放松管制，GTE已经使用数字证书与其竞争对手共享用户信息。

（3）智能卡。这种解决办法可以持续较长的时间，并且更加灵活，存储信息更多，并具有可供选择的管理方式。

7.3.4　入侵检测技术

网络入侵检测技术也叫网络实时监控技术，它通过硬件或软件对网络上的数据流进行实时检查，并与系统中的入侵特征数据库进行比较，一旦发现有被攻击的迹象，立刻根据用户所定义的动作做出反应，如切断网络连接、通知防火墙系统对访问控制策略进行调整、将入侵的数据包过滤掉等。

利用网络入侵检测技术可以实现网络安全检测和实时攻击识别，但它只能作为网络安全的一个重要的安全组件，网络系统的实际安全实现应该结合使用防火墙等技术来组成一个完整的网络安全解决方案，其原因在于网络入侵检测技术虽然也能对网络攻击进行识别并做出反应，但其侧重点还是在于发现，而不能代替防火墙系统执行整个网络的访问控制策略。防火墙系统能够将一些预期的网络攻击阻挡于网络外面，而网络入侵检测技术除了减小网络系统的安全风险之外，还能对一些非预期的攻击进行识别并做出反应，切断攻击连接或通知防火墙系统修改控制准则，将下一次的类似攻击阻挡于网络外部。因此通过网络安全检测技术和防火墙系统的结合，可以构成一个完整的网络安全解决方案。

7.3.5　网络安全扫描技术

网络安全扫描技术是为使系统管理员能够及时了解系统中存在的安全漏洞，并采取相应防范措施，从而降低系统的安全风险而发展起来的一种安全技术。利用安全扫描技术，可以对局域网络、Web 站点、主机操作系统、系统服务以及防火墙系统的安全漏洞进行扫描，系统管理员可以了解在运行的网络系统中存在的不安全的网络服务，在操作系统上存在的可能导致遭受缓冲区溢出攻击或者拒绝服务攻击的安全漏洞，还可以检测主机系统中是否被安装了窃听程序，防火墙系统是否存在安全漏洞和配置错误等。

7.3.6　黑客诱骗技术

黑客诱骗技术是近期发展起来的一种网络安全技术，通过一个由网络安全专家精心设置的特殊系统来引诱黑客，并对黑客进行跟踪和记录。这种黑客诱骗系统通常也称为蜜罐（Honeypot）系统，其最重要的功能是特殊设置的对于系统中所有操作的监视和记录，网络安全专家通过精心的伪装使得黑客在进入到目标系统后，仍不知晓自己所有的行为已处于系统的监视之中。为了吸引黑客，网络安全专家通常还在蜜罐系统上故意留下一些安全后门来吸引黑客上钩，或者放置一些网络攻击者希望得到的敏感信息，当然这些信息都是虚假信息。这样，当黑客正为攻入目标系统而沾沾自喜的时候，他在目标系统中的所有行为，包括输入的字符、执行的操作都已经为蜜罐系统所记录。有些蜜罐系统甚至可以对黑客网上聊天的内容进行记录。蜜罐系统管理人员通过研究和分析这些记录，可以知道黑客采用的攻击工具、攻击手段、攻击目的和攻击水平，通过分析黑客的网上聊天内容还可以获得黑客的活动范围以及下一步的攻击目标，根据这些信息，管理人员可以提前对系统进行保护。同时，在蜜罐系统中记录下的信息还可以作为对黑客进行起诉的证据。

在上述网络安全技术中，数据加密是其他一切安全技术的核心和基础。在实际网络系统的安全实施中，可以根据系统的安全需求，配合使用各种安全技术来实现一个完整的网络安全解决方案。例如目前常用的自适应网络安全管理模型，就是通过防火墙、网络安全扫描、网络入侵检测等技术的结合来实现网络系统动态的可适应的网络安全目标。这种网络安全管理模型利用网络安全扫描主动找出系统的安全隐患，对风险做半定量的分析，提出修补安全漏洞的方案，并自动随着网络环境的变化通过入侵特征的识别对系统的安全做出校正，从而将网络安全的隐患降到最低。

7.4 个人电脑网络安全的防范

随着互联网用户的飞速发展，越来越多的个人计算机受到了网络入侵者的各种攻击，如在直接经济利益的驱使下，以侵入用户电脑窃取个人资料、游戏帐号、银行帐号以及QQ号为目的的木马程序日益增加，而且入侵、攻击和欺骗手段花样翻新。随着病毒产业链的发展和完善，木马程序窃取的个人资料从QQ密码、网游密码到银行帐号、信用卡帐号等等，任何可以换成金钱的东西，都成为黑客窃取的对象。同时越来越多的黑客团伙利用电脑病毒构建"僵尸网络"（Botnet），用于敲诈和受雇攻击等非法牟利行为。木马程序给Internet个人用户带来了严重的经济损失，仅仅以窃取网民用户银行卡密码的"网银木马"为例，在2008年就给我国广大网银用户带来了近亿元的经济损失。

网络软件和移动存储设备也成为病毒和恶意软件传播的主要途径，目前通过U盘、MP3、移动硬盘的等移动存储设备传播的病毒、恶意软件占据总数的比例逐年增长，随着迅雷下载、BT下载、网络视频等新兴软件和网络应用的兴起，其用户群变得几乎与传统的QQ聊天用户、网络游戏用户一样庞大，而这些软件的某些功能在先天设计上违背了软件安全的原则，从而导致病毒、恶意软件通过这些软件侵入个人电脑的几率增大。所以说，保护个人计算机网络安全已成了迫在眉睫的任务。

7.4.1 使用杀毒软件

随着病毒的不断衍变，反病毒软件也越来越完善。目前的反病毒软件基本上都能做到实时反病毒监控、防止压缩文件病毒，拥有全面防护功能及灾难恢复功能，但是面对种类繁多的杀毒软件，在选择杀毒软件时应考虑是否与自己的软硬件平台兼容，是否能安全可靠地查杀病毒，其次还应考虑厂家是否能提供完善的售后服务，技术水平及病毒搜集系统是否可靠。总之选择一套功能强大、性能稳定的反病毒产品，是保护自己系统不受病毒侵害的最积极措施。

目前，国内比较有名的杀毒软件有国外的诺顿（Norton）、卡巴斯基（Kaspersky）、大蜘蛛（SpIDer Guard）、麦咖啡（McAfee）等，如表7-1所示，以及国内的江民杀毒、瑞星杀毒、金山毒霸等；个人防火墙中有瑞星个人防火墙、天网个人防火墙等为代表；反恶意软件工具则以360安全卫士、瑞星卡卡为主，它们对间谍软件、木马程序的查杀效果出色。我们在使用杀毒软件时，应注意及时更新病毒库，并打开实时反病毒监控功能。

表 7-1 个人网络安全产品分类

产品类别	典型产品	产品特征
个人防火墙	瑞星个人防火墙 天网个人防火墙	提供访问控制和信息过滤功能
反病毒软件	卡巴斯基 大蜘蛛 诺顿 金山毒霸 瑞星 江民	综合类反病毒软件 对恶意软件的查杀效果比不上反恶意软件工具
反恶意软件工具	360 安全卫士 瑞星卡卡 超级兔子	专业独立的反恶意软件工具 对间谍软件、木马程序的查杀效果出色

下面介绍几种杀毒软件，并具体介绍一下瑞星杀毒软件的安装与使用方法。

1. 诺顿杀毒软件

诺顿杀毒软件是赛门铁克公司的产品，赛门铁克公司创建于1982年，总部设在加里弗尼亚州的丘珀蒂诺（Cupertino），现已在36个国家设有分支机构。Norton AntiVirus是的一款很强的杀毒软件，它可以清除病毒、网络蠕虫和木马，检测E-mail发送和收到的附件，自动检测被压缩的文件，可以在它们试图进入计算机之前移除，它还可以检测到广告软件和其他不是来自病毒的恐吓，具有自动机械更新病毒库等特点。

2. 卡巴斯基杀毒软件

卡巴斯基杀毒软件是卡巴斯基实验室的产品，卡巴斯基实验室建立于1997年，总部在俄罗斯首都莫斯科，在全球的销售代理公司超过500家。卡巴斯基中文单机版（Kaspersky Anti-Virus Personal）是卡巴斯基实验室专为我国个人用户度身定制的反病毒产品。这款产品功能包括：病毒扫描、驻留后台的病毒防护程序、脚本病毒拦截器以及邮件检测程序，时刻监控一切病毒可能入侵的途径。

3. 江民杀毒软件

江民杀毒软件是江民新科技有限公司的产品，该公司成立于1996年，是国内的信息安全技术开发商与服务提供商。江民杀毒软件采用了当今比较领先的三大技术：一是"驱动级编程技术"，它能够与操作系统底层技术结合更紧密，兼容性更强，占用系统资源更小。其次是"系统级深度防护技术"，江民杀毒软件与操作系统互动防毒，彻底改变以往杀毒软件独立于操作系统和防火墙的单一应用模式，开创杀毒软件系统级病毒防护新纪元。第三是"立体联动防杀技术"，江民杀毒软件与防火墙联动防毒、同步升级，防杀病毒更有效。

4. 瑞星杀毒软件

瑞星杀毒软件是瑞星公司的产品。瑞星公司成立于1991年11月，位于中国的"硅谷"——北京市中关村。瑞星杀毒软件实现了从无毒安装、系统漏洞扫描、四级监控系统，到利用瑞星专利技术行为判断查杀未知病毒，再到特征码判断查杀已知病毒，直至硬盘数据备份和修复的一套完整的立体防御体系。

（1）瑞星杀毒软件的安装

Step 01 安装前关闭所有其他正在运行的应用程序，找到瑞星杀毒软件安装目录，双击运行瑞星安装程序，首先弹出"瑞星软件语言设置程序"窗口，选择"中文简体"，按"确定"按钮，如图7-5所示。

Step 02 阅读"最终用户许可协议"，选择"我接受"，按"下一步"继续，如果用户选择"我不接受"，则退出安装程序，如图7-6所示。

图7-5 "瑞星软件语言设置程序"窗口

图7-6 "用户许可协议"窗口

Step 03 在"定制安装"界面中选择需要安装的组件，如图7-7所示。用户可以选择全部安装或最小安装（全部安装表示将安装瑞星杀毒软件的全部组件和工具程序；最小安装表示仅选择安装瑞星杀毒软件必需的组件，不包含各种工具等），也可以在列表中勾选需要安装的组件。单击"下一步"继续安装，也可以直接按"完成"按钮，按照默认方式进行安装。

Step 04 在"选择目标文件夹"界面中，用户可以指定瑞星杀毒软件的安装目录，如图7-8所示，单击"下一步"继续安装。

图7-7 "定制安装"界面

图7-8 "选择目标文件夹"界面

Step 05 在"安装过程中"界面，显示了安装进度条和安装文件的内容说明，如图7-9所示。

Step 06 安装完成后，进入"设置向导"界面，提示用户是否加入瑞星"云安全"计划，选中"加入瑞星'云安全'计划"，然后输入用户电子邮箱地址，如图7-10所示。

图7-9 "安装过程中"界面

图7-10 "瑞星设置向导"窗口

（2）启动主程序

双击Windows桌面上的瑞星杀毒软件快捷方式图标可以快速启动瑞星杀毒软件主程序。瑞星杀毒软件主程序界面是用户使用的主要操作界面，此界面为用户提供了瑞星杀毒软件所有的功能和快捷控制选项，如图7-11所示。

在瑞星杀毒软件的首页中，显示了杀毒、电脑防护、瑞星工具和安全资讯4部分信息，具体功能如下。

1）杀毒：提供给用户快速查杀、全盘查杀和自定义查杀三种杀毒方式，用户在对象栏中可以选择查杀目标和快捷方式，也可以方便地在设置栏中对病毒的处理方式和隔离区空间大小等进行设置，如图7-12所示。

图 7-11　瑞星主程序窗口　　　　　　图 7-12　软件设置界面

2）电脑防护：此界面显示了瑞星监控及其状态。包括的监控有：文件监控、邮件监控、木马预防和浏览器防护等。用户可以通过单击"开启"或"关闭"按钮控制监控状态，如图7-13所示。

3）瑞星工具：此界面包含瑞星助手、引导区还原、帐号保险柜和病毒库U盘备份等系统维护工具，如图7-14所示。

图 7-13　"电脑防护界面"窗口　　　　　图 7-14　"瑞星工具界面"窗口

4）安全资讯：为用户提供全面的评测日志，方便用户了解当前计算机的安全等级及系统状态。并根据用户计算机的情况推荐用户进行相应的操作，提高计算机的安全等级。

（3）杀毒

单击主程序界面中的"自定义查杀"按钮，即开始查杀所选目标，发现病毒时程序会采取用户选择的处理方法。查杀过程中可随时选择"暂停查杀"按钮暂停查杀过程，按"继续查杀"可继续查杀病毒，也可以选择"停止查杀"按钮结束当前操作。如果用户需要对某一文件杀毒，也可以拖曳该文件到瑞星杀毒软件的主界面上，或者单击右键，选择"瑞星杀毒"，此时瑞星杀毒软件将转到杀毒标签页，并显示杀毒结果。

当发现病毒时，会在"更多信息"页面下方的病毒列表中详细地列出病毒所在的文件名、全路径、病毒名和处理结果。在每个文件名称前面有图标标明病毒类型，各图标含义如表7-2所示。

表 7-2 病毒类型

图标	病毒类型	图标	病毒类型	图标	病毒类型
	未知病毒		引导区病毒		未知宏
	Dos 下的 com 病毒		Windows 下的 le 病毒		未知脚本
	Dos 下的 exe 病毒		普通型病毒		未知邮件
	Windows 下的 pe 病毒		Unix 下的 elf 文件		未知 Windows
	Windows 下的 ne 病毒		邮件病毒		未知 Dos
	内存病毒		软盘引导区		未知引导区
	宏病毒		硬盘主引导记录		
	脚本病毒		硬盘系统引导区		

7.4.2 安装网络防火墙

防范不速之客闯入计算机或网络的主要工具就是防火墙。防火墙就是一个位于计算机和它所连接的网络之间的软件。该计算机流入流出的所有网络通信均要经过此防火墙。防火墙对流经它的网络通信进行扫描，这样能够过滤掉一些攻击，以免其在目标计算机上被执行。防火墙还可以关闭不使用的端口，禁止特定端口的流出通信，封锁特洛伊木马。最后，它可以禁止来自特殊站点的访问，从而防止来自不明入侵者的所有通信。防火墙对计算机具有很好的保护作用。入侵者必须首先穿越防火墙的安全防线，才能接触目标计算机。

一个好的个人版防火墙必须是低系统资源消耗，高处理效率，具有简单易懂的设置界面，灵活而有效的规则设定。常用个人版防火墙有国内的天网个人版防火墙、蓝盾个人防火墙、瑞星防火墙、江民反黑王等，以及国外较有名的Lockdown、诺顿、Zonealarm、Pc Cillin、Blackice等。

在使用防火墙时，应注意对防火墙及时升级并设定合适的访问规则。下面以天网防火墙为例介绍一下个人防火墙的使用方法。

双击天网个人版防火墙在任务栏中的图标，打开天网防火墙。天网个人版防火墙的缺省安全级别分为低、中、高、自定义4个等级，默认的安全等级为中级，如图7-15所示。其中各等级的安全设置说明如下。

（1）低：所有应用程序初次访问网络时都将询问，已经被认可的程序则按照设置的相应规则运作。计算机将完全信任局域网，允许局域网内部的机器访问自己提供的各种服务（文件、打印机共享服务），但禁止互联网上的机器访问这些服务。适用于在局域网中提供服务的用户。

（2）中：所有应用程序初次访问网络时都将询问，已经被认可的程序则按照设置的相应规则运作。禁止访问系统级别的服务（如HTTP，FTP等）。局域网内部的机器只允许访问文件、打印机共享服务。使用动态规则管理，允许授权运行的程序开放的端口服务，比如网络游戏或者视频语音电话软件提供的服务。适用于普通个人用户。

（3）高：所有应用程序初次访问网络时都将询问，已经被认可的程序则按照设置的相应规则运作。禁止局域网内部和Internet上的机器访问自己提供的网络共享服务（文件、打印机共享服务），局域网和Internet上的机器将无法看到本机器。除了已经被认可的程序打开的端口，系统会屏蔽掉向外部开放的所有端口。是最严密的安全级别。

（4）自定义：如果了解各种网络协议，可以自己设置规则。注意，设置规则不正确会导致无法访问网络。适用于对网络有一定了解并需要自行设置规则的用户。

图 7-15　天网防火墙主界面

我们可以根据自己的需要调整安全级别，方便实用。对于普通的个人用户，可以使用中级安全规则，它可以在不影响使用网络的情况下，最大限度的保护用户的机器不受到网络攻击；对于需要频繁试用各种新的网络软件和服务、又需要对木马程序进行足够限制的用户，可以自定义安全规则，用户可以对各种木马及间谍程序有相当的限制并保留一定的网络访问便利。

7.4.3　其他安全防范措施

除了之前介绍的这些措施外，还可以采取以下措施进行安全防范。

1. 分类设置密码并增强密码复杂性

在不同的场合使用不同的密码。网上需要设置密码的地方很多，如网上银行、上网帐户、E-mail、聊天室以及一些网站的会员等。应尽可能使用不同的密码，以免因一个密码泄露导致所有资料外泄。对于重要的密码（如网上银行的密码）一定要单独设置，并且不要与其他密码相同。 设置密码时要尽量避免使用有意义的英文单词、姓名缩写以及生日、电话号码等容易泄露的字符，最好采用字符与数字混合的密码。不要贪图方便在拨号连接的时候选择"保存密码"选项；如果是使用E-mail客户端软件（Outlook Express、Foxmail等）来收发重要的电子邮箱，如ISP信箱中的电子邮件，在设置帐户属性时尽量不要使用"记忆密码"的功能。因为虽然密码在机器中是以加密方式存储的，但是这样的加密往往不保险，一些初级的黑客即可轻易地破译你的密码。定期地修改自己的上网密码可以确保即使原密码泄露，也能将损失减小到最少。

2. 防范来路不明的软件程序及邮件

不要下载来路不明的软件及程序。几乎所有上网的人都在网上下载过共享软件（尤其是可执行文件），当这些共享软件在给我们带来方便和快乐的同时，也会悄悄地把一些病毒的东西带到我们的机器中。因此应选择信誉较好的下载网站下载软件，将下载的软件及程序集中放在非引导分区的某个目录，在使用前最好用杀毒软件查杀病毒。有条件的话，可以安装一个实时监控病毒的软件，随时监控网上传递的信息。 不要打开来历不明的电子邮件及其附件，以免遭受病毒邮件的侵害。在Internet上有许多种流行病毒，有些病毒就是通过电子邮件来传播的，这些病毒邮件通常都会以带有噱头的标题来吸引我们打开其附件，如果抵挡不住它的诱惑，而下载或运行了它的附件，就会受到感染，所以对于来历不明的邮件我们应当将其拒之门外。

3. 防范间谍软件

间谍软件（Spyware）是一种能够在用户不知情的情况下偷偷进行安装，安装后很难找到其踪影，并悄悄把截获的信息发送给第三者的软件。它的历史不长，可到目前为止，间谍软件数量已发展到几万种。间谍软件的一个共同特点是，能够附着在共享文件、可执行图像以及各种免费软件当中，并趁机潜入用户的系统，而用户对此毫不知情。间谍软件的主要用途是跟踪用户的上网习惯，有些间谍软件还可以记录用户的键盘操作，捕捉并传送屏幕图像。间谍程序总是与其他程序捆绑在一起，用户很难发现它们是什么时候被安装的。一旦间谍软件进入计算机系统，要想彻底清除它们就会十分困难，而且间谍软件往往成为不法分子手中的危险工具。

要避免间谍软件的侵入，可以从下面三个途径入手。

（1）把IE浏览器调到较高的安全等级。Internet Explorer预设为提供基本的安全防护，可以自行调整其等级设定。将Internet Explorer的安全等级调到"高"或"中"可有助于防止下载。

（2）在计算机上安装防止间谍软件的应用程序，比如360安全卫士，如图7-16所示，并时常监察及清除电脑的间谍软件，以阻止软件对外进行未经许可的通讯。

图 7-16 360 安全卫士"查杀木马"窗口

（3）对将要在计算机上安装的共享软件进行甄别选择，尤其是那些你并不熟悉的，可以登录其官方网站了解详情；在安装共享软件时，不要总是心不在焉地一路单击"OK"按钮，而应仔细阅读各个步骤出现的协议条款，特别留意那些有关间谍软件行为的语句。

4. 尽量避免共享文件夹

在内部网上共享的文件也是不安全的，在共享文件的同时就会有软件漏洞呈现在Internet的不速之客面前，他们可以自由地访问那些文件，很有可能被攻击。因此共享文件应该设置密码，一旦不需要共享时立即关闭。

一般情况下不要设置文件夹共享，如果确实需要共享文件夹，一定要将文件夹设为只读。共享设定"访问类型"不要选择"完全"选项，因为这一选项将导致只要能访问这一共享文件夹的人员都可以将所有内容进行修改或者删除。不要将整个硬盘设定为共享，若某一个访问者将系统文件删除，会导致计算机系统全面崩溃，无法启动。

5. 定期备份重要数据

数据备份的重要性毋庸讳言，无论我们的防范措施做得多么严密，也无法完全防止木马和病毒的侵害。如果遭到致命的攻击，操作系统和应用软件被破坏可以重新安装，而重要的数据就只能靠日常的备份来找回了。所以要定期备份自己的重要数据，有备无患！

7.5 思考与练习

1. 填空题

（1）计算机病毒的特点有＿＿＿＿、＿＿＿＿、＿＿＿＿、＿＿＿＿和＿＿＿＿。

（2）为保证电脑能够正常地运行，发挥其功效，就必须使它在一个适当的外部环境下工作，这些环境条件，包括＿＿＿＿、＿＿＿＿、＿＿＿＿和＿＿＿＿等。

（3）＿＿＿＿＿＿是近期发展起来的一种网络安全技术，通过一个由网络安全专家精心设置的特殊系统来引诱黑客，并对黑客进行跟踪和记录。

2. 选择题

（1）下列关于计算机病毒的叙述中，正确的选项是（　　）。

  A．计算机病毒只感染exe和com格式文件

  B．计算机病毒可以通过读写软盘、光盘或Internet网络进行传播

  C．计算机病毒是通过电力网进行传播的

  D．计算机病毒是由于软盘片表面不清洁而产生的

（2）在TCP/IP分层体系结构中，黑客攻击者可在（　　）实现IP欺骗，伪造IP地址。

  A．物理层   B．数据链路层   C．网络层   D．传输层

（3）下列哪项不全是防火墙的功能（　　）？

  A．过滤不安全的数据，控制不安全的服务和访问

  B．防止内部信息的外泄，强化网络安全性

  C．网络连接的日志记录及使用统计，过滤不安全的数据

  D．控制不安全的服务和访问，对用户进行身份认证

3. 简答题

（1）什么是木马程序？它的危害有哪些？

（2）黑客的入侵技术手段和入侵步骤有哪些？

（3）防火墙的功能是什么？

第八章　Word 2007

8.1　Microsoft Office 2007

Microsoft Office 2007是微软公司于2006年11月正式推出的新一代办公软件。它由多个既相互独立又相互联系的组件组成，主要包括Word 2007、Excel 2007、PowerPoint 2007、Access 2007、Outlook 2007、InfoPath 2007、OneNote 2007、Project 2007、Publisher 2007、SharePoint Designer 2007、Visio 2007等组件。

8.1.1　Microsoft Office 2007简介

Microsoft Office 2007的界面与Microsoft Office 2003相比更加美观，并且增加了很多新功能，用户可以针对个人工作的需求，更快速简便地找到相应的功能。新的界面以面板和模块形式替代了Microsoft Office旧版本的文件菜单和按钮形式。

在进行不同的工作时，Microsoft Office 2007的面板和模块会发生相应的变化。例如当用户在Word文档中编辑图片时，在面板选项中会自动出现"图片工具"功能选项区及其相应的"格式"选项卡，用户单击此选项卡就会出现各种图片编辑选项。除了在用户界面上发生的巨大改变以外，新的Microsoft Office 2007在文件格式上也有所创新，在Word 2007、PowerPoint 2007和Excel 2007等程序中引进了的一种基于XML的全新默认文件格式。原先的Microsoft Office 97-2003默认的是.doc、.ppt 和 .xls 文件扩展名，而Microsoft Office 2007默认的是.docx、.pptx 和 .xlsx 等形式的文件扩展名，但是这样会出现在Microsoft Office 2007的计算机上默认保存的文件在之前其他版本Microsoft Office的计算机上无法打开的情况，有三种办法解决这个问题。

（1）在编辑完文档时单击左上角的"Office图标"按钮，在弹出的对话框中选择"另存为>Word 97-2003"文档，如图8-1所示。

（2）修改Microsoft Office 2007的默认保存设置，这样在单击"保存"按钮后，文档将会自动保存为Microsoft Office 97-2003格式。具体设置的步骤是：单击"Office图标"按钮，在弹出的快捷菜单中单击"Word选项"按钮，打开"Word 选项"对话框，如图8-2所示，在该对话框的左侧列表中选择 "保存"命令，在右侧的选项窗口中设置文件保存格式为"Word 97-2003文档（*.doc）"。

图 8-1 "另存为"选项栏

图 8-2 "保存"选项窗口

图 8-3 兼容性检查提示

（3）到微软官方网站上下载Microsoft Office兼容包，将兼容包安装到装有Microsoft Office 97-2003的计算机上，就可以打开.docx、.pptx 和 .xlsx 等扩展名的Microsoft Office文档。

通过以上三种方法，就可以放心使用Microsoft Office 2007了，但在保存Microsoft Office 97-2003文档时，Microsoft Office经常会提示兼容性问题，询问是否继续保存，如图8-3，只要单击"继续"按钮就能正常保存。

在Microsoft Office 2007中可以直接将文档转存为PDF格式，而使用Microsoft Office 97-2003时，如果想把编辑完的文档转换为PDF格式，只有借助外部软件，主要是通过安装Adobe Acrobat软件，从而在Microsoft Office软件中置入PDF格式转换插件。在Microsoft Office 2007中只要安装一个附属插件就可以直接将文档保存为PDF格式，用户使用起来更加方便，而且还有一种新的XPS格式，保存后文件图标是一个蓝色的纸飞机，用户在安装完Microsoft Office 2007后，必须先要到微软公司Office 2007的下载网站下载一个名为"2007 Microsoft Office 加载项：Microsoft 另存为 PDF 或 XPS"的插件。

Microsoft Office 2007文档转换为PDF或XPS格式的方法为：用户编辑完文档后，单击左上角的"Office图标"按钮，在弹出的选项栏中选择"另存为>PDF或XPS"。在弹出的"发布为PDF 或 XPS"对话框中选择"保存类型"为PDF或XPS，单击"发布"按钮，即可快速将文档转换为PDF或XPS格式文件。

Microsoft Office 2007可以说是微软Office办公套装的又一个里程碑，通过默认保存格式.docx、.pptx 和 .xlsx保存的文件将会大幅度减小Office文档所占用的空间，在Windows XP或Windows 2003上安装后，拼音输入法将会自动更新为微软拼音输入法2007，Microsoft Office 2007不仅带来了更加美观和人性化的界面，而且新增加的功能将会使办公更加方便快捷。

8.1.2　Microsoft Office 2007 的新增功能

Microsoft Office 2007的新增功能如下。

（1）利用极富视觉冲击力的图形进行更有效的沟通。Microsoft Office 2007中加入了新的图表和绘图功能，包含三维形状、透明度、阴影以及其他效果。

（2）即时对文档应用新的外观。Microsoft Office 2007中通过使用"快速样式"和"文档主题"，可以快速更改整个文档中的文本、表格和图形的外观，以便与首选的样式和配色方案相匹配。

（3）轻松避免拼写错误。Microsoft Office 2007中拼写检查的新功能可帮助用户进行拼写检查，并对拼写错误做出标记。当不需要进行拼写错误检查时也可以禁用拼写和语法检查。

（4）快速比较文档的两个版本。Microsoft Office 2007中可以对存储在文档库中的文档的两个版本进行比较，并显示版本之间的更改。

（5）查找和删除文档中的隐藏元数据和个人信息。在与其他用户共享文档之前，可使用文档检查器检查文档，以查找隐藏的元数据、个人信息或可能存储在文档中的内容。文档检查器可以查找和删除批注、版本、修订、墨迹注释、文档属性、文档管理服务器信息、隐藏文字、自定义 XML 数据，以及页眉和页脚中的信息。文档检查器有助于确保与其他用户共享的文档不包含任何隐藏的个人信息或组织可能不希望分发的任何隐藏内容。此外，组织可以对文档检查器进行自定义，以添加对其他类型的隐藏内容的检查。

（6）向文档中添加数字签名或签名行。可以通过向文档中添加数字签名来帮助为文档的身份验证、完整性和来源提供保证。

（7）将 Word 文档转换为 PDF 或 XPS文件。有时，需要对保存的文件进行保护以防他人修改，但还希望能够轻松共享和打印这些文件。此时可以借助 Microsoft Office 2007中的插件程序实现将文件转换为 PDF 或 XPS 格式。

（8）即时检测包含嵌入宏的文档。因为Word 2007 对启用了宏的文档使用了单独的文件格式（.docm），因此可以立即了解某个文件是否能运行任何嵌入的宏。

（9）缩小文件大小并增强损坏恢复能力。新的 Word XML 格式是经过压缩、分段的文件格式，可大大缩小文件大小，并有助于确保损坏的文件能够轻松恢复。

（10）在文档信息面板中管理文档属性。Microsoft Office Word 2007 提供了可以添加到文档信息面板或文档本身的内置属性和属性控件。属性保留在文档中，任何打开文档的用户都可以查看它们。

（11）Office 诊断。Microsoft Office 诊断是一系列有助于发现计算机崩溃原因的诊断测试。这些诊断测试可以直接解决部分问题，也可以确定其他问题的解决方法。Microsoft Office 诊断取代了Microsoft Office 2003中 "检测并修复" 以及 "Microsoft Office 应用程序恢复" 功能。

（12）程序恢复。Office 2007 的功能已得到改进，使之有助于在程序异常关闭或程序无响应时避免丢失工作成果。此时可在 "Microsoft Office 工具" 的 "Microsoft Office 应用程序恢复" 中对文档进行恢复。

8.1.3　Microsoft Office 2007 的安装

Microsoft Office 2007对计算机的配置有一定的要求，支持Windows XP SP2、Windows Server 2003 SP1、Windows Vista，以及Windows 7等更新的版本。不支持Windows XP SP2之前的Windows老版本，所以早期安装的Windows老版本的计算机要想使用Microsoft Office 2007必须要升级或要换系统。

Microsoft Office 2007对计算机硬件方面的要求如下。

CPU：主频至少为500Hz。

内存：至少有256MB的内存空间。

硬盘空间：至少有2GB的安装空间。

其他：如果要安装运行Outlook 2007，则要求计算机CPU的主频至少为1GHz，内存至少为512MB。

Microsoft Office 2007的安装非常容易，不必对计算机和程序安装有很多了解，只需要按照提示操作即可。在安装Microsoft Office 2007的过程中除了默认安装方式外，用户还可以根据自己的需要选择要安装的组件和相关功能，进行自定义安装。

Microsoft Office 2007的具体安装步骤如下。

Step 01 将Office 2007的安装光盘放到光盘驱动器中。

Step 02 一般情况下安装程序会自动运行。如果安装程序未自动运行，可以通过打开"我的电脑"窗口，在光盘驱动器中找到"Setup.exe"安装程序并双击运行它。

Step 03 安装程序启动后，会出现如图8-4所示的对话框，要求输入产品密钥。

Step 04 输入产品密钥后单击"继续"按钮，进入"阅读Microsoft软件许可证条款"对话框，要求用户接受软件许可条款，如图8-5所示。

图 8-4　输入产品密钥对话框

图 8-5　"阅读 Microsoft 软件许可证条款"对话框

Step 05 勾选"我接受此协议的条款"复选框。单击"继续"按钮，出现"选择所需的安装"对话框，要求用户选择是进行默认安装还是自定义安装，如图8-6所示。

Step 06 如果选择默认安装则单击"立即安装"按钮，此时系统自动将Office 2007的所有组件默认安装到C:\Program Files\Microsoft Office的目录当中。如果要进行选择安装则单击"自定义"按钮，出现安装选项设置对话框，如图8-7所示。

在"安装选项"选项卡中单击安装组件右边的▼可以选择"不可用"取消对此组件的安装，如图8-8所示。

在"文件位置"选项卡中可以设置Office 2007办公软件的安装位置，如图8-9所示。

图 8-6　"选择所需的安装"对话框

图 8-7　安装选项设置对话框

图 8-8　安装选项对话框"安装选项"选项卡　　　　图 8-9　安装选项对话框"文件位置"选项卡

在"用户信息"选项卡中可以设置用户的全名、缩写及公司/组织等信息，如图8-10所示。

Step 07 设置完毕后单击"立即安装"按钮，进入安装进度界面，如图8-11所示。

Step 08 安装完毕后，出现安装完成对话框，单击"关闭"按钮结束安装，如图8-12所示。

图 8-10　安装选项对话框中的"用户信　　图 8-11　安装进度界面　　图 8-12　Office 2007 安装完成对话框
　　　　　　息"选项卡

8.2　Word 2007 的基本操作

下面具体介绍一下Word 2007的基本操作。

8.2.1　Word 2007 的启动与退出

启动与退出Word 2007的方法如下。

1. Word 2007 的启动

Word 2007的启动与其他Windows应用程序一样，有多种方法，主要为以下几种。

（1）从"开始"菜单启动

在任务栏而单击"开始"菜单按钮打开，选择"所有程序>Microsoft Office>Microsoft Office Word 2007"命令，启动Word 2007。

（2）通过任务栏快速启动区图标或桌面快捷图标启动

单击任务栏快速启动区中或双击桌面上的Word 2007快捷方式图标启动Word 2007。

（3）在"运行"对话框中输入命令启动

在"开始"菜单的"运行"对话框中输入命令"WinWord"后单击"确认"按钮即可启动Word 2007。

（4）通过打开已有文档启动

双击打开一个已有的Word文档也可以启动Word 2007。

2. Word 2007 的退出

Word 2007的退出与其他Windows应用程序一样，也有多种方法，主要有以下几种。

（1）单击Word 2007窗口右上角的关闭按钮 ⊠ 退出Word 2007。

（2）单击Word 2007窗口左上角的"Office图标"按钮，在弹出的菜单中单击左下角的"退出Word"按钮，退出Word 2007，如图8-1所示。

（3）右键点击Word 2007顶端的标题栏，在弹出的快捷菜单中选择"关闭"命令，或按Alt+F4快捷键，如图8-13所示。

（4）双击Word 2007窗口左上角的"Office图标"按钮也可退出Word 2007。

在退出前，如果没有对文档进行保存，系统会弹出Word保存对话框，提示用户对当前文档进行保存，如图8-14所示。单击"是"按钮后，系统会对当前文档进行保存，然后退出Word；单击"否"按钮，系统则不会对当前文档进行保存并直接退出Word；单击"取消"按钮，系统将取消退出操作，重新返回到当前文档的编辑状态。

图 8-13　Word 2007 控制菜单

图 8-14　Word 保存对话框

8.2.2　Word 2007 界面简介

启动Word 2007后，会出现Word 2007应用程序窗口，如图8-15所示，窗口主要由"Office图标"按钮、快速访问工具栏、标题栏、功能选项卡、功能选项区、编辑区、滚动条、状态栏、标尺、"选择浏览对象"按钮和翻页按钮等部分组成。

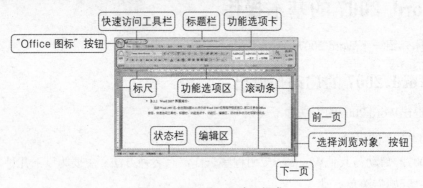

图 8-15　Word 2007 窗口组成

1. "Office 图标"按钮

单击"Office图标"按钮可以弹出如图8-16所示的下拉菜单，其主要由菜单选项、最近使用的文档、"Word选项"按钮和"Word退出"按钮组成。通过"Office图标"按钮可以查看能够对文档进行的所有操作，包括新建、打开、保存等。

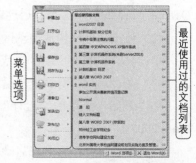

图 8-16　"Office 图标"按钮下拉菜单

2. 快速访问工具栏

在快速访问工具栏中提供了经常使用的一些工具按钮，用户可以根据自己的需要进行工具按钮的增删，单击快速访问工具栏右侧的按钮弹出自定义快速访问工具栏菜单，如图8-17所示，通过勾选菜单中的选项可以在快速访问工具栏中添加或减少工具按钮。

图 8-17　自定义快速访问工具栏菜单

3. 标题栏

标题栏位于Word 2007的正上方，它显示了文档的名称、程序的名称及窗口控制按钮组，如图8-18所示。

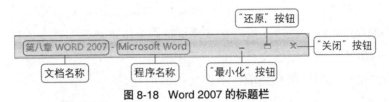

图 8-18　Word 2007 的标题栏

4. 功能选项卡和功能选项区

功能选项卡和功能区是相对应的，在功能选项卡区中单击某个选项卡即可打开对应的功能区，在功能区中有许多自动适应窗口大小的工具栏，为用户提供了常用的按钮或列表框，如图8-19所示。

图 8-19　Word 2007 的功能选项卡和功能区

功能选项卡：在顶部有7个基本功能选项卡。每个功能选项卡对应一个功能选项区域。

组：每个功能选项卡都包含若干个组，这些组将相关项显示在一起。

命令：命令是指按钮、用于输入信息的编辑框或菜单。

对话框启动器：单击可以查看该特定组的更多选项。

5. 编辑区

编辑区是输入文本及其他内容的区域，是用户对文本进行的各种操作的区域。

6. 滚动条

滚动条用于调整编辑区所能够显示的当前文档的部分内容，包括垂直滚动条和水平滚动条。

7. 状态栏

状态栏位于窗口的最底端，如图8-20所示。状态栏显示了文档的当前页数、总页数、文档字数、当前文档检测结果和输入法状态等内容。在状态栏的右侧是视图栏，它包括视图按钮组、当前显示比例和调节显示比例滑块。视图按钮组包括页面视图、阅读版式视图、Web版式视图、大纲视图和普通视图5个视图按钮，单击不同的视图按钮可以用不同的查看模式查看文档的内容。

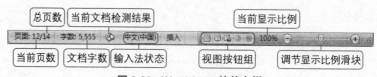

图 8-20 Word 2007 的状态栏

8. 标尺

使用标尺可以精确显示和设置各种对象的位置，查看正文的宽度、高度及排版正文，还可以清楚地显示左右边界和段落首行的缩进宽度。

8.2.3 新建文档

启动Word 2007后，即自动创建了一个名为"文档1"的Word文档。新建Word文档通常有以下几种方法。

（1）单击"Office图标"按钮，然后在下拉菜单中单击"新建"命令，打开"新建文档"对话框，如图8-21所示。在"空白文档和最近使用的文档"区域中双击"空白文档"图标完成一个新文档的创建，也可在"空白文档和最近使用的文档"区域中单击"空白文档"图标后单击右下角的"创建"按钮完成一个新文档的创建。

（2）在快速访问工具栏中增加"新建"按钮，通过单击快速访问工具栏中的"新建"按钮□来新建一个文档。

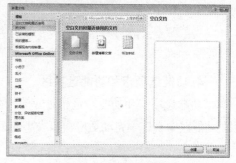

图 8-21 "新建文档"对话框

（3）按Ctrl+N快捷键实现新文档的创建。

8.2.4 保存与另存为文档

在Word 2007中可以将文档保存成多种类型，默认保存的类型为docx格式。也可通过"另存为"将文档保存为兼容模式，便于在安装了以前版本的电脑上查看文档的内容。保存新建的Word文档通常有以下几种方法。

（1）单击"Office图标"按钮，在弹出的下拉菜单中选择"保存"命令，此时弹出"另存为"对话框，如图8-22所示，在"文件名"文本框中输入文件名，单击"保存位置"右边的下拉三角按钮打开下拉列表，从列表中选择要保存的文件的位置，单击"保存类型"右边的下拉按钮打开列表，从列表中选择要保存的文件类型，单击"保存"按钮，把文档以所选的文件类型保存到指定的位置。

（2）单击快速访问工具栏中的"保存"按钮□，在弹出的"另存为"对话框中进行设置后，完成对当前文档的保存。

图 8-22 "另存为"对话框

（3）按Ctrl+S快捷键，在弹出的"另存为"对话框中进行设置后，对当前文档进行保存。

对已有的文档进行保存时，可以直接单击快速访问工具栏中的"保存"按钮或按Ctrl+S快捷键进行保存，也可以在直接关闭Word 2007窗口时，在弹出的Word保存对话框中单击"是"按钮进行保存。如果在保存的过程需要改变当前文档的文件类型，可以单击"Office图标"按钮，在弹出的下拉菜单中选择"另存为"选项，在"另存为"对话框中选择新的文档类型后进行保存。

8.2.5 打开与关闭文档

打开与关闭文档的方法如下。

1.打开文档

在Word 2007中通常有4种方法可打开已有的文档。

（1）在Word 2007中单击"Office图标"按钮，在弹出的下拉菜单中选择"打开"命令，或按Ctrl+O快捷键，弹出"打开"对话框，如图8-23所示，在该对话框中双击要打开的文档即可打开该文档，也可以在该对话框中找到要打开的文档后选中该文档，然后单击"打开"按钮打开。

图 8-23 "打开"对话框

（2）在"我的电脑"中找到要打开的文档，双击该文档，此时会启动Word并打开该文档。或者右击该文档，在弹出的快捷菜单中选择"打开"命令可启动Word并打开该文档。

（3）在Word 2007的快速访问工具栏中添加"打开"按钮，然后单击 "打开" 按钮，通过弹出的"打开"对话框打开文档。

（4）如果要打开的文档近期被打开或编辑过，则可以通过"开始"菜单打开该文档。单击"开始"菜单按钮，单击"我最近的文档"右侧的 ▶，打开最近使用过的文档列表，单击要打开的文档即可。

2.关闭文档

关闭文档可用下列三种方法之一。

（1）单击"Office图标"按钮，在弹出的下拉菜单中选择"关闭"命令，此时弹出Word保存对话框，单击"是"按钮保存并关闭当前文档；单击"否"按钮放弃保存；单击"取消"按钮不关闭当前文档，继续编辑。

（2）单击标题栏中的"关闭"按钮，可关闭当前文档窗口，同时清除文档编辑区的内容。

（3）选择"文件"菜单中的"退出"命令。

8.2.6 Word文档的视图模式

Word文档的视图模式包括页面视图、阅读版式视图、Web版式视图、大纲视图和普通视图5种视图模式，通过"视图"选项卡中相应的选项可以访问相关视图，如图8-24所示。也可以单击状态栏上的视图按钮进行查看，如图8-25所示，每一种视图模式查看文档的内容形式各有不同。

图 8-24 Word 2007 中的"视图"选项卡

图 8-25 状态栏上的视图模式按钮

1.页面视图

页面视图可以显示Word 2007文档的打印结果外观，主要包括页眉、页脚、图形对象、分栏设置、页面边距等元素，如图8-26所示。

2. 阅读版式视图

阅读版式视图以图书的分栏样式显示Word 2007文档，"Office图标"按钮、功能区等窗口元素被隐藏起来，如图8-27所示。在阅读版式视图中，可以单击"工具"按钮选择各种阅读工具。退出阅读版式视图时可以单击其工具栏上的"关闭"按钮或按键盘上的Esc键退出。

图 8-26　页面视图模式

图 8-27　阅读版式视图模式

3. Web 版式视图

Web版式视图以网页的形式显示Word 2007文档，如图8-28所示。Web版式视图适用于发送电子邮件和创建网页时使用。

4. 大纲视图

大纲视图主要用于Word 2007文档的设置和显示标题的层级结构，并可以方便地折叠和展开各个层级，如图8-29所示。大纲视图广泛用于Word 2007对长文档的快速浏览和设置中。

图 8-28　Web 版式视图模式

图 8-29　大纲视图模式

5. 普通视图

普通视图取消了页面边距、分栏、页眉页脚和图片等元素，仅显示标题和正文，是最节省计算机系统硬件资源的视图方式，如图8-30所示。

图 8-30　普通视图模式

8.2.7 Word 2007 的帮助功能

在使用Word 2007的过程中经常会遇到一些不常用的操作和不明白的功能命令或按钮，此时可借助Word 2007的帮助功能获取相关信息。单击功能选项卡所在行最右边的Word 2007帮助按钮或按键盘上的F1键即可打开Word 2007帮助窗口，如图8-31所示。

此时可以在Word 2007帮助窗口中选择自己需要帮助的内容进行查看，也可以在"搜索"栏中输入需要查找的帮助内容后单击"搜索"按钮或按Enter键查找相关内容。

图 8-31 Word 2007 帮助窗口

8.3 文本内容的编辑

对文本内容的编辑包括输入、选择、复制、粘贴、移动、删除、查找与替换文本，以及撤销与重复操作等。

8.3.1 在文档中输入文本

新建一个文档后，文档的第一行会自动出现一个闪烁光标，如图8-32所示，此时只需输入文字即可完成文字的输入。当所输入的文字占满一行时Word会自动将光标移动第二行，此时文字会在第二行继续输入，这种换行形式称为整字换行。

当输完一段文字后，需要重新换行输入另一段文字时需按键盘上的Enter键进行换行。

图 8-32 新建文档后自动出现的闪烁光标

8.3.2 选择文本

在文档中输入文字后，需要对某些文字或内容进行编辑，在编辑之前必须先选择它们然后才能对其进行处理。选择文本最常用的方法就是用鼠标单击并拖动鼠标。常用的方法如下。

1. 选择整个单词或词语
用鼠标双击单词或词语上的任意一处，将选中该单词或词语。

2. 选择整行文本
将光标移到该行文本的前面，当光标变为🔺时单击鼠标左键，将选中整行文本。

3. 选择整个句子
按住键盘上的Ctrl键，再单击句子中的任何一处，将选中整个句子。

4. 选择整个段落
用鼠标左键在段落的任意一处快速单击三次，将选中该段落。也可将光标移到该段文本的前面，当光标变为🔺时双击鼠标左键，完成对整段文本的选择。

5. 选择整个文档

在"开始"选项卡中，单击"选择"功能组中的"全选"命令，如图8-33所示，可以选择整个文档。也可也按Ctrl+A快捷键选择整个文档。还可以将光标移到该段文本的前面，当光标变为 ![箭头] 时快速单击鼠标左键三次，也可完成对整个文档的选择。

图 8-33 "选择"功能组中的"全选"命令

6. 选择文档中的连续文本区域

在要选择的文档区域的前面按下鼠标左键不放，并拖动鼠标，此时被选中的文本将以高亮显示，如图8-34所示，拖动到该区域的终点松开鼠标，完成对文本区域的选择。

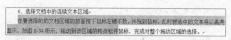

图 8-34 拖动鼠标对连续文本区域的选择

也可用鼠标左键单击要选择文档区域的起点，然后按住键盘上的Shift键，再单击该区域的终点，完成对文本区域的选择。

7. 选择文档中不连续的文本区域

在已选择了一部分文本的情况下按住键盘上的Ctrl键不放，再选择其他文本，选择结束后松开Ctrl键，完成对文档中不连续的文本区域的选择，如图8-35所示。

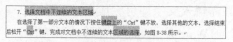

图 8-35 选择文档中不连续的文本区域

8.3.3 复制与粘贴文本

在文档的输入过程中往往需要重复输入一些内容，对于重复内容的输入可以通过复制和粘贴命令来完成，从而提高文本的输入效率。

1. 复制文本

选中要复制的文本，单击"开始"选项卡"剪贴板"功能组中的"复制"按钮或者按Ctrl+C快捷键，如图8-36所示，将所选择的内容复制到剪贴板中。

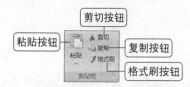

图 8-36 "开始"功能选项卡中"剪贴板"功能组

2. 粘贴文本

将光标移到要放置所复制内容的位置，单击"开始"选项卡"剪贴板"功能组中的"粘贴"按钮或按Ctrl+V快捷键，将复制内容粘贴到该位置。

用"选择性粘贴"命令可以为"剪贴板"中的内容保存原有的格式，如字体、字号等。有时在粘贴的过程中只需要文本而不需要格式，此时就可以使用选择性粘贴。

在"开始"选项卡"剪贴板"功能组中单击"粘贴"按钮下方的三角按钮，在弹出的菜单中选择"选择性粘贴"命令，如图8-37所示，或按Alt + Ctrl +V快捷键打开"选择性粘贴"对话框如图8-38所示。

图8-37 "选择性粘贴"命令

图8-38 "选择性粘贴"对话框

在此对话框中，如果要粘贴剪贴板中内容的纯文本格式或某一指定格式，则可以在"形式"列表框中进行选择，如选择"无格式文本"选项，则只粘贴文本，摒弃掉文本中的格式设置。

在对文本进行复制和粘贴时，选中要进行复制和粘贴的文本后按住Ctrl键不放，并按住鼠标左键将鼠标光标拖动到要放置文本的位置，此时插入点变成｜形状，光标变成形状，然后松开鼠标左键即可快速完成对所选文本的复制和粘贴操作。

8.3.4 移动与删除文本

移动与删除文本的方法如下。

1. 移动文本

在Word 2007中可以将文档中的文本从一个地方移到另外一个地方，常用的方法有三种。

（1）选中要移动的文本，单击"开始"选项卡"剪贴板"功能组中的"剪贴"按钮或按Ctrl+X快捷键，将要移动的文字放到剪贴板中，然后将光标移动到要放置文本的位置，单击"粘贴"按钮或按Ctrl+V快捷键，完成文本的移动。

（2）选中要移动的文本后，在已选中的文字上按住鼠标左键不放，拖动鼠标光标到要放置文本的位置，此时插入点变成｜形状，光标变成形状，松开鼠标，完成对文本的移动。

（3）选中要移动的文本，按一下键盘上的F2功能键，此时屏幕左下角状态栏中出现"移至何处？"的提示，如图8-39所示，然后将光标移动到要放置文本的位置，按下键盘上的Enter键也可快速完成对文本的移动。

图8-39 选中文本后按键盘上的 F2 键

2. 文本的删除

对文本的删除通常有三种方法。

（1）按键盘上的Backspace键，删除插入点左边的文字，每按一下删除一个字符。

（2）按键盘上的Delete键，删除插入点右边的文字，每按一下删除一个字符。

（3）选中要删除的文本后，按键盘上的Backspace或Delete键，删除被选中的文本。

8.3.5 查找与替换文本

Word 2007中的查找与替换是一项非常有用的功能，它为用户快速定位文档的位置和快速修改文档中的相同内容提供了便利。

使用查找与替换功能，不但可以替换文字，而且还可以查找、替换带有格式的文字、分页符、段落标记和其他项目，并且可以使用通配符和代码来扩展搜索。通常情况下Word 2007中的查找功能有5种：一般查找和替换、选项查找和替换、格式查找和替换、通配符查找和替换、特殊字符查找和替换。

1. 一般查找和替换

一般查找指的是要查找的对象只是文字，包括中文和西文字符，也可以是标点符号或常用的符号，而不管这些文字的格式和样式，在查找的同时还可以对查找对象进行替换，要进行查找替换操作，首先需要打开"查找和替换"对话框，如图8-40所示。

图 8-40 "查找和替换"对话框

打开"查找和替换"对话框的方法通常有以下几种。

（1）单击"开始"选项卡中右侧的"查找"按钮即可打开"查找和替换"对话框。

（2）用鼠标单击垂直滚动条下方的"选择浏览对象"按钮或按Ctrl+Alt+Home快捷键，在弹出的菜单中单击"查找按钮"打开"查找和替换"对话框，如图8-41所示。

图 8-41 "选择浏览对象"菜单

（3）按Ctrl+F快捷键打开"查找和替换"对话框。

进行查找操作时，首先在"查找内容"文本框中输入要查找的文字，然后单击"查找下一处"按钮，此时插入点会定位在查找到的文档内容处。查找完毕后，单击"关闭"按钮或者按键盘上的Esc键关闭对话框。

替换是查找功能的延伸，通常情况下查找的目的都是为了替换，使用查找和替换功能可以对全文进行统一替换，也可以按需要逐个进行替换。在Word 2007中不能查找或替换浮动对象、艺术字效果、水印和图形对象。但如果将浮动对象更改为嵌入对象，则可以对其进行查找和自动替换。进行替换操作时需要在"查找和替换"对话框中切换到"替换"选项卡，或单击"开始"选项卡中右侧的"替换"按钮，也可按Ctrl+H快捷键打开"查找和替换"对话框的"替换"选项卡，如图8-42所示。

图 8-42 "查找和替换"对话框的"替换"选项卡

进行替换操作时，首先在"查找内容"文本框中输入要查找的文字，在"替换为"文本框中输入要替换的文字，单击"查找下一处"按钮，查找下一个符合的内容，然后单击"替换"按钮，可以逐个地对文档中的内容进行正确的替换。如果直接单击"全部替换"按钮，则可以对文档中所有查找到的内容进行批量替换。

2. 高级查找和替换

高级查找功能是指在查找过程中为查找对象指定一定的格式作为筛选条件，例如，对中文进行查找和替换时，可以查找和替换特定格式的中文字符，包括字体格式、段落格式、制表位甚至样式等；而对西文进行查找和替换时，可以区分字母的大小写和区分全/半角等，特别是还可以使用通配符进行查找和替换。

（1）设定查找和替换的范围

在进行查找和替换操作时，用户可以设置查找的范围，例如，选择以光标所在位置为基准向上查找和替换还是向下查找替换，还是在整篇文档中查找替换。设置该选项的方法如下。

在"查找和替换"对话框中单击"更多"按钮，在对话框下方显示高级选项，如图8-43所示。在"搜索选项"中设置要进行查找的对象条件。

图 8-43 "查找和替换"对话框高级选项

在对英文进行查找和替换时，可以进行"区分全/半角""区分大小写""全字匹配""使用通配符""同音"和"查找单词的各种形式"等设置。

"区分全/半角"：勾选此复选框后，Word 将严格按照输入字符的全角或半角进行查找。

"区分大小写"：勾选此复选框后，Word 将严格按照输入字符的大小写进行查找。

"全字匹配"：勾选此复选框后，则搜索符合条件的完整单词，而不是单词的局部。

"通配符"：指能够代替其他字符的字符，如？可以代表一个字符，＊可以代表一串字符，如果要使用通配符进行搜索，要先勾选"使用通配符"复选框，然后单击"特殊格式"按钮，再单击所需符号，或者在"查找内容"中直接输入。如果取消勾选"使用通配符"复选框，Word会将通配符和特殊搜索操作符视为普通文字。

"同音"：勾选此复选框后，则查找与关键字的文字发音相同但拼写不同的单词。

"查找单词的各种形式"：勾选此复选框后，则查找关键字单词的所有形式，如果勾选了"使用通配符"或"同音"复选框，则无法使用此复选框。

（2）查找和替换有格式的文本

查找和替换有格式的文本功能，主要用于对文本的格式进行校对和修改，是一项十分有用的功能。

在查找和替换有格式的文本时，单击"查找和替换"对话框"替换"选项卡中的"格式"

按钮，打开"格式"菜单，如图8-44所示，单击要进行设置的格式类型打开相应的对话框进行设置。

（3）查找和替换特殊字符

特殊字符是指类似于分行、分页、回车符等不会被打印出来，但确实在文档中起重要作用的特殊标记。特殊字符的查找和替换功能也经常会用到。

在使用查找和替换特殊字符功能时，单击"查找和替换"对话框"替换"选项卡中的"特殊格式"按钮，打开"特殊格式"列表菜单，如图8-45所示，单击要进行设置的格式类型进行设置。

图 8-44 "替换"选项卡"格式"菜单

图 8-45 "替换"选项卡"特殊格式"菜单

8.3.6 撤销与重复

撤销与重复是在Word操作中使用频率非常高的操作。

1. 撤销操作

在对文档进行编辑的过程中难免会出现误操作，这时可以通过撤销命令将错误的操作撤销。单击快速访问工具栏上的"撤销"按钮、按Ctrl+Z快捷键或Alt+BackSpace快捷键都可撤销最近的一次操作，也可以单击快速访问工具栏上"撤销"按钮右下角的三角按钮，打开最近的操作列表，如图8-46所示，从列表中可以选择恢复到某一指定的操作。同样也可以反复按下Ctrl+Z快捷键或Alt+BackSpace快捷键撤销前面的每一个操作，直到无法撤销为止。

图 8-46 最近的操作列表

2. 重复

重复操作可重复进行最后一次的操作，有时进行了错误的撤销操作，如果想恢复原来的操作，也可以用重复操作命令实现。单击快速访问工具栏上的重复按钮或按Ctrl+Y快捷键可重复最近的一次操作，或撤销上一次的撤销操作。反复按Ctrl+Y快捷键则可进行多次重复操作。

8.3.7 文本的字数统计及摘要生成

在文档的编辑过程中，有时候需要对文档的字数进行统计，Word 2007中提供了一种实时的字数统计功能，更方便、更快捷。

1. 文本字数统计

进行文本字数统计的方法如下。

打开 Word文档后，在状态栏的左下角会显示出当前文档的字数，如图8-47所示。单击字数显示部分或单击"审阅"选项卡中的"字数统计"按钮，如图8-48所示，打开"字数统计"对话框，如图8-49所示，可查看更加详细的统计信息。

当前文档的字数

图 8-47 状态栏显示的当前文档字数

图 8-48 "审阅"选项卡"字数统计"按钮

图 8-49 "字数统计"对话框

在Word 2007中除了可以进行全文档的字数统计外，还可以对文档中的部分文档进行字数统计，选中要统计字数的内容，参照上述步骤进行操作即可实现。

2. 摘要生成

利用Word 2007的自动摘要生成功能可快速生成文档的摘要内容，很大程度上满足了用户在论文编写过程中的需要。默认情况下Word 2007的自动摘要生成功能并没有开启，需要手动添加该项命令。

Step 01 单击"Office图标"按钮，在打开的快捷菜单中选择"Word选项"命令，打开"Word选项"对话框。

Step 02 在该对话框左侧的列表中选择"自定义"命令，在右侧的"从下列位置选择命令"选项组中"所有命令"的命令列表中选中"自动摘要生成"命令，如图8-50所示。

Step 03 单击"添加"按钮，将该命令添加到快速访问工具栏。此时在Word窗口的快速访问工具栏中就添加了自动摘要生成的命令图标 。

要对文档进行自动摘要生成时，可进行如下操作。

图 8-50 "Word选项"对话框"自定义"命令界面

Step 01 单击快速访问工具栏中的自动摘要生成命令图标。

Step 02 在弹出的快捷菜单中选择"自动摘要"命令，打开"自动编写摘要"对话框，如图8-51所示。

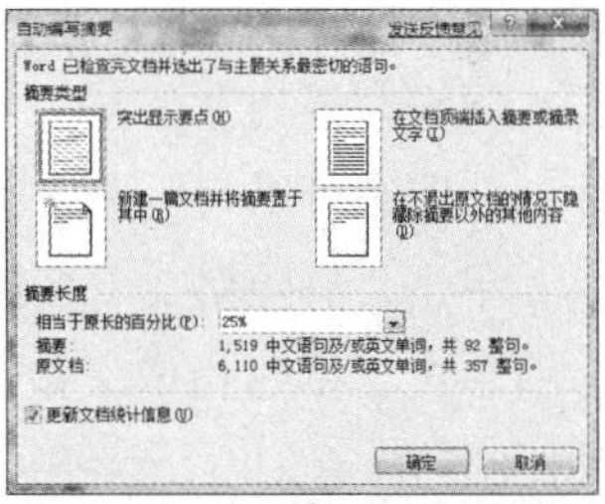

Step 03 在对话框的"摘要类型"选项组中选择所需的摘要类型。共有如下4种类型可供选择。

（1）突出显示要点：选择该种类型时，Word将对论文进行分析摘录，将其中的中心句和关键词语以高亮的形式在原文档中突出显示。

图 8-51 "自动编写摘要"对话框

（2）在文档顶端插入摘要或摘录文字：选择该种类型时，Word将自动摘录论文要点，并将摘要自动放置于论文之前，而正文部分保持不变，实际应用中大部分论文都采用了这种格式。

（3）新建一篇文档并将摘要置于其中：选择该种类型时，Word将对论文进行分析摘录，并将摘录的关键词句自动生成一篇新的文档。在这种形式下摘要的生成对原文档将没有任何影响。

（4）在不退出原文档的情况下隐藏除摘要以外的其他内容：选择该种类型时，Word将搜索到的关键语句和重点词语单独留下，而隐藏文档中其他内容。

Step 04 在"摘要长度"选项组中按句数、字数或所占的比例设置摘要内容在整个文档中所占的比例，单击"确定"按钮，完成自动摘要的生成。

8.4 文档中的格式设置

格式是Word中的一大功能，丰富的格式设置功能也是Word区别于其他文本编辑软件的一大特点。

8.4.1 设置字体格式

字体格式主要指文字的外观效果，包括字体、字号、颜色和上下标等。对文字字体设置可以通过"开始"选项卡的"字体"选项组中各按钮进行设置，也可以在"字体"对话框中进行整体设置。

1."开始"选项卡"字体"功能组

"开始"选项卡"字体"功能组中各按钮的名称如图8-52所示。

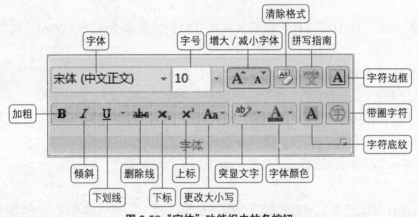

图 8-52 "字体"功能组中的各按钮

选中要设置格式的文本，单击"字体"框右侧的下拉按钮在下拉菜单中选择要设置的字体即可。

同理，通过"字号"框可以设置文字字号的大小，而每单击一次"增大字体"或"减小字体"按钮则可以将所选文字调大或调小一个字号。

单击"清除格式"按钮，可以清除掉所有文字或所选文字的所有格式设置。

单击"拼写指南"按钮，在弹出的"拼写指南"对话框中可以为所选文字加上拼音标注，如图8-53所示。

单击"字符边框"按钮可以为所选文字加上边框。

单击"加粗"按钮可以将所选文字加粗显示，也可以用Ctrl+B快捷键完成该项操作。

单击"倾斜"按钮可以将所选文字倾斜显示，也可以用Ctrl+I快捷键完成该项操作。

单击"下划线"按钮可以为所选文字加上下划线，也可以用Ctrl+U快捷键完成该项操作；单击其右侧的下拉按钮，可以在下拉列表中选择其他的下划线形式，并对下划线颜色进行设置。

单击"以不同颜色突出显示文本"按钮可以将所选文字以当前颜色突出显示，单击其右侧的下拉按钮，在弹出的颜色调板中选择不同的颜色作为突出显示的颜色。

单击"字体颜色"按钮可以设置所选文字的字体颜色，单击其右侧的下拉按钮，在弹出的颜色调板中可以选择不同的颜色作为所选文字的字体颜色。

单击"字符底纹"按钮可以对所选文字添加灰色的字符底纹。

单击"带圈字符"按钮，在弹出的"带圈字符"对话框中可以对所选文字添加带圈字符样式，如图8-54所示。带圈字符样式的添加一次只能针对一个字符进行设置，不能一次设置多个字符。在对话框"样式"选项组中可以选择字符与带圈符号的位置关系样式；在"圈号"选项组的"文字"列表中可以指定可输入要添加带圈符号的字符，在"圈号"列表中可以设置所要设置的带圈符号样式，有圆圈、正方形、三角形和菱形4种符号样式。

图 8-53 "拼写指南"对话框

图 8-54 "带圈字符"对话框

另外，选中要进行格式设置的文本后在文本上悬停光标或单击鼠标右键，在弹出的格式面板中也可以进行相应的格式设置，如图8-55 所示。

图 8-55 格式面板

2."字体"对话框

单击"字体"功能组中的"更多"按钮，打开"字体"对话框，如图8-56所示。

选中要进行格式设置的文字，在该对话框"字体"选项卡的"中文字体""西文字体""字形""字号"列表和"所有文字"选项组中可以对选字符进行更改字体、字号、字形、颜色和下划线等设置。在"所有文字"选项组的"着重号"列表中可以为所选字符添加着重号。在"预览"选项组中可以预览所选字符的格式设置形式。

图 8-56 "字体"对话框

单击"字符间距"标签，切换到"字符间距"选项卡，在该选项卡中可以进行字符缩放、字符间距和字符位置等字符之间位置关系的设置，如图8-57所示。

图 8-57 "字体"对话框"字符间距"选项卡

"缩放"：指在原来字符大小的基础上缩放字符尺寸，取值范围在 1%~600% 之间。

"间距"：指在不改变字符本身的尺寸的情况下增加或减少字符之间的间距。

"位置"：指相对于标准位置，提高或降低字符的位置。

"为字体调整字间距"：根据字符的形状自动调整字符间距，可以通过设置数值来指定间距大小。

在"预览"区可以预览所设置的字符格式的形式。

8.4.2　设置字体效果

在Word 2007中字体效果主要是指设置字符为阳文、阴文和是否有阴影效果以及删除线等。

选中要设置字体效果的字符，在"开始"选项卡"字体"功能组中单击"删除线"按钮，可以为所选文字加上黑色的删除线。

单击"下标"或"上标"按钮可以将所选文字设置为下标或上标形式。

单击"更改大小写"按钮，在弹出的快捷菜单中可对所选文字中的英文字符进行"句首字母大写""全部小写""全部大写""每个单词首字母大写""切换大小写""全角"和"半角"等设置，如图8-58所示。

图8-58　"更改大小写"快捷菜单

在"字体"对话框的"效果"选项组中也可以为所选字符设置相应的字体效果。

其中勾选"删除线"或"双删除线"复选框后可以为所选字符添加删除线或双删除线；勾选"阴影"复选框后可以为所选字符添加阴影效果；勾选"空心"复选框后可以将所选字符设置为空心显示的效果；勾选"阳文"复选框后可以将所选字符设置为凸出显示的效果；如果所选的西文字符是小写形式，那么勾选"小型大写字母"复选框后，这些字符将以缩小的大写形式显示，这种效果的应用不同于对字符应用"下标"效果；勾选"阴文"复选框后可以将所选字符设置为下凹显示的效果；勾选"隐藏"复选框后可以将所选字符隐藏起来不显示，隐藏的字符并没有被删除，当取消对"隐藏"复选框的勾选后被隐藏的字符将正常显示。图8-59为几种设置了不同效果的字符。

图 8-59　几种设置了不同效果的字符

8.4.3　设置段落对齐方式

对文档中字符对齐方式设置的应用范围为段落，段落对齐方式可以通过"开始"选项卡"段落"功能组中各按钮进行设置，也可以在"段落"对话框中进行设置。

1. "开始"选项卡的"段落"功能组中设置段落的对齐方式

通过"段落"功能组可以对段落文本进行多方面的设置。"段落"功能组中各按钮的名称如图8-60所示。

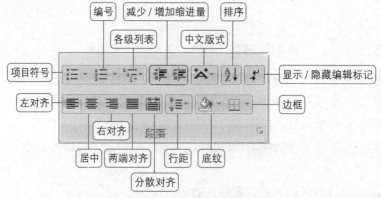

图 8-60　"段落"功能组中的各按钮

选择要进行对齐设置的文本或其中一些字符，单击"左对齐"按钮，可将当前段落与页面左边界对齐。单击"居中"按钮，可将当前段落在页面居中。单击"右对齐"按钮，可将当前段落与页面右边界对齐。单击"两端对齐"按钮，可将当前段落中满行的字符同时与页面左边界和右边界对齐，最后一行不是满行时此行以左对齐形式对齐。单击"分散对齐"按钮，可将当前段落同时与页面左边界和右边界对齐，并根据每行文字的多少自动调整字符间距。

2."段落"对话框

在"开始"选项卡的"段落"功能组中单击"更多"按钮
，打开"段落"对话框（在"页面布局"功能卡的"段落"功能组中单击"更多"按钮，也可以打开该对话框），如图8-61所示。

在该对话框的"缩进和间距"选项卡的"常规"选项组中，单击"对齐方式"选项右侧的下拉按钮，在弹出的下拉列表中可以选择相应的对齐方式设置当前段落文本。

图 8-61 "段落"对话框

8.4.4 设置段落缩进

段落缩进是指段落到左右页边距的距离，在Word中可以增加或减少一个段落或一组段落的缩进。也可以创建反向缩进，使段落超出页边距显示。还可以创建悬挂缩进，让段落中的首行文本不缩进，其他文本进行缩进。在Word 2007中有左缩进、右缩进、首行缩进和悬挂缩进4种缩进方式。

设置段落缩进可以通过标尺、"开始"选项卡"段落"功能组中的相应按钮、"段落"对话框或"页面布局"选项卡"段落"功能组中的微调按钮4种方法实现。

1. 标尺

在标尺上有几个特殊的滑块，通过对这些滑块的拖动可以调整相应的段落缩进量。一般情况下Word的标尺都是打开的，如果窗口中没有显示标尺，可以在"视图"选项卡的"显示/隐藏"功能组中勾选"标尺"复选框打开标尺，如图8-62所示。

图 8-62 标尺上各滑块的名称

标尺上各滑块的功能如表8-1所示。

表 8-1　标尺上各滑块的功能

滑　块	功　能
左缩进	拖动该滑块可以调整段落相对于左页边距的缩进量
右缩进	拖动该滑块可以调整段落相对于右页边距的缩进量
首行缩进	拖动该滑块可以调整段落中第一行相对于左页边距的缩进量
悬挂缩进	拖动该滑块可以调整段落中除第一行外其他行相对于左页边距的缩进量
制表符	拖动该滑块可以设置制表位的标志
刻度值	用于标记文档的水平位置

2.“开始”选项卡“段落”功能组中的相应按钮

在“开始”选项卡“段落”功能组中每单击一次“减少缩进量”按钮　可减少所选文本段落的左缩进量一个字符位；每单击一次“增加缩进量”命令按钮“　”可增加所选文本段落的左缩进量一个字符位。

3.“段落”对话框

在“段落”对话框“缩进和间距”选项卡的“缩进”选项组中，“左侧”选项可以设置所选段落的左缩进量。“右侧”选项可以设置所选段落的右缩进量。在“特殊格式”下拉列表中可以选择分别进行“首行缩进”和“悬挂缩进”设置。在每个选项后面的微调按钮中可以设置相应的缩进量。

4.“页面布局”选项卡“段落”功能组中的微调按钮

在“页面布局”选项卡“段落”功能组中，通过每个选项后面的微调按钮可以设置相应的缩进量，如图8-63所示。

图 8-63 “页面布局”选项卡“段落”功能组

8.4.5　设置段间距与行间距

在Word中段间距（也称段落间距）是指段落上方和下方的空间，即段前间距和段后间距。行间距（也称行距）是指段落中各行文字之间的垂直距离。默认情况下，各行之间是单倍行距，每个段落后的间距会略微大一些。

1.段间距的设置

对段间距的设置通常情况下有三种方法可以实现，一是在“段落”对话框中进行设置，二是在“开始”选项卡中通过相应按钮进行设置，三是在“页面布局”选项卡中通过微调按钮进行设置。

（1）通过“段落”对话框进行设置

选中要进行设置段间距的段落文本，在“段落”对话框中“缩进和间距”选项卡的“间距”选项组中，“段前”选项可以设置所选段落与上一段落之间的间距；“段后”选项可以设置所选段落与下一段落之间的间距。利用选项后面的微调按钮可以设置相应的间距量。

（2）利用“开始”选项卡“段落”功能组中的命令按钮进行设置

单击“开始”选项卡“段落”功能组中的“行距”按钮，在弹出的快捷菜单中选择“增加段前间距”或“增加段后间距”命令，如图　图 8-64 “行距”按钮快捷菜单

8-64所示，可以增加当前段落的段前或段后间距。每单击一次该命令，增加一个字符单位的间距。

（3）利用"页面布局"选项卡"段落"功能组中的微调按钮进行设置

在"页面布局"选项卡 "段落"功能组的"间距"选项中，通过每个选项后面的微调按钮可以设置相应的段前或段后间距。

2. 行间距的设置

当文档的某行中包含有大字符、图形或公式时，Word 2007将自动增加该行的行距，以满足特殊字符或图形、公式的需要。在通常情况下对行间距的设置有两种方法可以实现。

（1）利用"开始"选项卡"段落"功能组中的命令按钮进行设置

在"开始"选项卡的"段落"功能组中，单击"行距"按钮，在弹出的快捷菜单中可以选择相应的间距量（多少倍行距）。也可以选择"行距选项"命令，打开"段落"对话框进行设置。

（2）在 "段落"对话框中进行设置

选中要进行设置段间距的段落文本，在"段落"对话框"缩进和间距"选项卡的"间距"选项组中，"行距"选项可以设置所选段落的行距，单击右侧的下拉按钮，在弹出下拉列表中有"单倍行距""1.5倍行距""2倍行距""最小值""固定值"和"多倍行距"6种类型供选择，选中行距类型后用"设置值"微调按钮可以设置相应的行距量。其中"单倍行距"将根据行中最大的字体来确定行距；"最小值 "将自动适应行上最大字体或图形所需的最小行距；"固定值"可以根据需要设置固定行距磅值，非常便于用户的使用；"多倍行距" 用于按指定的百分比增大或减小行距。

8.4.6 制表位

制表位是指制表符在水平标尺上的位置。使用制表位能够向左、向右或居中对齐文本行，或者将文本与小数字符或竖线字符对齐。也可在制表符前自动插入特定字符、如句号或划线等。

1. 制表位的类型

制表符有多种类型，不同的类型可以设置不同的制表位，从而确定文本的位置。用鼠标左键或右键单击标尺左侧的"制表符"按钮，可以在不同类型的制表符之间进行切换。

⬜："左对齐式制表符"用于设置文本的起始位置，在键入文本时将与制表位左侧对齐。

⬜："居中式制表符"用于设置文本的中间位置，在键入文本时将与制表位的中心对齐。

⬜："右对齐式制表符"用于设置文本的右端位置，在键入文本到此位置时将自动移动到左侧。

⬜："小数点对齐式制表符"用于使数字按照小数点对齐。无论位数如何，小数点始终位于相同位置（只可按照十进制字符对齐数字，不能用小数点对齐式制表符按照另外的字符对齐数字，例如连字符或"&"符号）。

⬜："竖线对齐式制表符"不定位文本，只在制表符的位置插入一条竖线。

2. 制表位的设置

制表位的设置包括创建、应用、删除等。

（1）制表位的创建及应用

默认情况下，打开新空白文档时标尺上没有制表位。要创建制表位时，可用鼠标单击标尺，即可在单击处创建一个指定的制表符，此时按一下键盘上的Tab键激活制表位，输入的文本即按制表符类型进行对齐。在第二行进行文本输入时，每按一次Tab键，光标将会自动移动到下一个制表位。

如果无法通过单击标尺来获得制表符要停止的精确位置，或要在制表符前插入特定字符（前导符），可以在"段落"对话框中单击"制表位"按钮，打开"制表位"对话框（在标尺上双击制表符也可以打开该对话框），如图8-65所示。在该对话框的"制表位位置"选项组中可以准确设置制表位的位置；在"默认制表位"选项组中可以设置默认制表位的跨度；在"对齐方式"选项组中可以设置当前制表位文本的对齐方式。

图8-65 "制表位"对话框

"设置"按钮会在指定的位置创建新制表位或更新以前设置的制表位位置。

"清除"按钮会将所选的制表位位置标记为删除。单击"确定"按钮时会从列表中删除要清除的制表位。

"全部清除"按钮会将所有存储的制表位位置标记为删除。单击"确定"按钮时会从列表中删除要清除的制表位。

对制表位进行删除时也可以将制表位拖离标尺（向上或向下）。

（2）设置制表位的前导符

前导符是指填充制表符所产生的空位的符号，一般有实线、虚线、点划线等，比如在目录中经常见到的点划线或虚线。在"制表位"对话框的"前导符"选项组中可以设置前导符的形式。完成设置后，按键盘上的Tab键即可按指定的方式产生前导符。

8.4.7 设置边框和底纹

在Word 2007中对文本设置边框和底纹可以使相关文本的内容更加醒目，从而增强Word文档的可读性并使其更美观。

1. 设置文本的边框

在Word 2007中对文本边框的设置通常有两种方式。

（1）通过命令按钮进行边框设置

选中要进行边框设置的文本，在"开始"选项卡"段落"功能组中单击"边框"按钮右侧的下拉按钮，在弹出的边框设置快捷菜单中可以选择文本的边框形式，如图8-66所示，默认情况下边框格式为黑色直线。

（2）通过对话框进行边框设置。

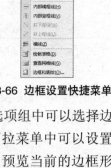

图8-66 边框设置快捷菜单

在"边框"命令快捷菜单中选择"边框和底纹"命令，打开"边框和底纹"对话框，如图8-67所示，在该对话框中"边框"选项卡的"设置"选项组中可以选择边框的形式；在"样式"选项组中可以选择边框的样式；在"颜色"选项的下拉菜单中可以设置边框颜色；在"宽度"选项中可以设置边框的粗细程度。在"预览"区可以预览当前的边框形态，单击其中的图示按钮可以设置和取消相应的边框。在"应用于"选项中可以选择当前的边框设置是应用于文字还是段落，如果选择对段落进行边框设置，此时激活"选项"按钮。单击"选项"按钮，在弹出的对话框中可以设置边框与正文的边距。

单击"页面边框"标签切换到"页面边框"选项卡（单击"页面布局"选项卡中"页面背

景"功能组的"页面边框"按钮也可直接进入到该界面），如图8-68所示。

图 8-67 "边框和底纹"对话框

图 8-68 "边框和底纹"对话框中的"页面边框"选项卡

在该界面中可以对整篇文档等进行更丰富的边框设置，其中在"艺术型"选项组中，单击其右侧的下拉按钮可以在下拉列表中选择色彩和样式更丰富的边框形式。在"应用于"选项中可以在"整篇文档""本节""本节-仅首页"或"本节-除首页外"中选择应用当前的边框设置范围。

单击对话框下方的"横线"按钮，打开"横线"对话框，如图8-69所示，该对话框提供了丰富的供插入到文本中的横线图案形式。

图 8-69 "横线"对话框

2. 设置文本的底纹

在Word 2007中对文本底纹的设置通常有两种方式。

（1）通过"开始"选项卡"段落"功能组中的"底纹"按钮进行设置

选中要进行底纹设置的文本，在"开始"选项卡"段落"功能组中，单击"底纹"命令按钮 右侧的下拉按钮，在弹出的"主题颜色"面板中可以选择底纹的颜色，如图8-70所示。单击"其他颜色"命令，在打开的"颜色"对话框中可以选择其他更丰富的颜色形式。

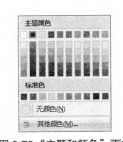

图 8-70 "主题和颜色"面板

（2）通过"边框和底纹"对话框进行设置

在"边框和底纹"对话框中单击"底纹"标签，切换到"底纹"选项卡，如图8-71所示。在该选项卡的"填充"选项组中可以设置所选文本的底纹颜色；在"图案"选项组的"样式"选项中可以设置填充图案的样式，在"颜色"选项中可以设置填充图案的颜色。在"预览"区可以预览当前的底纹状态，在"应用于"选项中可以选择应用当前底纹设置的范围。

图 8-71 "底纹"选项卡

8.4.8 使用格式刷复制格式

Word 2007中的格式刷工具可以将特定文本的格式复制到其他文本中，当需要为不同文本重复设置相同格式时，则可使用"开始"选项卡"剪贴板"功能组中的"格式刷"工具提高工作效率。使用格式刷复制格式的操作方法如下。

选中要应用格式的部分文本内容后（如果要复制文本格式，可选择段落的一部分文本。如果要复制文本和段落格式，则需要选择整个段落，包括段落标记），单击"开始"选项卡"剪贴板"功能组中的"格式刷"按钮，此时光标变为，用鼠标左键拖选需要设置格式的文本，被选中的文本将应用复制的格式。

如果要多次使用格式刷所复制的文本格式，则在选中要应用格式的部分文本内容后双击"格式刷"按钮，在对所拖选的文本应用复制的格式后，再次拖选其他文本实现同一种格式的多次复制，完成格式的复制后，再次单击"格式刷"按钮关闭格式刷。

在利用格式刷复制和应用格式时，可以用相对应的快捷键进行操作。选中要应用的文本格式，按Ctrl+Shift+C快捷键复制文本的格式，选中要应用格式的文本后按Ctrl+Shift+V快捷键即可将所复制的格式应用到所选的文本。

需要注意的是格式刷不能用于艺术字格式的文本的字体和字号的复制。

8.5   表格及图表的应用

在Word 2007中不仅有强大的文字编排功能，而且还能进行表格编排和数据分析，并且将分析结果应用到图表当中。

8.5.1   新建表格

在Word 2007的"插入"选项卡中有多种工具可用于创建表格。常用的创建表格的方法有以下几种。

1. 在"插入表格"面板中拖动鼠标创建表格

单击"插入"选项卡中"表格"功能组的"表格"按钮，打开"插入表格"面板，如图8-72所示。在"插入表格"面板中，拖动鼠标选中合适数量的行和列插入表格。通过这种方式插入的表格会占满当前页面的全部宽度，用户可以通过修改表格属性设置表格的尺寸，如图8-73所示。

图 8-72 "插入表格"面板

图 8-73   在表格列表中通过拖选的方式插入表格

2. 利用"插入表格"对话框创建表格

在"插入表格"面板中，单击"插入表格"命令，打开"插入表格"对话框，如图8-74所示。在"表格尺寸"选项组中可以设置表格的行数和列数。在"（自动调整）操作"选项组中，可以选择表格尺寸的调整形式来确定表格大小。选择"固定列表"选项后，可以指定表格固定的列宽或者自动指定。选择"根据内容调整表格"选项后，表格的列宽将根据所输入的内容的多少自动调节。选择"根据窗口调整表格"选项后，表格的列宽将会根据表格的窗口大小进行自动调整。勾选

图 8-74 "插入表格"对话框

"为新表格记忆此尺寸"复选框后，以后表格的创建都以当前的设置进行。

3. 用手绘形式创建表格

在"插入表格"面板中，选择"绘制"命令，此时鼠标光标变为 ∅ 形状，在要创建表格的位置按下鼠标左键，拖动绘制出表格边框，如图8-75所示。再在水平方向拖动鼠标进行表格行的绘制，如图8-76所示。在竖直方向上拖动鼠标进行表格列的绘制，如图8-77所示。通过多次绘制可创建出比较复杂的表格形式，如图8-78所示。

图 8-75 绘制表格边框

图 8-76 绘制表格的行

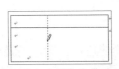

图 8-77 绘制表格的列

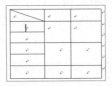

图 8-78 通过多次绘制产生的复杂表格

4. 通过插入 Excel 电子表格创建表格

在"插入表格"面板中，单击"Excel电子表格"命令，将会在当前位置插入如图8-79所示的Excel电子表格。

图 8-79 Word 2007 中插入的 Excel 电子表格

5. 通过表格模板创建表格

在Word 2007中内置有多种用途、多种样式的表格模板供用户快速创建表格。使用表格模板创建的表格只需编辑表格的文字内容，并对表格行列进行简单设置即可满足需求。在"插入表格"面板中，单击"快速表格"命令，弹出"内置"表格样式菜单，如图8-80所示，可以选择一种适合的表格模板进行内容编辑，以便快速创建有格式的表格。

图 8-80 "内置"表格样式菜单

8.5.2 在表格中输入数据

在Word 2007中插入表格后，可以在需要输入内容的单元格中单击鼠标左键，使当前单元格处于可编辑状态，然后即可输入内容。在改变输入内容的单元格时，可以通过鼠标左键单击下一个单元格，也可以按下Tab键让光标跳到下一单元格当中，还可以按键盘上的方向键让光标在不同的单元格之间进行切换，输入内容。

8.5.3 表格元素的基本操作

在对表格进行编辑的过程中，可对表格中的单元格、行、列等各种元素进行选定、插入、删除等基本操作。表格中的各元素如图8-81所示。

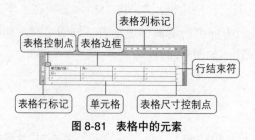

图 8-81 表格中的元素

1．选定表格中的单元格、行、列及整个表格

选定表格中的单元格、行、列及整个表格的方法如下。

（1）选定单元格

在表格中，将光标移动到准备选中的单元格内部左侧的边框位置。当光标呈黑色箭头形状▗时，单击鼠标左键即可选中当前单元格，所选定的单元格将以高亮显示，如图8-82所示。也可在"表格工具"选项卡区的"布局"选项卡中（只有光标处于表格中时，才会出现"表格工具"选项卡区），单击"表"选项组中的"选择"按钮，如图8-83所示，在弹出的快捷菜单中单击"选择单元格"命令选中当前单元格，如图8-84所示。

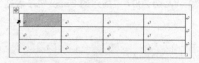

图 8-82 单击鼠标选中单元格

图 8-83 "表格工具"选项卡区"布局"选项卡

如果在光标呈黑色箭头形状时按住鼠标左键向上或向下拖动鼠标，则可以选中连续的多个单元格，如图8-85所示。

图 8-84 "选择"快捷菜单

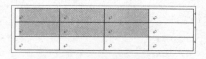

图 8-85 选中连续单元格

（2）选定表格的行和列

在表格中，将光标移动到准备选中行的边框位置。当光标呈黑色箭头形状▗时，双击鼠标左键即可选中当前行，如图8-86所示。也可将光标置于当前行的任意一个单元格中后，在图8-84所示的快捷菜单中单击"选择行"命令选中当前行。还可以拖动鼠标选择同行的所有单元格完成对当前行的选定。

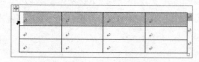

图 8-86 选定表格的行

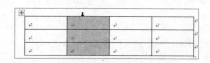

图 8-87 选定表格的列

当把光标移至列所在上方表格边框处时，光标变成⬇形状，此时单击鼠标即可选定当前列，如图8-87所示。也可将光标置于当前行的任意一个单元格中后，在图8-84所示的快捷菜单中单击"选择列"命令选中当前列。还可以拖动鼠标选择同列的所有单元格完成对当前列的选定。

（3）选定整个表格

单击表格上的"表格控制点"可以选定整个表格，如图8-88所示。也可以在图8-84所示的快捷菜单中单击"选择表格"命令选定表格。还可拖动鼠标选择所有单元格以选定当前表格。

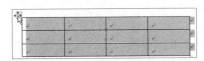

图8-88 单击表格上的"表格控制点"选定表格

2. 在表格中插入单元格、行及列

在表格中插入单元格、行及列的方法如下。

（1）在表格中插入单元格

在Word 2007中，插入或删除单元格的操作并不常见。因为插入或删除单元格会使Word表格变得参差不齐，不利于Word文档排版。在编排过程中可以根据实际需要插入和删除单元格。

在表格中要插入单元格的位置单击鼠标右键，在弹出的快捷菜单中选择"插入"命令，打开如图8-89所示的子菜单，并在子菜单中选择"插入单元格"命令，打开"插入单元格"对话框（单击"布局"选项卡中"行和列"功能组的"更多"按钮也可打开该对话框），如图8-90所示。在对话框中选择"活动单元格右移"或"活动单元格下移"选项，单击"确定"按钮，完成单元格的插入，如图8-91所示。

图8-89 "插入"命令子菜单

注意：当选择"插入单元格"对话框中的"活动单元格下移"时，则会插入整行。

图8-90 "插入单元格"对话框   图8-91 选择"活动单元格右移"时插入的单元格

（2）在表格中插入行和列

在Word 2007文档表格中，可以根据实际需要插入行或列。在表格中需要插入行或者列的单元格中单击鼠标右键，在弹出的快捷菜单中单击"插入"命令，并在打开的下一级菜单中选择"在左侧插入列""在右侧插入列""在上方插入行"或"在下方插入行"命令，即可在当前单元格插入所需的行或列。

也可在"表格工具"选项卡区中，选择"布局"选项卡中"行和列"功能组的"在上方插入""在下方插入""在左侧插入"或"在右侧插入"命令按钮插入行或列，如图8-92所示。

将光标置于表格的"行结束符"位置时，按Enter键也可以在当前行下方插入新的行。

图8-92 "行和列"功能组

3. 删除单元格、行和列

删除单元格、行和列的方法如下。

（1）删除单元格

在表格中右键单击要删除的单元格。在弹出的快捷菜单中选择"删除单元格"命令，打开"删除单元格"对话框，如图8-93所示。如果选择"右侧单元格左移"选项，则删除当前单元格，如图8-94所示。如果选择"下方单元格上移"选项，则在删除当前单元格同时，当前列的最末将自动补上一单元格，以确保表格列的完整性。

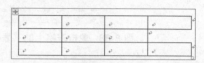

图8-93 "删除单元格"对话框　　　　图8-94 选择"右侧单元格左移"删除单元格

也可在"布局"选项卡 "行和列"功能组中单击"删除"按钮，在弹出的下拉菜单中选择"删除单元格"命令，打开"删除单元格"对话框，如图8-95所示。

8-95 "删除"按钮下拉菜单

（2）删除表格中的行和列

在对表格进行编辑的过程中，经常需要进行删除整行或整列的操作。在表格中右击需要删除的行或列中的任意一个单元（也可以先选中需要删除的行或列，然后右击选中的行或列），在弹出的快捷菜单中选择"删除单元格"命令，在"删除单元格"对话框中选择"删除整行"或"删除整列"命令后单击"确定"按钮，删除当前行或列。也可以在图8-94所示的"删除"按钮下拉菜单中选择"删除列"或"删除行"以删除当前行或列。

4. 删除表格

在Word 2007文档中，不仅可以删除表格中的行、列或单元格，还可以删除整个表格。

单击将删除的表格中的任意一个单元格，然后在图8-95所示的"删除"按钮下拉菜单中选择"删除表格"命令即可删除当前表格。也可选中整个表格后，用剪切操作将当前表格移至剪切板中，从而实现对当前表格的移除。

8.5.4　合并和拆分单元格及拆分表格

合并、拆分单元格及拆分表格的方法如下。

1. 合并单元格

在表格中，通过"合并单元格"功能可以将两个或两个以上的单元格合并成一个单元格，从而制作出复杂的表格形式。通常情况下合并单元格可以通过三种方式实现。

（1）通过单元格右键快捷菜单合并单元格

选中准备合并的两个或两个以上的单元格，右击被选中的单元格，在打开的快捷菜单中选择

"合并单元格"命令，如图8-96所示，即可将所选的多个单元格合并为一个单元格，如图8-97所示。

图 8-96　单元格右键快捷菜单

图 8-97　合并单元格后的表格形式

（2）通过"布局"选项卡中的相应按钮合并单元格

选中需要合并的两个或两个以上的单元格，在"表格工具"选项卡区的"布局"选项卡中，单击"合并"功能组中的"合并单元格"按钮，即可完成对所选单元格的合并，如图8-98所示。

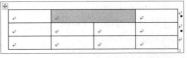

图 8-98　"布局"选项卡"合并"功能组

（3）通过"设计"选项卡中的相应按钮合并单元格

在"表格工具"选项卡区的"设计"选项卡中单击"绘图边框"功能组中的"擦除"按钮，如图8-99所示，此时鼠标光标变成橡皮擦形状，单击单元格边框线即可将其擦除，使相邻的两个单元格合并在一起。完成合并后按下键盘上的Esc键或者再次单击"擦除"按钮可取消擦除状态。

图 8-99　"表格工具"选项卡区"设计"选项卡

2. 拆分单元格

在Word 2007文档的表格中，通过"拆分单元格"功能可以将一个单元格拆分成两个或多个单元格，从而制作比较复杂的表格形式。通常情况有两种方式可以实现拆分单元格的操作。，

（1）通过单元格右键快捷菜单拆分单元格

在表格中右击需要拆分的单元格，在弹出的快捷菜单中选择"拆分单元格"命令，打开"拆分单元格"对话框，如图8-100所示。在该对话框中，分别设置要拆分成的"列数"和"行数"后，单击"确定"按钮完成对当前单元格的拆分。

（2）通过"布局"选项卡中的相应按钮拆分单元格

在表格中单击要拆分的单元格。在"表格工具"选项卡区"布局"选项卡中单击"合并"功能组中的"拆分单元格"按钮，打开如图8-99所示的"拆分单元格"对话框，从而实现单元格的拆分操作。

3. 拆分表格

在Word 2007中，用户可以根据实际需要将一个表格拆分成多个表格。但是表格只能从行拆分，不能从列拆分。

单击表格中要进行拆分的行中的任意单元格，在"表格工具"选项卡区"布局"选项卡中，单击"合并"功能组中的"拆分表格"按钮，即可完成对当前表格的拆分，如图8-101所示，拆分后拖动表格中的"表格控制点"即可将两表格分开。

图 8-100 "拆分单元格"对话框

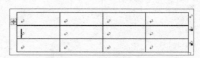

图 8-101 拆分后的表格

8.5.5 设置表格格式

在表格中经常需要对表格中的各种参数进行设置，包括表格的行高和列宽、表格和单元格的对齐方式、斜线表头、表格边框及文字方向的设置等。具体操作如下。

1. 调整表格的行高和列宽

通常情况下有三种方法可以设置表格的行高和列宽。

（1）拖动边框线

通过拖动表格的边框线可以快速地调整表格的行高、列宽及整个表格的尺寸大小，但是这种方式仅适用于对尺寸要求不是很精确的尺寸调整，尤其适用于已经填充了内容的Word表格。

将鼠标光标放在单元格、行或列的边框线上，当鼠标光标变为双横线双箭头形状 ÷ 或双竖线双箭头形状 ⊣⊢ 时，按住鼠标上下或左右拖动即可改变当前行高或列宽，如图8-102所示。也可以用同样的方法拖动标尺上的行标记或列标记调整表格的行高或列宽。

将鼠标光标放在表格尺寸控制点上，当鼠标光标变为斜向双箭头形状 "⬂" 时，按住左键进行拖动即可调整当前表格的尺寸大小，如图8-103所示。

图 8-102 拖动边框线调整表格列宽

图 8-103 拖动表格尺寸控制点调整表格尺寸

（2）使用"布局"选项卡中的相应按钮

在"表格工具"选项卡区"布局"选项卡的"单元格大小"功能组中，分别使用行高微调按钮和列宽微调按钮或在其前文本框中输入要设置的数值，准确设置表格中的行高和列宽，如图8-104所示。

单击"自动调整"按钮，在弹出的下拉菜单中可以选择"根据内容自动调整""根据窗口自动调整"或"固定列宽"对表格的行高列宽进行自动调整，如图8-105所示。在表格中要调整的行或列中的任意一个单元格上单击鼠标右键，在弹出的快捷菜单中选择"自动调整"命令，在其子菜单中同样可以选择"根据内容自动调整""根据窗口自动调整"或"固定列宽"命令。

图 8-104 "布局"选项卡"单元格大小"功能组

图 8-105 "自动调整"按钮下拉菜单

单击"分布行"或"分布列"按钮则会在不改变表格总体尺寸的情况下，平均分布所有行或列的尺寸，使表格外观整齐统一。也可以在选中整个表格后单击鼠标右键，在弹出的快捷菜单中选择"平均分布各行"或"平均分布各列"实现行和列的平均分布。

（3）在"表格属性"对话框中精确设置

在"单元格大小"功能组中单击"更多"按钮，打开"表格属性"对话框（在"布局"选项卡中单击"表"功能组中的"属性"按钮也可以打开该对话框），如图8-106所示。在该对话框的"行"选项卡和"列"选项卡中可以准确设置表格中的行高和列宽。

其中"尺寸"选项组中，"指定高度"选项可以设置当前行的高度值，"行高值是"选项中可以选择行高值是"最小值"还是"固定值"。

在"行"选项卡"选项"选项组中，如果勾选了"允许跨页断行"复选框，则当某行的内容不能完整地在当前页中显示时，将会自动断行将其余部分在下一页中显示出来，即表格中的某一行分别在两个页面中显示。

单击"上一行"或"下一行"按钮则可以对相应的行进行设置。

同样的道理，在"列"选项卡中也可以对列宽进行相应的设置。

图8-106 "表格属性"对话框"行"选项卡

2. 设置表格和单元格的对齐方式

在对表格进行编辑的过程中，往往需要设置表格中内容的对齐方式，以达到美化表格的作用。

选中要进行对齐方式设置的单元格、行、列或整个表格，单击鼠标右键，在弹出的快捷菜单中选择"单元格对齐方式"，在子菜单中选择相应的对齐方式即可完成对表格中所选内容的对齐设置，如图8-107所示。

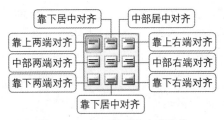

图8-107 单元格对齐方式菜单

在"布局"选项卡的"对齐方式"功能组中，单击相应的按钮也可对表格中所选的内容进行对齐设置，如图8-108所示。

图8-108 "对齐方式"选项组

3. 斜线表头的设置

在对表格编辑的过程中往往需要在表头中加入斜线来标识横向和纵向两列单元格的内容。

单击表格中的第一个单元格，在"布局"选项卡的"表"功能组中，单击"绘制斜线表头"按钮，如图8-109所示，打开"插入斜线表头"对话框，如图8-110所示。

图 8-109 "布局" 功能选项卡中的 "表" 选项组

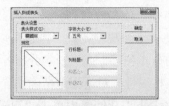

图 8-110 "插入斜线表头" 对话框

在该对话框的 "表头样式" 选项中, 可以选择不同的表头样式, 选择样式后, 在 "预览" 区可以查看当前的表头样式, 并可以在 "行标题" "列标题" "标题三" "标题四" 中设置对应的标题名称; 在 "字体大小" 选项中可以设置标题的字体大小, 如图8-111所示。

图 8-111 插入了 "样式一" 表头的表格

4. 表格边框和底纹的设置

在对表格进行编辑的过程中, 有时候还需要对表格的边框的宽度、颜色、样式和边框显示位置等进行设置, 有时也需要对表格中单元格或整个表格进行底纹设置, 以达到美化表格的目的。对表格边框和底纹的设置类似于对文本边框和底纹的设置, 通常有两种方式可以实现。

（1）通过边框设置快捷菜单进行设置

在表格中选中需要设置边框的单元格、行、列或整个表格, 在 "开始" 选项卡的 "段落" 功能组中单击 "边框" 按钮, 在弹出的设置快捷菜单中选择将进行设置的边框形式。

在 "设计" 选项卡的 "表样式" 功能组中, 单击 "边框" 按钮的下拉按钮, 也可以打开边框设置快捷菜单。

（2）通过 "表格工具" 选项卡区的 "设计" 选项卡进行设置

在表格中选中需要设置边框的单元格、行、列或整个表格。在 "表格工具" 选项卡区 "设计" 选项卡的 "绘图边框" 功能组中, 单击 "更多" 按钮, 打开 "边框和底纹" 对话框, 如图8-112所示。在其 "边框" 和 "底纹" 选项卡中, 可以分别对表格的边框和底纹进行设置, 在 "应用于" 选项中可设置边框和底纹的设置。

图 8-112 "设计" 选项卡 "绘图边框" 选项组

在选中需要设置边框的单元格、行、列或整个表格的情况下选择边框设置快捷菜单中的 "边框和底纹" 命令同样可以打开 "边框和底纹" 对话框。

在 "布局" 选项卡中单击 "表" 功能组中的 "属性" 按钮, 打开 "表格属性" 对话框, 在该对话框的 "表格" 选项卡中单击 "边框和底纹" 按钮, 也可以打开 "边框和底纹" 对话框。

在 "设计" 选项卡的 "表样式" 功能组中, 单击 "底纹" 按钮的下拉按钮, 在打开的 "主题和颜色" 面板中可以选择颜色对底纹进行颜色设置。

在“绘图边框”选项组中分别设置笔样式、笔画粗细和笔颜色后，单击“绘制表格”命令按钮，用手绘形式绘制表格时所设置的笔样式、笔画粗细和笔颜色将会应用到新绘制的表格中。

8.5.6 文本与表格之间的转换

在Word 2007中，可以将Word表格中的内容转换为文本，以达到去掉表格并提取出表格中的内容的目的。

1. 将表格内容转换为文本

将表格内容转换为文本的步骤如下。

Step 01 选中需要转换为文本的表格，在“布局”选项卡“数据”功能组中单击“转换为文本”按钮，如图8-113所示，弹出“表格转换成文本”对话框，如图8-114所示。

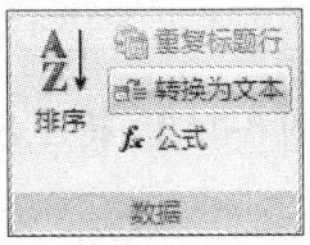

排序
重复标题行
转换为文本
公式
数据

图 8-113 “数据”功能组

表格转换成文本
文字分隔符
段落标记(P)
制表符(T)
逗号(M)
其他字符(O):
转换嵌套表格(C)
确定
取消

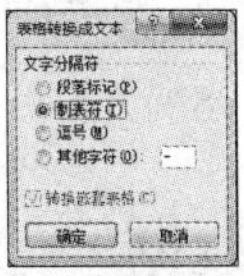

图 8-114 “表格转换成文本”对话框

Step 02 在该对话框中，选择“段落标记”“制表符”“逗号”或“其他字符”选项。选择任何一种标记符号都可以转换成文本，只是转换生成的排版方式或添加的标记符号有所不同。最常用的是“段落标记”和“制表符”两个选项。勾选“转换嵌套表格”复选框，可以将嵌套表格中的内容同时转换为文本。

Step 03 设置完毕单击“确定”按钮即可实现表格内容转换为文本，如图8-115所示。

星期一 星期二 星期三
1-2 节 计算机基础 英语 色彩构成
3-4 节

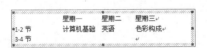

图 8-115 表格内容转换为文本

可见在“表格转换成文本”对话框中选择“制表符”选项后，表格中的内容转换为文本时其文本位置不会变化。

2. 将文本内容转换为表格

在Word 2007中，不仅可以轻松地将表格内容转换为文本，还可以将文字转换成表格，但是在转换前需要使用分隔符号将文本合理分隔。Word 2007能够识别常见的分隔符，例如段落标记（用于创建表格行）、制表符和逗号（用于创建表格列）。例如，对于只有段落标记的多个文本段落，Word 2007可以将其转换成单列多行的表格；而对于同一个文本段落中含有多个制表符或逗号的文本，Word 2007可以将其转换成单行多列的表格；包括多个段落、多个分隔符的文本，Word 2007可以转换成多行、多列的表格。

在Word 2007中将文字转换成表格的步骤如下。

Step 01 给准备转换成表格的文本添加段落标记和分隔符（建议使用最常见的逗号分隔符，并且逗号必须是英文半角逗号），并选中需要转换成的表格的所有文字，如图8-116所示。

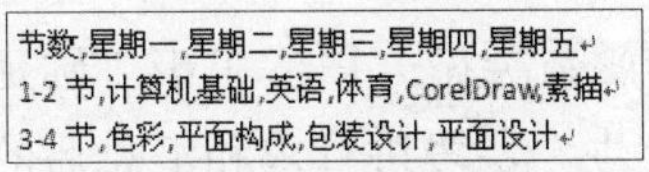

节数,星期一,星期二,星期三,星期四,星期五
1-2 节,计算机基础,英语,体育,CorelDraw,素描
3-4 节,色彩,平面构成,包装设计,平面设计

图 8-116 用分隔符分隔文本

如果不同段落含有不同的分隔符，则Word 2007会根据分隔符数量为不同行创建不同的列。

Step 02 在"插入"选项卡的"表格"功能组中单击"表格"按钮，在弹出的下拉菜单中选择"将文字转换为表格"命令，打开"将文字转换成表格"对话框，如图8-117所示。

Step 03 在该对话框的"列数"选项中将自动出现转换生成表格的列数，如果该列数为1则说明分隔符使用不正确，需要返回上面的步骤修改分隔符。在"自动调整"操作选项组中可以选中"固定列宽""根据内容调整表格"或"根据窗口调整表格"选项，用以设置转换生成的表格列宽。在"文字分隔位置"选项组中Word 2007将默认选中文本中使用的分隔符。

图 8-117 "将文字转换成表格"对话框

Step 04 设置完后单击"确定"按钮，完成文本转为表格的操作，如图8-118所示。

节数	星期一	星期二	星期三	星期四	星期五
1-2 节	计算机基础	英语	体育	CorelDraw	素描
3-4 节	色彩	平面构成	包装设计	平面设计	

图 8-118 将图 8-116 所示的文本转换为表格

8.5.7 计算表格数据

在数据表格中利用Word 2007提供的函数可以对表格中的数据进行各种计算。

在需要进行数据排序的表格中单击任意单元格，如图8-119所示，在"表格工具"选项卡区"布局"选项卡中的"数据"功能组中单击"排序"按钮，打开"排序"对话框，如图8-120所示。

学院	新生	毕业生	变动
Cedar 大学	1110	1103	+7
Elm 学院	1223	1214	+9
Maple 高等专科院校	1197	1120	+77
Pine 大学	2134	1521	+13
汇 总			

图 8-119 原始数据表格　　　　**图 8-120 "排序"对话框**

在"排序"对话框中设置对数据排序的关键字及类型，并选择一种排序形式，在"列表"选项组中选择当前表格是"有标题行"或"无标题行"，如果选择"无标题行"，则表格中的标题也会参与排序。设置完后单击"确定"按钮则完成排序操作。图8-121所示为对图8-119中的表格以"新生"作为主关键字选择降序排序的结果。

学院	新生	毕业生	变动
Pine 大学	2134	1521	+13
Elm 学院	1223	1214	+9
Maple 高等专科院校	1197	1120	+77
Cedar大学	1110	1103	+7
汇 总			

图 8-121 以"新生"作为主关键字降序排序

如果要对表格中的数据进行求和计算，则在需要进行数据计算的表格中单击放置计算结果的单元格。在"表格工具"选项卡区中"布局"选项卡的"数据"功能组中单击"公式"按钮，打开"公式"对话框，如图8-122所示。在"粘贴函数"选项中选择求和函数SUM（如果是进行其他计算，则可以选择相应的函数类型）后，单击"确定"按钮完成计算。图8-123所示为对图8-119中表格"新生"和"毕业生"字段进行求和汇总后的结果。

图 8-122　"公式"对话框

学院	新生	毕业生	变动
Cedar 大学	1110	1103	+7
Elm 学院	1223	1214	+9
Maple 高等专科院校	1197	1120	+77
Pine 大学	2134	1521	+13
汇总	5664	4958	

图 8-123　对"新生"和"毕业生"字段进行求和汇总

8.5.8　创建与设置图表

在 Word 2007 中不仅可以对表格中的数据进行计算，还可以对表格数据进行分析，生成形象直观的图表。具体步骤如下。

Step 01　选中要生成图表的表格，在"插入"选项卡的"插图"功能组中单击"图表"按钮，如图8-124所示。

Step 02　打开"插入图表"对话框，如图8-125所示，在左侧列表中选择图表模板，并在右侧窗口中选择合适的图表样式。

图 8-124 "插图"选项组

图 8-125 "插入图表"对话框

Step 03　单击"确定"按钮，在当前文档中插入图表，如图8-126所示，同时打开一个插入有 Excel 数据表的 Excel 文档，Word 图表中所显示的数据正是该数据表中的数据，如图8-127所示。

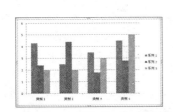

图 8-126　文档中插入的图表样式

图 8-127　与图表相对应的 Excel 文档

Step 04　在数据表中根据需要进一步对数据和数据表的格式进行更改和设置，当对数据表中的数据进行更改时，图表将自动与之匹配。在该数据表中即可完成对图表数据的输入和调整。

Step 05　在"图表工具"选项卡区的"设计"、"布局"和"格式"选项卡中根据需要可进行相关设置，完成图表制作，如图8-128所示。

图 8-128　Word 2007 中"图表工具"选项卡区

在"设计"选项卡中可以对图表的类型、样式、图表布局及数据表的数据和格式进行修改和设置。

在"布局"选项卡中可以对图表所涉及的"标题""坐标轴""图例""数据标签""网格线""趋势线"等进行设置。

在"格式"选项卡中可以对图表的颜色、效果等格式进行更精美的设置。

8.6　图片及艺术字

在Word 2007中不仅可以应用表格，还可以方便地插入图片和艺术字等特殊的对象，从而创建图文并茂的Word文档。

8.6.1　在文档中插入图片

在文档中插入图片可以分为插入系统自带的剪贴画和外部图片两种类型。

1. 插入剪贴画

Word 2007自带了许多精美实用的图片，这些图片被放在剪辑库中，所以被称为剪贴画，剪贴库中包括了各种行业的图片，包括人物、动物、花草、建筑、商业及一些活动等类型。

要在文档中插入剪贴画时，在"插入"选项卡的"插图"功能组中单击"剪贴画"按钮，这时在文档的右边将出现"剪贴画"窗格，如图8-129所示。在"搜索文字"选项中输入要查找的剪贴画的关键字，比如"人物"；在"搜索范围"选项的下拉列表中可以选择进行剪贴画搜索的范围；在"结果类型"选项的下拉列表中可以选择进行剪贴画搜索的文件类型，包括剪贴画、照片、影片和声音几种类型。设置完成后单击"搜索"按钮，搜索结果将在窗格的显示区中列出。

图 8-129　"剪贴画"窗格

如果不进行任何设置，直接单击"搜索"按钮，则会搜索出剪辑库中的所有对象。单击"管理剪辑"打开"剪辑管理器"窗口，如图8-130所示。在左侧的"收藏集"列表中选择不同的剪贴画类型，则右侧的显示窗口将显示所选类型的所有剪贴画。

在"剪贴画"窗格的显示区中单击要插入的剪贴画即可将其插入到文档中，如图8-131所示。

图 8-130 "剪辑管理器"窗口

图 8-131 在文档中插入剪贴画

2. 插入图片

在Word 2007中可以插入的图片类型包括位图、矢量图、扫描的图片和照片等。

要将图片插入到文档中时，在"插入"选项卡的"插图"功能组中单击"图片"按钮，打开"插入图片"对话框，如图8-132所示。

在"文件类型"编辑框中将列出最常见的图片格式。通过"查找范围"找到要插入的图片并将其选中，然后单击"插入"按钮即可将所选图片插入到文档中，如图8-133所示。

图 8-132 "插入图片"对话框

图 8-133 在文档中插入图片

8.6.2 设置图片格式

在Word 2007中插入图片后，还可以对图片进行进一步的编辑，以达到美观的效果。在"图片工具"选项卡区的 "格式"选项卡（只有选中插入在文档中的图片时，该选项卡才会显示出来）中通过对各命令按钮的操作可以方便地对图片的尺寸大小、颜色、亮度、对比度等进行设置；还可以方便地进行图片裁剪，以及设置图片与文本的位置关系，以达到美观的图文混排效果。

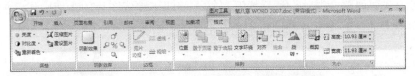

图 8-134 "图片工具"选项卡区"格式"选项卡

1. 调整图片尺寸

在Word 2007中，可以通过多种方式设置图片尺寸，常用的有以下三种方式。

（1）拖动图片控制点调整图片尺寸大小

在Word文档中选中插入的图片的时候，图片的周围会出现8个圆形或方形的调节控制点。将光标指向控制点时鼠标光标变为双箭头形状，此时拖动控制点即可调整图片大小。拖动顶角点的控制点可以按照宽高比例放大或缩小图片的尺寸，拖动左右两侧的控制点可以调整图片的宽度，拖动上下两边的控制点可以调整图片的高度，如图8-135所示。

（2）直接输入图片尺寸调整图片尺寸大小

用拖动图片控制点的方式不能精确地调整图片的尺寸大小，如果需要精确控制图片在Word文档中的尺寸，则可以直接在"格式"选项卡的"大小"功能组中设置图片的"高度"和"宽度"数值以精确调整图片尺寸，如图8-136所示。

图 8-135　拖动图片控制点调整图片尺寸　　　　图 8-136　"格式"选项卡中的"大小"功能组

（3）在"大小"对话框设置图片尺寸

在对图片尺寸进行调整时，如果需要对图片尺寸进行更细致的设置，则可以单击"格式"选项卡"大小"功能组右下角的"更多"按钮，打开"设置图片格式"对话框中的"大小"选项卡（也可以右击图片，在弹出的快捷菜单中选择"设置图片格式"命令打开"设置图片格式"对话框，单击其中的"大小"标签切换到"大小"选项卡），如图8-137所示。

图 8-137　"设置图片格式"对话框"大小"选项卡

在该选项卡的"高度"和"宽度"选项组中可以设置图片的高度和宽度尺寸；在"缩放"选项组中如果选中"锁定纵横比"和"相对图片原始大小"复选框，并设置高度或宽度的缩放百分比，则"高度"和"宽度"选项组中的宽度和高度将进行自动调整；如果改变图片尺寸后不满意，可以单击"重设"按钮恢复图片原始尺寸。设置完成后单击"确定"按钮即可完成对图片尺寸大小的设置。

2. 裁剪图片

在Word 2007中不仅可以对图片的尺寸大小进行调整，还可以方便地对图片进行裁剪操作，以截取图片中需要的部分。

单击选中需要进行裁剪的图片，在"格式"选项卡的"大小"功能组中单击"裁剪"按钮，此时鼠标光标变为　形状，并且图片周围出现8个裁剪控制点，用鼠标拖动控制柄将对图片进行相应方向的裁剪调整，调整合适后松开鼠标左键即可完成图片的裁剪操作，如图8-138和图8-139所示。再次单击"裁剪"按钮即可退出裁剪状态。

图 8-138　用"裁剪"工具对图片进行裁剪　　　　图 8-139　裁剪后的图片

也可以在"设置图片格式"对话框中单击"图片"标签切换到"图片"选项卡，如图8-140所示。在该选项卡的"裁剪"选项组中分别设置左、右、上、下的裁剪尺寸后，单击"确定"按钮，即可按指定的尺寸对当前图片进行裁剪操作。如果裁剪后的图片不符合要求，可以单击"重设"按钮恢复图片的原始尺寸。用这种方式可以精确地控制裁剪图片的大小。

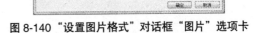

图 8-140 "设置图片格式"对话框"图片"选项卡

3. 设置图片颜色、亮度及对比度

Word 2007中提供了对图片进行颜色、亮度及对比度调整的功能，可实现更美观的效果。

（1）设置图片的颜色

在Word 2007中可以为图片重新着色，实现图片的自动、灰度、黑白、冲蚀等显示效果。

选中需要重新着色的图片。在"图片工具"选项卡区的"格式"卡中，单击"调整"功能组中的"重新着色"按钮，如图8-141所示，在弹出的下拉菜单中可以设置图片为自动、灰度、黑白或冲蚀显示效果，如图8-142所示，图8-143所示为应用了灰度效果的图层。

图 8-141 "格式"选项卡"调整"选项组　图 8-142 "重新着色"按钮下拉菜单　图 8-143 应用了灰度效果的图片

另外，在"图片"选项卡的"图像控制"功能组中单击"颜色"选项右侧的下拉按钮，在其下拉菜单中也可选择图片的显示效果。

（2）设置图片的亮度

选中需要设置亮度的图片，单击"格式"选项卡"调整"功能组中的"亮度"按钮，打开图8-144所示的菜单，在该菜单中可以在-40%~+40%范围中对图片的亮度进行设置，调整幅度以10%为增量。

如果要对图片亮度进行更细致的设置，可以在"亮度"按钮下拉菜单中单击"图片修正选项"，打开"图片格式设置"对话框的"图片"选项卡。在该选项卡的"图像控制"选项组中，拖动"亮度"选项中的滑块或在其后的亮度微调框以1%为增量进行设置，从而实现对图片亮度的细致调整，图8-145所示为图片设置了增加20%的亮度。

图 8-144 "亮度"按钮下拉菜单　　　　图 8-145 为图片设置增加 20% 亮度后的效果

（3）设置图片的对比度

选中需要设置对比度的图片，单击"格式"选项卡"调整"功能组中的"对比度"按钮，打开图8-146所示的菜单，在该菜单中可以在-40%~+40%范围中对图片的对比度进行设置，调整幅度以10%为增量。

如果要对图片亮度进行更细致的设置，可以在"对比度"按钮下拉菜单中单击"图片修正选项"，打开"图片格式设置"对话框的"图片"选项卡。在该选项卡的"图像控制"选项组中，拖动"对比度"选项中的滑块或在其后的对比度微调框以1%为增量进行设置，从而实现对图片对比度的细致调整，图8-147所示为增加了20%对比度的图片。

图 8-146 "对比度"按钮下拉菜单

图 8-147 增加了 20% 对比度的图片

4. 设置图片的阴影效果

在Word 2007文档中，用户可以为选中的图片设置阴影效果。

选中需要设置阴影效果的图片。在"图片工具"选项卡区"格式"选项卡中，单击"阴影效果"功能组中的"阴影效果"命令，如图8-148所示，在弹出的阴影样式列表中选择合适的阴影样式即可为当前图片添加阴影效果，如图8-149所示。单击"阴影效果"选项组中右侧的阴影方向按钮可以调整阴影的方向。单击其中的"阴影颜色"，在弹出的"主题颜色"面板中可以选择设置阴影的颜色，图8-150所示为添加了阴影效果的图片。

图 8-148 "格式"功能卡"阴影效果"选项组

图 8-149 阴影样式列表

图 8-150 添加了阴影效果的图片

5. 文字与图片的位置关系

在Word 2007中改变图片与文本的位置关系是图文混排的一种方法，设置合适的位置关系可以让文档排列变得美观得体。默认情况下，插入到文档中的图片将作为字符插入到Word文档中，其位置会随着其他字符的改变而改变，用户不能自由移动图片，而通过设置图片的文字环绕方式，可以自由移动图片的位置。

（1）设置图片在当前页中的位置关系

在"图片工具"选项卡区"格式"选项卡中，单击"排列"功能组中的"位置"按钮，在弹出的位置列表中可以选择一种图片在文本中的位置形式，如图8-151，图8-152所示。

图 8-151 "格式"选项卡"排列"功能组

图 8-152 图片在文本中的位置关系列表

（2）设置文字与图片的环绕方式

选中需要设置文字环绕的图片，在"格式"选项卡"排列"功能组中单击"文字环绕"按钮，在弹出的下拉菜单中根据需要选择一种适合的文字环绕形式，如图8-153所示。

图 8-153 "文字环绕"按钮下拉菜单

在上述的两个列表中选择"其他布局选项"命令，都可以打开"高级版式"对话框的"文字环绕"选项卡，如图8-154所示。在"环绕方式"选项组中同样可以进行环绕方式的选择。选择非嵌入类型时，可以在"自动换行"选项组中设置环绕文字的换行形式，在"距正文"选项组中设置图片与文字的距离。

每种环绕方式的含义如下。

嵌入型：即图片插入时的默认形式，图片以字符的形式插入，其位置不能随意移动。

图 8-154 "文字环绕"选项卡

四周型：不管插入的图片是否为矩形，文字以矩形方式环绕在图片四周，如图8-155所示。

紧密型：如果图片是矩形，则文字以矩形方式环绕在图片周围；如果图片是不规则图形，则文字将紧密环绕在图片四周，如图8-156所示。

衬于文字下方：当图片与文字分为两层时，如果图片在下层、文字在上层，则文字将覆盖图片，如图8-157所示。

图 8-155 四周型

浮于文字上方：当图片与文字分为两层时，如果图片在上层、文字在下层，则图片将覆盖文字，如图8-158所示。

上下型：文字环绕在图片上方和下方，如图8-159所示。

穿越型：文字可以穿越不规则图片的空白区域环绕图片，如图8-160所示。

编辑环绕顶点：在"文字环绕"按钮下拉菜单中选择此页可编辑文字环绕区域，实现更个性化的环绕效果，如图8-161所示。

图 8-156 紧密型

图 8-157 衬于文字下方

图 8-158 浮于文字上方

图 8-159 上下型

图 8-160 穿越型

图 8-161 编辑环绕顶点

8.6.3　插入艺术字与文本框

应用艺术字与文本框可以设计出更美观、更立体的Word文档。

1. 插入艺术字

在Word 2007中艺术字是具有特殊效果的文字，用户可以根据需要自主创建多种形式的艺术文字形态，也可以使用预定义的形状创建文字。利用各种各样的艺术字可以增加文档的艺术效果。

在"插入"选项卡的"文本"功能组中，单击"艺术字"按钮，如图8-162所示，在弹出的艺术字样式列表中，选择一种适合的艺术字样式，如图8-163所示，打开"编辑艺术字文字"窗口，如图8-164所示。在该窗口中输入要产生艺术字效果的文字，并且可以对文字进行字体、字号、加粗和倾斜等设置，设置完成后单击"确定"按钮即可完成艺术字的插入，如图8-165所示。

图 8-162　"文本"选项组

图 8-163　艺术字样式列表

图 8-164　"编辑艺术字文字"窗口

图 8-165　在文档中插入的艺术字效果

2. 插入文本框

在Word 2007中内置有多种样式的文本框，使用文本框可以将文档中的对象很方便地放置到文档页面的指定位置，而不必受到段落格式、页面设置等因素的影响，从而达到美化和快速准确地排版的目的。

在"插入"选项卡的"文本"功能组中单击"文本框"按钮，在打开的文本框内置样式列表中，如图8-166所示，选择一种适合的文本框样式，即会在文档中插入所选样式的文本框，如图8-167所示。此时在该文本框中既可输入文字也可插入别的对象。

尽管Word 2007中内置有多种样式的文本框，但这些文本框可能并不适合用户的实际需求。此时可以利用Word 2007中绘制文本框的功能绘制文本框。

图 8-166　文本框内置样式列表

在文本框内置样式列表中单击"绘制文本框"命令，此时鼠标光标变为十字形＋，在需要插入文本框的地方按住左键拖动即可绘制出所需的文本框，如图8-168所示。

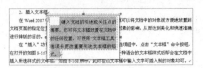

图 8-167　在文本中插入的"简单文本框"样式文本框

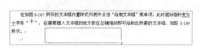

图 8-168　在文本中插入的绘制文本框

8.6.4　设置艺术字与文本框的格式

在Word 2007中可以对艺术字和文本框的格式进行设置。

1. 设置艺术字格式

在Word 2007中插入艺术字后，还可以更改艺术字的效果，如更改填充颜色、线条颜色、阴影、三维效果等。

对艺术字格式的设置主要在"艺术字工具"选项卡区"格式"选项卡中进行设置（该选项卡区只有在选中艺术字后才会显示），如图8-169所示，以下的艺术字格式设置将以图8-166中所示的艺术字为例。

图 8-169　"艺术字工具"选项卡区"格式"功能选项卡

（1）设置艺术字填充颜色

选中要进行设置的艺术字，在"格式"选项卡中单击"艺术字样式"功能组中的"形状填充"按钮，如图8-170所示，在弹出的"主题颜色"面板中可以设置艺术字的填充颜色，如图8-171所示。单击面板中的"图片"命令，在弹出的"打开图片"对话框中可以选择设置填充图片，如图8-172所示。单击"渐变"和"纹理"命令，在弹出的相应填充样式列表中可以选择不同的颜色渐变效果或纹理进行填充，如图8-173和8-174所示。单击"图案"命令，打开"填充效果"对话框中的"图案"选项卡，如图8-175所示，其中，可以设置丰富的图案填充效果，如图8-176所示。

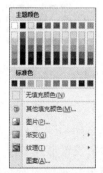

图 8-170　"艺术字样式"功能选项组　　　　图 8-171　"形状填充"按钮的"主题颜色"面板

图 8-172　设置了图片填充的艺术字效果　　图 8-173　设置了渐变填充的艺术字效果　　图 8-174　设置了纹理填充的艺术字效果

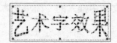

图 8-175 "填充效果"对话框"图案"选项卡　　　　**图 8-176 设置了图案填充的艺术字效果**

在"填充效果"对话框中切换到相应的填充效果选项卡，也可以进行丰富的填充效果的设置。

（2）设置艺术字轮廓

选中要进行设置的艺术字，在"格式"选项卡中单击"艺术字样式"功能组中的"形状轮廓"按钮，在弹出的"主题颜色"面板中可以设置艺术字的轮廓颜色及轮廓宽度，如图8-177和图8-178所示。

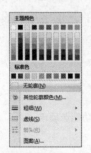

图 8-177 "形状轮廓"按钮的"主题颜色"面板　　**图 8-178 设置了艺术轮廓的艺术字效果**

选中要进行设置的艺术字，在"格式"选项卡中单击"艺术字样式"功能组中的"更改形状"按钮，弹出形状列表，如图8-179所示，在该列表中选择一种适合的形状样式即可完成艺术字形状的设置，如图8-180所示。

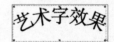

图 8-179 "更改形状"形状列表　　　　**图 8-180 更改了形状的艺术字效果**

（3）设置艺术字的阴影及三维效果

为艺术字设置阴影效果时，选中要进行设置的艺术字，在"格式"选项卡的"阴影"功能组中可以为艺术字设置形式多样的阴影效果（其设置方法类似于对图片阴影效果的设置）。

为艺术字设置三维效果时，选中要进行设置的艺术字，在"格式"选项卡中单击"三维效果"功能组中的"三维效果"按钮，如图8-181所示在弹出的三维效果样式列表中选择合适的三维效果样式即可为当前艺术字设置三维效果，如图8-182和图8-183所示。单击"三维效果"选项组中右侧的方向按钮可以调整立体效果的方向。

| 图 8-181 "三维效果"功能组 | 图 8-182　三维效果样式列表 | 图 8-183　设置了三维效果的艺术字 |

在三维样式列表中，单击"三维颜色""深度""方向""照明"和"表面效果"命令可以分别为艺术字的三维立体效果设置颜色、立体深度、立体方向、光照方向及立体质感。

对艺术字的大小、文字环绕方式、排列等其他格式的设置类似于对图片格式的设置，在此不再赘述。

2. 设置文本框格式

在Word 2007中内置有多种文本框样式供选择使用，这些样式包括边框类型、填充颜色等。文本框格式的设置在很多地方类似于图片格式和艺术字格式的设置。

在对文本框的格式进行设置时，选中要进行设置的文本框，此时出现"文本工具"选项卡区及其下的"格式"选项卡，如图8-184所示。

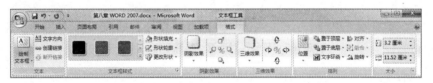

图 8-184　"文本工具"选项卡区"格式"选项卡

该选项卡与艺术字的"格式"选项卡非常相似，在"文本"功能组中可以设置文本框的文字方向及为其创建链接。在"文本框样式"功能组中可分别对文本框的填充效果、轮廓效果及形状进行设置。在"阴影效果"功能组中可对文本框设置样式多样的阴影效果。在"三维效果"功能组中可以为文本框设置三维立体效果。在"排列"功能组中可以设置文字与文本框的位置关系。在"大小"功能组中可以准确设置文本框的大小。图8-185为设置了填充、边框及三维效果的文本框。

图 8-185　设置了填充、边框及形状和三维效果的文本框

8.6.5　插入特殊字符

在对文档进行编辑的过程中往往需要插入一些既不能通过键盘输入又不能以图片形式插入的特殊符号，比如运算符号、物理符号等。此时可以在Word 2007中以插入符号的操作实现。

要插入特殊字符时，将光标置于要插入特殊字符的位置，在"插入"选项卡的"符号"功能组中单击"符号"按钮，如图8-186所示，弹出图8-187所示的下拉列表，在该列表中列出了一些近期使用过的特殊字符，单击其中的某一字符即在当前位置插入该字符。选择该列表中的"其他符号"命令可打开"符号"对话框，如图8-188所示。

图 8-186 "插入"选项卡"符号"功能组　图 8-187 "符号"按钮下拉列表　　　　图 8-188 "符号"对话框

在该对话框中的"符号"选项卡中，可以分别在"字体"选项和"子集"选项的下拉列表中选择符号类别，从中找到要插入的符号后单击"插入"按钮，完成符号的插入。

在该对话框中单击"特殊字符"标签，切换到"特殊字符"选项卡，如图8-189所示，在其中可插入一些如长划线、注册标识等特殊字符。

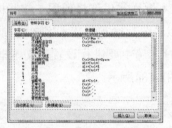

图 8-189 "符号"对话框"特殊字符"选项卡

8.6.6　插入及设置 SmartArt 图形

在Word 2007中除了可以插入样式丰富的图片、艺术字等特殊对象，还可以插入SmartArt图形，利用SmartArt图形可以以视觉形态快速、轻松、有效地传达信息。

在"插入"选项卡的"插图"功能组中单击"SmartArt"命令按钮，打开"选择SmartArt图形"对话框，如图8-190所示。

对话框的左侧的是SmartArt图形类型列表，中间是所选类型的样式列表，而右侧是所选列表样式的组织样式及其名称和说明。在该对话框中选择一种所需的样式，单击"确定"按钮，打开SmartArt图表，如图8-191所示，其中右侧为SmartArt图形，左侧为辅助工具。

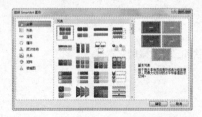　　　　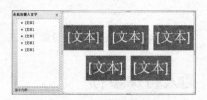

图 8-190 "选择 SmartArt 图形"对话框　　　图 8-191 "基本列表"样式的 SmartArt 图表

在左侧辅助工具中单击"[文本]"字样，可以输入文字；也可以在右侧的SmartArt图形中单击"[文本]"字样，然后输入文字。在SmartArt图形右侧默认为两行文字，如果只想输入一行，可以在输入本行之后按下Delete键删除下一行预置文本，如图8-192所示。

当文档中插入了SmartArt图表后将出现"SmartArt图表"选项卡区，如图8-193所示，该选项卡区包括"设计"和"格式"两个选项卡。

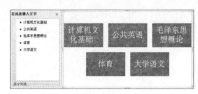

图 8-192 输入了内容的"基本列表"SmartArt 图表

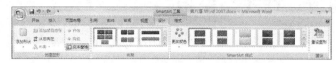

图 8-193"SmartArt 图表"功能选项区

在"设计"选项卡中可以为SmartArt图表加入新的样式图形，也可以对图表的布局和样式进行更改和设计。

在"格式"选项卡中可以对SmartArt图表的颜色等格式进行设置以达到美化的目的。

8.6.7 使用绘图工具绘制图形

在Word 2007中不但可以插入各种图片、图表，还可以通过绘图工具绘制线条、基本形状、箭头、流程图、标注、星与旗帜6类图形。在默认状态下这些图形浮于文字上方，因此可以在文档中的任何位置开始绘图。

在"插入"选项卡的"插图"功能组中单击"形状"按钮，打开绘图形状样式列表，如图8-194所示。

绘制图形时在列表中选择需要的形状，然后在文档中按住鼠标左键进行拖动即可绘制，拖动过程中可以改变形状的大小。常见的绘图形状的操作如下。

1. 绘制线条

线条分为直线条、单箭头、双箭头、连接线、自由曲线等。在绘图形状样式列表中选择一种线条图形，鼠标光标变成十字状＋，在文档中单击线条的起始点，按住鼠标左键进行拖动，到终止点时再松开鼠标，即可完成线条的绘制。

图 8-194 绘图形状样式列表

2. 绘制弧形

在绘图形状样式列表中选择一种弧线形图形，鼠标光标变成十字状＋时，如果在文档中单击鼠标左键，则会以鼠标单击点为起点，绘制一个半径为一英寸的四分之一圆弧。如果单击鼠标后拖动鼠标，会在起始点和鼠标松开点之间绘制出一条弧线。

3. 绘制矩形

在绘图形状样式列表中选择一种矩形图形，鼠标光标变成十字状＋时，如果在文档中单击鼠标左键，则在鼠标单击处绘制出一个边长为一英寸的正方形。如果单击鼠标后拖动鼠标，会在起点和鼠标松开点之间绘制出一个矩形。

在进行图形绘制的过程中如果按住Shift键，会得到一些特殊效果。例如可以绘制出水平或垂直直线，也可以在水平与垂直之间以45°为间隔绘制出斜线；在绘制圆形时，可以绘制出正圆形；在绘制矩形时，可以绘制出正方形。对于其他形状，在按下Shift键后，绘制出的图形都能保持原始形状不变。

如果在绘图过程中按住Ctrl键，也会得到一些特殊效果。例如在绘制矩形、圆形等形状时，会以鼠标单击的位置为中心，向四周开始绘图。可以通过这个功能绘制出指定中心点的圆。

8.7 样式与模板

样式与模板是Word 2007为用户提供的一种提高工作效率、避免重复工作的有效工具。

8.7.1 新建样式

样式是一种设置好了的格式，在Word 2007中可以利用样式来快速设置文档的格式，它的功能类似于用格式刷复制文档格式。根据需要可以对文档中不同种类的内容设置不同的样式，在使用过程中能既快捷又方便地对文档内容进行格式设置。

新建样式时，在"开始"选项卡的"样式"功能组中单击"更多"按钮，如图8-195所示，打开"样式"列表，如图8-196所示。

图 8-196 "样式"列表

图 8-195 "开始"选项卡 "样式"功能组

该列表列出了已有的样式清单，单击"新建样式"按钮可打开"根据格式放置创建新样式"对话框，如图8-197所示。

在该对话框的"属性"选项组中，"名称"选项用于设置编辑框中输入新建样式的名称。单击 "样式类型" 右侧的下拉按钮，在打开的"样式类型"下拉列表中可选择要设置样式的类型，其中"段落"指新建的样式将应用于段落级别，"字符"指新建的样式将仅用于字符级别，"链接段落和字符"指新建的样式将用于段落和字符两种级别，"表格"指新建的样式主要用于表格，"列表"指新建的样式主要用于项目符号和编号列表。单击"样式基准"右侧的下拉按钮，在打开的"样式基准"下拉列

图 8-197 "根据格式设置创建新样式"对话框

表中可以选择某一种内置样式作为新建样式的基准样式。单击"后续段落样式"右侧的下拉按钮，在打开的"后续段落样式"下拉列表中选择新建样式的后续样式。在"格式"选项组中可以根据需要设置字体、字号、颜色、段落间距、对齐方式等段落格式和字符等格式。设置完成后单击"确定"按钮即可完成新样式的创建。

如果用户在选择"样式类型"的时候选择了"表格"选项，则"样式基准"中仅列出表格相关的样式以供选择，且无法设置段落间距等段落格式。如果用户在选择"样式类型"的时候

选择"列表"选项，则不再显示"样式基准"，且格式设置仅限于项目符号和编号列表相关的格式选项。

8.7.2　修改样式

在Word 2007中可以对其内置样式和自定义的样式根据需要进行修改，在样式列表中右击要进行修改的样式，在弹出的快捷菜单中选择"修改"命令，如图8-198所示，打开该相应样式的"修改样式"对话框，如图8-199所示。在该对话框中可以对相应的格式进行修改和设置。

单击"开始"选项卡"样式"功能组中的"更改样式"按钮，在打开的下拉列表中，如图8-200所示，还可以对样式的颜色字体等进行设置，并且可以将创建的新样式创建到"快速样式集"和将其设置为默认样式等。

图 8-198　样式右键快捷菜单　　　　图 8-199　"修改样式"对话框　　　图 8-200　"样式更改"按钮下拉列表

8.7.3　使用快速样式

在Word 2007中为了操作方便，在"样式"功能组中提供了样式库的快捷按钮，单击其右侧的"其他"按钮打开"快速样式"列表，如图8-201所示。

在对文本进行样式应用时，选中要应用样式的文本，在"快速样式"列表中选择适合的样式类型即可将该样式应用到文本中。

在应用样式时，将鼠标光标放在要预览的样式上可以看到所选的文本应用了指定样式后的外观形式。

图 8-201　"快速样式"列表

8.7.4　删除样式

对已创建的不再使用的样式可以进行删除，以节省列表中的空间，显示更多有用的样式。

删除样式时，在"快速样式"列表中右击需要删除的样式，在打开的快捷菜单中选择"从快速样式库中删除"命令即可将该快速样式删除。

需要注意的是在进行样式删除时不能删除Word 2007中的内置样式。

8.7.5　使用模板

模板是指设置好了各种版式的文档，这些版式包括文档布局、页面设置、文字格式等。在Word 2007中提供有各种样式的模板，包括合同、信函、贺卡、日历、发票、简历、报告等，利用这些模板可以大大地简化操作，提高工作效率，快速制作出各种所需的文档。

使用模板创建文档时，在"新建文档"对话框左侧的"模板"列表中选择所需的模板类型，如图8-202所示，在中间的模板样式列表中选择所需的模板样式，选中一种模板样式后通过右侧的窗格可以预览所选的模板样式。

在该对话框右侧的"新建"选项中可以在文档和模板间选择将创建的类型。选择"文档"后单击"创建"按钮即将以所选择的模板创建文档，在创建的文档中只需把新的文本内容填入模板中即可实现对模板的使用，在制作一些长期具有固定格式的文档时显得非常方便，如图8-203所示。

在"模板"列表中选择Microsoft Office Online中的模板类型，将可通过网络获得更丰富的模板样式。

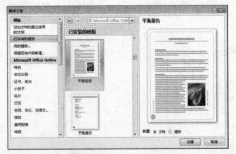

图 8-202 "新建文档"对话框的"模板"列表

图 8-203 应用了"平衡报告"模板的文档

8.7.6 创建模板

创建模板时可以在已有模板的基础上进行修改创建新的模板样式，也可以根据需要在空白的文档上创建出所需的模板，或在已有的文档中创建所需的模板样式。

1. 在已有文档的基础上创建模板

在已有文档的基础上创建模板时，可在"新建文档"对话框左侧的"模板"列表中选择"根据现有的内容新建"选项，在"根据现有文档新建"对话框中打开用于创建模板的文档，如图8-204所示，在该文档中根据需要对文档格式、页面属性进行设置后即可将该文档的格式形式储存为新的模板样式。

保存时单击"Office图标"按钮，在弹出的快捷菜单中选择"另存为"命令，打开"另存为"对话框。在该对话框的"保存位置"列表中选择"受信任模板"，在"文件名"编辑框中输入创建的模板名称，在"保存类型"下拉列表中选择"模板"后，单击"保存"按钮即可完成新模板的创建，如图8-205所示。Word 2007中模板文件的扩展名为.dotx。

图 8-204 "根据现有文档新建"对话框

图 8-205 对新创建的模板进行保存

2. 在空白文档中创建模板

在空白文档中创建模板时可在"新建文档"对话框左侧的"模板"列表中选择"我的模板"选项，在"新建"对话框中的"新建"选项中选中"模板"选项，如图8-206所示，单击"确定"按钮即可创建一个空白的新模板，在对该模板进行设置后也可以保存为新的模板样式。

图 8-206 模板的"新建"对话框

3. 在已有模板的基础上创建新的模板

在已有模板的基础上创建新的模板时，先打开一个已有的模板样式，再根据需要对该模板的页面属性、文本格式等进行设置，然后对该文档进行保存，在"另存为"对话框中进行同样的设置后即可实现在空白文档中对新模板的创建。

8.7.7 创建目录

在Word 2007中创建目录最简单的方法是使用内置的标题样式来实现，即通过选择标题样式来创建目录，其主要是通过搜索与所选样式匹配的标题，根据标题样式设置目录项文本的格式和缩进，从而在文档中实现目录的创建。在创建目录的过程中需要通过对作为目录的文本标记目录项后再进行目录创建。

1. 标记目录项

在文档中选择要设置为目录的文本，在"引用"选项卡中的"目录"功能组中单击"添加文字"按钮，如图8-207所示，在弹出的下拉菜单中选择要设置内容的级别，选择的级别将确定文本在目录中的显示方式，它不会更改文本在文档中的格式。

2. 创建目录

对要设置目录的文档设置标记目录项后，单击"目录"按钮，在"内置"样式列表中选择适合的目录样式，如图8-208所示，即可在光标当前位置根据目录标记的级别插入目录。

图 8-207 "引用"选项卡"目录"功能组

图 8-208 目录"内置"样式列表

单击该列表中的"插入目录"选项，在打开的"目录"对话框中可以对目录的格式等进行相关的设置，如图8-209所示。

当文档中的内容或目录项标记发生了添加或删除的改变时，可以通过单击"目录"功能组中的"更新表"按钮来更新目录。

图 8-209 "目录"对话框

8.7.8 创建超链接

在Word 2007中创建超链接可以实现通过单击文档中创建了超链接的对象而快速跳转到指定位置，该位置可以是当前文档的某一位置、书签、外部文件及网页页面等。在Word 2007中可以创建超链接的对象包括文本、图片、图形等。

创建超链接时选中要创建超链接的对象，在"插入"选项卡的"链接"功能组中单击"超链接"按钮，如图8-210所示，打开"插入超链接"对话框（选中要创建超链接的对象后单击鼠标右键，在弹出的快捷菜单中选择"超链接"也可打开该对话框）如图8-211所示。

图 8-210 "插入"选项卡"链接"功能组

图 8-211 "插入超链接"对话框

要链接已有的文件或网页时，可选择"链接到"列表中的"原有文件或网页"，在"查找范围"列表中找到要建立链接的文件后单击"确定"按钮。要链接到网页时，只需在"地址"文本框中键入要链接的网页地址或在查找范围的下拉列表中找到最近访问过的网页即可。

要链接到当前文档中的某个位置时，可选择"链接到"列表中的"本文档中的位置"，在查找范围中指定要转到的位置，如图8-212所示。

图 8-212 链接到当前文档中的某个位置

要链接到尚未创建的文档时，可选择"链接到"下的"新建文档"，在"新建文档名称"文本框中键入新文件的名称，然后在"何时编辑"选项中，单击"以后再编辑新文档"或"开始编辑新文档"单选按钮后，单击"确定"按钮即创建链接到未创建的文档，如图8-213所示。

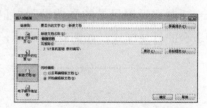

图 8-213 链接到尚未创建的文件

要将超链接链接到电子邮件地址时，可选择"链接到"列表中的"电子邮件地址"，然后在"电子邮件地址"文本框中键入所需的电子邮件地址，或者在"最近用过的电子邮件地址"列表中选择一个电子邮件地址即可。

在对选中的对象创建了超链接后，还可对超链接进行修改。对超链接进行编辑时选中要编辑的超链接对象，单击"链接"功能组中的"超链接"按钮，在"插入超链接"对话框中即可对当前超链接进行编辑，单击其中的"删除链接"按钮也可取消当前对象的超链接属性。

编辑所选对象的超链接属性时，也可选中已建立了超链接的对象后单击鼠标右键，在弹出的快捷菜单中选择"编辑超链接"命令，如图8-214所示，然后在打开的"插入超链接"对话框中进行编辑。

选中已建立了超链接的对象后，在该快捷菜单中选择"取消超链接"即可取消当前对象的超链接属性。

图 8-214 超链接对象右键快捷菜单

8.8 页面设置与打印输出

编辑好的文档在打印输出之前需要最后对页面格式等进行相关设置，对页面格式的设置主要包括对文档的页面大小、页边距、页眉、页脚等设置。在Word 2007中可通过"页面布局"选项卡对文档页面的相关格式进行设置，如图8-215所示。

图 8-215 "页面布局"选项卡

8.8.1 设置文档页面格式

文档页面格式包括页面大小、页边距、分栏等。

1. 设置页面大小

在Word 2007文档中可以非常方便地设置纸张大小。在"页面布局"选项卡的"页面设置"功能组中单击"纸张大小"按钮，在打开的纸张大小列表中选择合适的页面大小可以快速实现页面大小的设置，如图8-216所示。

在"页面设置"功能组中单击"更多"按钮，打开"页面设置"对话框（在纸张大小列表中单击"其他页面大小"选项也可以打开该对话框），如图8-217所示。纸张大小列表中只提供了最常用的纸张类型，如果这些纸张类型均不能满足需求，可以在其中选择更多的纸张类型或自定义纸张大小。

图 8-216 在纸张大小列表中快速设置页面大小

图 8-217 "页面设置"对话框

在该对话框的"纸张大小"选项组中单击"纸张大小"下拉按钮，在打开的下拉列表中可以选择更多的纸张类型，选择其中的"自定义"选项后可在"宽度"和"高度"选项中设置数值自定义纸张大小。在"纸张来源"选项组中可以为文档的首页和其他页分别选择纸张的来源方式，这样便于在打印时让文档首页可以使用不同于其他页的纸张类型。单击"应用于"选项中的下拉按钮，在下拉列表中可以选择当前纸张设置的应用范围。

2. 设置页边距

在对文档页面设置时往往需要对文档的页边距进行设置，以便正文部分与页面边缘保持比较合适的距离，这不仅便于更好地进行内容编排，还可以通过页边距设置达到节约纸张的目的。

设置页边距时可以在"页面布局"选项卡的"页面设置"功能组中单击"页边距"按钮，

在打开的页边距列表中选择合适的页边距快速地进行页面大小的设置，如图8-218所示。

如果列表中没有适合的页边距设置，可以在"页面设置"对话框中单击"页边距"标签切换到"页边距"选项卡（单击页边距列表中的"自定义边距"选项也可直接打开该界面），如图8-219所示。

图 8-218　页边距列表

图 8-219　"页面设置"对话框"页边距"选项卡

在该选项卡的"页边距"选项组中分别设置上、下、左、右的数值可以设置文档内容与页边各个方向的距离。在"纸张方向"选项组中可以选择纸张方向是纵向还是横向。对纸张方向的设置也可以在"页面布局"选项卡的"页面设置"功能组中单击"纸张方向"按钮进行选择设置。如果设置了文档的页码，在"页码范围"选项组中可以选择页码的应用形式。在"应用于"选项中可以选择当前设置的应用范围。

3. 对文档进行分栏设置

在对文档进行页面设置时还可以让文档内容分栏显示，创建报刊、杂志中经常使用的多栏排版页面。可以对整个文档内容也可对文档中的部分内容进行分栏设置。

进行分栏设置时，选中需要分栏的文档内容（不选择文档内容时即默认为整篇文档设置分栏），单击"页面布局"选项卡"页面设置"功能组中的"分栏"按钮，在打开的分栏列表中选择需要的分栏类型进行分栏设置，如图8-220所示。

如果列表中的分栏类型不能满足实际需要，可以单击分栏列表中的"更多分栏"选项打开"分栏"对话框，如图8-221所示。在该对话框中可以对文本进行自定义分栏，并可以对分栏信息进行更详细的设置。在"列数"选项组中可以设置分栏数，选中"分隔线"复选框可以在两栏之间显示一条直线分割线，在"宽度和间距"选项组中可以分别设置每一栏的宽度数值和栏与栏之间的间距数值，如果勾选"栏宽相等"复选框，则每个栏的宽度均相等，取消勾选"栏宽相等"复选框可以分别为每一栏设置栏宽。在"应用于"选项中可以选择当前分栏设置的应用范围。

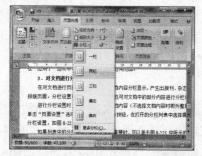

图 8-220　在分栏列表可选择适合的类型进行快速分栏设置

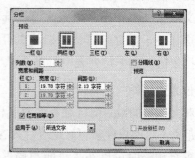

图 8-221　"分栏"对话框

4. 设置文档中的文字方向

在对文档内容进行设置时，可以设置文档中文字的方向。选中要设置方向的文字单击"页面设置"功能组中的"文字方向"按钮，在打开的文字方向列表中可以设置为适合的文字方向，如图8-222所示。

在单击该列表中的"文字方向选项"命令打开的"文字方向"对话框中也可以对文字方向进行设置，如图8-223所示，并可以在"预览"区中预览所设置的文字方向形态。

图 8-222　文字方向列表

图 8-223　"文字方向"对话框

8.8.2　为文档添加页码

当文档中的内容比较多，有很多页面时，可以为文档添加页码以标明文档所在页的位置。默认情况下，页码一般位于页眉或页脚位置。

为文档添加页码时，可以在"插入"选项卡的"页眉和页脚"功能组中单击"页码"按钮，在打开的页码位置列表中选择要插入的页码位置类型，页码的插入位置包括页面顶端、页面底端、页边距和当前位置4种，选中其中一种插入位置类型后可以在弹出的页码形式列表中选择一种页码形式作为当前文档设置页码的形式，如图8-224所示。

如果列表中的页码形式不能满足需要，还可以选择页码类型列表中的"设置页码格式"命令，在打开的"页码格式"对话框中设置多种类型的页码数字样式，如图8-225所示，从而使插入的页码更美观、更实用。

图 8-224　页码形式列表

图 8-225　"页码格式"对话框

8.8.3　设置页眉与页脚

在文档中设置页眉和页脚可以为文档增添一些个性的色彩，页眉和页脚可以由文本组成也可以由图形组成。页眉位于文档页面的顶部，页脚位于文档页面的底部。页眉和页脚可以用于显示文档章节标题、页码、日期、作者和图标等信息。

默认情况下页眉和页脚均为空白，只有在页眉和页脚区域输入文本或插入页码等对象后才能看到页眉或页脚。在对文档进行页眉设置时，可以在"插入"选项卡的"页眉和页脚"功能组中单击"页眉"按钮，在打开的页眉样式列表中可以选择一种样式作为当前文档的页眉样式，如图8-226所示。

进行页脚设置时，则单击"页脚"按钮，在打开的页脚样式列表中同样可以选择一种样式作为当前文档的页脚样式，如图8-227所示。

图 8-226　页眉样式列表

图 8-227　页脚样式列表

单击列表中的"编辑页眉"或"编辑页脚"选项可以进入页眉页脚的编辑状态，此时会出现"页眉和页脚工具"选项卡区，在其下"设计"选项卡中可以对页眉和页脚进行进一步的设置，如图8-228所示。

图 8-228　"页眉和页脚工具"选项卡区"设计"选项卡

在"设计"选项卡的"插入"功能组中可以选择插入页码、日期和时间等对象。在"导航"功能组中可以实现页眉和页脚的编辑内容转换。在"选项"功能组中如果选择了"首页不同"选项则可以设置文档中首页与其他页面不同的页眉和页脚内容，如果选择了"奇偶页不同"选项，则可以设置奇数页和偶数页有不同的页眉和页脚内容，如果选择了"显示文档文字"选项，则在页面中同时显示文档内容和页眉页脚的内容，不选则隐藏文档内容只显示页眉页脚的内容。在"位置"功能组中可以设置页眉和页脚距页面顶端和底端的距离。

8.8.4　打印预览与打印设置

利用打印预览和打印设置可以更准确地设置文档打印出的效果。

1. 打印预览

在对文档进行输出打印之前可以就预览打印效果，通过打印预览可以查看文档中的页面设置是否合理，还可发现并纠正文档中的错误。在打印预览状态下还可以调整页边距、分栏等设置以满足打印的需要。

进行打印预览时，单击"Office图标"按钮，在打开的快捷菜单中选择"打印"选项，在弹出的子菜单中选择"打印预览"命令，如图8-229所示。

此时会打开"打印预览"窗口，如图8-230所示，在该窗口可以查看文档打印出的效果，在"打印预览"界面中可以设置页边距、纸张方向、纸张大小等选项，使得打印出的效果更适合实际使用。

图 8-229 "打印预览"命令

图 8-230 "打印预览"窗口

2. 打印设置

通过设置打印选项可以让打印效果更良好，进行打印设置时，在"Word选项"对话框中单击"显示"命令，显示出相应的选项界面，如图8-231所示。

在"打印选项"选项组中如果选中"打印在Word中创建的图形"复选框，可以打印文档中用Word绘图工具创建的图形。选中"打印背景色和图像"复选框，可以打印为Word文档设置的背景颜色和在Word文档中插入的图片。选中"打印文档属性"复选框，可

图 8-231 "Word 选项"对话框"显示"选项界面

以打印Word文档内容和文档属性内容（例如文档创建日期、最后修改日期等内容）。选中"打印隐藏文字"复选框，可以打印Word文档中设置为隐藏属性的文字。选中"打印前更新域"复选框，在打印Word文档之前会首先更新Word文档中的域。选中"打印前更新链接数据"复选框，在打印Word文档之前将首先更新Word文档中的链接。

在"Word选项"对话框的"高级"选项的"打印"选项组中可以进一步设置打印选项，如图8-232所示。

在"打印"选项组中选中"使用草稿品质"复选框，能够以较低的分辨率打印文档，从而实现降低耗材费用、提高打印速度的目的。选中"后台打印"复选框，可以在打印文档的同时继续编辑该文档，否则只能在完成打印任务后才能编辑。选中"逆序打印页面"复选框，可以从文档最后页开始打印文档，直至首页。选

图 8-232 "高级"选项界面中"打印"选项组

中"打印XML标记"复选框，可以在打印XML文档时打印XML标记。选中"打印域代码而非域值"复选框，可以在打印含有域的文档时打印域代码，而不打印域值。选中"打印在双面打印纸张的正面"复选框，当使用支持双面打印的打印机时，只在纸张正面打印当前Word文档。选中"在纸张两面打印以进行双面打印"复选框，当使用支持双面打印的打印机时，会在纸张两面打印当前Word文档。选中"缩放内容以适应A4或8.5×11"纸张大小"复选框，当使用的打印机不支持Word页面设置中指定的纸张类型时，自动使用A4或8.5×11尺寸的纸张。在"默认纸盒"选项的下拉列表中可以选中使用的纸盒，要使用该选项需要打印机拥有多个纸盒。

8.8.5　打印文档

在确定需要打印的文档设置无误后，即可进行文档打印。单击"Office图标"按钮，在弹出菜单中的"打印"选项中选择"打印"命令，打开"打印"对话框，如图8-233所示。

在该对话框的"打印机"选项组中可以进行打印机的选择及对打印机的状态等进行设置，单击"属性"按钮，在打开的"打印机属性"对话框中可以对打印机进行参数设置。在"页面范围"选项组中可以对需打印

图 8-233　"打印"对话框

的文档范围进行选择。在"副本"选项组中可以设置打印副本的份数和打印形式。在"打印内容"选项中可以选择要打印的内容类型，包括打印关键任务、样式表格、摘要信息、批注、自动图文集项和其他文档相关的项目。在"打印"选项中可以选择"范围中所有页面"来打印所选的打印范围内的所有页面，也可以选择只打印该范围内的奇数页或偶数页。

在进行文档打印时，如果不对文档内容做选择，则将默认打印整个文档内容。如果要打印部分文档内容则可选中要打印的文档内容然后进行打印，也可在"打印"对话框中设置要打印的内容所在的位置进行打印。

8.8.6　保护文档安全

在对文档进行编辑或查看的过程中，为了防止文档内容的丢失或文档被破坏，可以对文档进行安全保护，通常情况下对文档进行安全保护有两种方式。

1. 以只读方式打开文档

为了防止文档在查看过程中被误编辑而破坏文档内容，可以在打开文档时以只读方式打开。以只读方式打开的文档只能进行阅读查看而不能对文档进行修改。若要以只读方式打开文档，在"打开"对话框中选中要打开的文档后单击"打开"按钮旁边的下拉按钮，在弹出的下拉菜单中选择"以只读方式打开"，如图8-234所示。

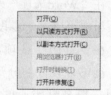

图 8-234　以只读方式打开文档

在对文档进行保存时可以设置为以只读方式打开，从而避免其他用户修改文档。对文档进行保存时，在"另存为"对话框中单击"工具"按钮，在弹出的下拉菜单中选择"常规选项"命令，如图8-235所示，打开"常规选项"对话框，如图8-236所示。

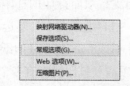

图 8-235　"工具"按钮下拉菜单

图 8-236　"常规选项"对话框

在"常规选项"对话框中，勾选"建议以只读方式打开文档"复选框后，保存的文档将以

只读方式保存。在该对话框的"打开文件时的密码"文本框中设置密码后，则在打开该文档时需输入密码。在"修改文件时的密码"文本框中设置密码后，则在打开文档时只有在输对修改密码后才能对文档进行修改操作，否则只能以只读方式打开文档。

2. 在文档编辑过程中设置自动保存时间

在Word 2007中默认为每10分钟系统自动保存，但有时会在编辑过程中因某些意外因素而导致文档在没有来得及保存的情况下退出，进而造成编辑的内容丢失，为了防止Word 2007崩溃时丢失编辑的内容，可以设置较短的自动保存时间间隔，更频繁地保存正在编辑的文档。

要对文档的自动保存时间进行设置，在"另存为"对话框的"工具"命令下拉菜单中选择"保存选项"命令即可打开"Word选项"对话框中的"保存"选项界面，在该界面的"保存自动恢复信息时间间隔"选项中设置较短的时间间隔，即可实现文档在设置的时间间隔后自动对文档进行保存。

8.9　思考与练习

1. 选择题

（1）如果想制作一份财务报表，应该使用Office 2007中的（　　）组件。

  A．Word 2007　　　　　　　　　B．Excel 2007

  C．PowerPoint 2007　　　　　　D．Access 2007

（2）在Word 2007中要对文字进行文字方向的设置应在（　　）中进行操作。

  A．"开始"选项卡　　　　　　　B．"格式"选项卡

  C．"视图"选项卡　　　　　　　D．"页面布局"选项卡

（3）在Word 2007中要对文字添加底纹应在"开始"选项卡中单击（　　）按钮。

  A．　　　　　　B．　　　　　C．　　　　　　D．

2. 填空题

（1）在Word 2007中要选择连续文档时，需要按住的键是＿＿＿＿，选择不连续文档时需要按住的功能键是＿＿＿＿。

（2）在Word 2007中打开"查找"对话框的快捷键是＿＿＿＿，进行快速保存的快捷键是＿＿＿＿。

（3）Word 2007中默认的文件扩展名是＿＿＿＿，模板文件的扩展名是＿＿＿＿。

3. 简答题

（1）简要回答在Word 2007中怎样进行表格制作。

（2）简述在Word 2007中打开一个文档的常用方法。

（3）在Word 2007中除了用拖动选取的方法对单字/词语、一行文本、一个句子、一个段落和整篇文档进行选取外，分别都还有哪些方法可以实现相应选取？对文档中的连续区域和不连续区域又将怎样进行选取？

4. 操作题

（1）原样输入本章"8.4.4 设置段落缩进"小节的所有内容，并进行排版。

（2）在Word 2007中用表格制作一份课程表，要求有标题和表头设置。

第九章　Excel 2007

9.1　认识 Excel 2007 系统

Excel 2007 是一个功能强大的工具，可用于创建电子表格并设置其格式，分析和共享信息以帮助用户做出更加明智的决策。

9.1.1　Excel 2007 的特点

Excel 2007使用 Microsoft Office Fluent 用户界面、丰富的直观数据以及数据透视表视图，可以更加轻松地创建和使用专业水准的图表。Excel 2007 融合了随 Microsoft Office SharePoint Server 2007 提供的 Excel Services 这项新技术，从而在更安全地共享数据方面有了显著改进。通过使用 Excel 2007 和 Excel Services 共享电子表格，用户可以直接在 Web 浏览器上导航、排序、筛选、输入参数，以及与数据透视表视图进行交互。

1. 创建更好的电子表格

Excel 2007 利用 Office Fluent 用户界面来使用户可以轻松地使用功能强大的增效工具。它还为您的工作提供了更多空间并具有更高的性能。

2. 改进电子表格分析功能

新的数据分析和可视化工具可以帮助用户更加轻松地分析信息、发现趋势以及访问公司信息。

3. 与其他人共享电子表格和业务信息

利用 Excel 2007 可以更加轻松地共享电子表格和业务信息，而其与 Excel Services 和新的 Microsoft Office Excel XML Format 的集成则使用户可以更有效地交换信息。

4. 更加有效地管理业务信息

Excel 2007 和 Excel Services 可让用户在服务器上管理和控制电子表格，以帮助保护重要的业务信息并帮助确保用户所使用的是最新的数据。

5. 扩展的数据表格

在显著扩展的电子表格中导入、组织和浏览大量数据集。

6. 全新的制图引擎

使用 Excel 2007 中完全重新设计的制图引擎在具有专业外观的图表中分析进行通信。

7. 为使用表格提供了经过改进的有力支持

由于 Excel 2007 已经显著改进了对表的支持，用户现在可以在公式中创建、扩展、筛选和引用表，还可以设置表的格式。在查看大型表格中包含的数据时，Excel 2007 可使用户在滚动表时仍能看到表标题。

8. 轻松创建和使用交互数据透视表视图

使用数据透视表视图，可以迅速重新定位数据以便帮助用户解决多个问题。将字段拖动到要显示的位置，即可更快地找到所需答案、更轻松地创建和使用数据透视表视图。

9. 根据数据"看出"重要趋势及找出异常

可以更轻松地对信息应用条件格式来根据数据找出模式和突出显示趋势。新方案包括颜色渐变、热图、数据条和性能指示器图标等。

10. 有助于确保用户使用最新的业务信息

通过使用 Excel 2007 和 Office SharePoint Server 2007，可以防止组织内出现电子表格的多个副本或过期副本。使用基于权限的访问可以控制哪些用户能够查看和修改服务器上的电子表格。

11. 同时减小电子表格的大小和提高损坏文件的恢复能力

全新的 Microsoft Office Excel XML 压缩格式可使文件大小显著减小，同时其体系结构可提高损坏文件的数据恢复能力。这种新格式可以大大降低存储和带宽需求。

9.1.2 Excel 2007的启动与关闭

Excel 2007 的启动与关闭方法如下。

1. Excel 2007 的启动

启动Excel 2007 的最常用的方法是选择"开始>所有程序>Microsoft Office>Microsoft Office Excel 2007"命令。另外还可以单击已存在的电子表格文件启动Excel，同时打开该文件。此外如果桌面有Excel 2007 快捷方式图标，双击该快捷图标也可以启动Excel。

2. Excel 2007 的退出

要关闭Excel 2007 可单击Excel 窗口标题栏最右端的"关闭"按钮，也可单击"Office按钮"并选择"退出"命令，或按Alt+F4快捷键。

9.1.3 Excel 2007的窗口界面

启动Excel后则出现主工作窗口，如图9-1所示。

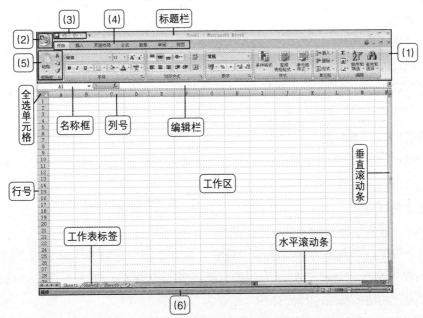

图 9-1 Excel 2007 主窗口界面

（1）功能区。界面顶部的大矩形区域即是功能区，它包含标题栏、Office按钮、快速访问工具栏及选项卡。

（2）Office按钮。单击此按钮将显示Office菜单，与以前的Office版本中的"文件"菜单大致相同。Office按钮菜单包含多个命令，可对文档进行操作，而不是对文档的内容进行操作。使用RibbonX加载项可以随意改变Office菜单的内容，但不能自定义Office按钮本身。

（3）快速访问工具栏。此工具栏包含常用的命令，是用户进行自定义的主要位置。用户可以右键单击任何功能区控件（包括自定义RibbonX控件）并将其添加到快速访问工具栏中。除非已启用了Start From Scatch模式，此时不允许RibbonX加载项改变快速访问工具栏。

（4）选项卡。选项卡是构成功能区的主要内容，包含用于处理文档内容的UI控件。RibbonX加载项可以创建自己的自定义选项卡，并改变内置选项卡的可见性和标签。

（5）功能组。选项卡包含组的集合，功能组中则包含各个UI控件，这些控件按相关逻辑组合在一起。RibbonX加载项可以改变内置功能组的可见性，并创建自己的自定义功能组，但不能改变内置功能组的内容。有些功能组的右下角包含有"更多"按钮，点击时可以显示与功能组相关的对话框。

（6）状态栏。状态栏包含了几个方便使用的新控件，如页面视图、显示比例及录制宏。可以使用VBA隐藏状态栏，但使用RibbonX不能自定义状态栏。

9.1.4 新建、打开与保存工作簿

Excel的基本概念有三个：工作簿、工作表和单元格。

工作簿：Excel 启动后打开的是工作簿，其扩展名为".xlsx"，而工作簿里有三个（默认值）工作表，名为Sheet1、Sheet2和Sheet3，分别显示在窗口下边的工作表标签中，我们工作的窗口就是一个工作表。工作表可以增加和删除，单击工作表标签名可以对其进行编辑。

工作表：工作表又称电子表格。一张表就是一个二维表，由行和列构成。

单元格：一张工作表可以有1048576行和16384列，行与列交叉产生的矩形就称为单元格。

1. 新建工作簿

新建工作簿有两种方法。

（1）启动Excel 2007时，系统自动产生一个新工作簿，名称为"Book1"。

（2）在已启动Excel的情况下，单击"Office按钮"，在弹出菜单中选择"新建"命令或选择快速启动栏中的"新建"命令。

2. 打开已有的工作簿文件

单击"Office按钮"在弹出菜单中选择"打开"命令或选择快速启动工具栏中的"打开"命令，可以打开已有的工作簿文件。

3. 保存工作簿

保存工作簿一般有下面三种方法。

（1）单击"Office按钮"在弹出菜单中选择"保存"或"另存为"命令或选择快速启动栏工具中的"保存"命令。选择"另存为"即以新的文件名保存，第一次保存工作簿时，"保存"和"另存为"的功能相同，都会打开"另存为"对话框。

（2）关闭应用程序窗口或关闭工作簿窗口，系统提示"是否保存对'Book1'的更改"，选

择"是"。

（3）按Ctrl+s快捷键。

9.1.5　选择单元格

选择单元格的方法如下。

1. 单个单元格的选择

单击工作表中的某个单元格就可以把其选中，也可以在名称框中输入某个单元格名称按Enter键。选中某个单元格可以使其成为活动单元格，其四周有一个粗黑框，右下角有一个黑色填充柄。活动单元格名称显示在名称框中，只有在活动单元格中才可输入字符、数字、日期等数据。

2. 选择连续的多个单元格

选择连续的多个选单元格的方法如下。

（1）用鼠标直接在工作区拖动任意矩形区域以选中相邻单元格。

（2）可以先选中想选择区域4个角的任一单元格，然后在按下Shift键的同时选中该区域对角线上另一角的单元格，如图9-2所示，若想选择D12到I22的区域，可以选中D12后按住Shift键不放再选中I22即可。

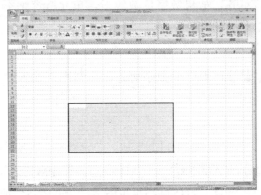

图 9-2　选择连续单元格

3. 选择不连续的多个单元格

要选择不连续的单元格可以在按下Ctrl键的同时选中各个目标单元格。

4. 选择整行

要选择整行可以单击行号进行选择，如图9-3所示，要选中第11行直接点击行号"11"即可。

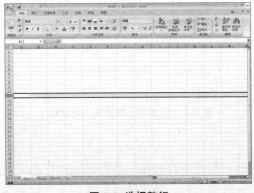

图 9-3　选择整行

5. 选定列

要选定整列单元格可以单击列标进行选择。

6. 选定工作表的所有单元格

选择工作表中的所有单元格方法如下。

（1）点击工作表工作区左上角行号和列标交叉处的单元格即可选中所有单元格。

（2）按Ctrl+A快捷键。

9.2 工作表中数据的输入与编辑

Excel 工作表中数据的输入与编辑操作非常丰富，可满足各种不同的编辑需要。

9.2.1 数据输入

在Excel中可输入的数据包括以下几种。

1. 数字

数字数据除了数字0~9外，还包括+、−、$、%、.和千分位符号等特殊字符。数字数据可以直接输入，输入后默认靠右对齐，如果数字位数较多，单元格容纳不下时，系统自动用科学记数法显示该数据。

2. 文本

文本是指字母、汉字以及非计算性的数字等，默认情况下输入的文本在单元格中以左对齐的方式显示。

3. 日期

日期的输入格式为：年-月-日或年/月/日。

时间的输入格式为：时分（AM/PM），AM代表上午，PM代表下午，分钟数字与AM/PM之间要有空格。例如要输入"2004年3月5日"可以输入"2004/3/5"或"2004-3-5"；要输入时间"下午5:30"，可以输入"5:30 PM"。

要改变日期和时间的显示类型可单击"开始"选项卡"数字"功能组中格式框右侧的下拉三角按钮，在弹出的菜单中选择"其他数字格式"命令，在弹出的"设置单元格格式"对话框中进行设置，如图9-4所示。

图 9-4 "设置单元格格式"对话框

4. 序列数据

在Excel中若要输入一系列重复的或有规律的数据可以用自动填充功能。如要在Excel中输入星期一到星期日可以先输入"星期一"，然后将鼠标放到单元格右下方的自动填充柄上，鼠标形态变为十字形时拖动鼠标以进行序列填充，如图9-5所示。

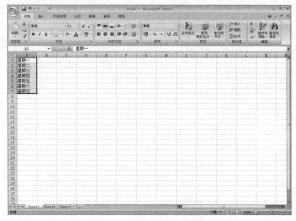

图 9-5 自动输入序列数据

5. 相同数据

在一组单元格中要输入相同的数据，可以用以下方法。

（1）选择所有要输入相同数据的单元格。在选定的单元格中输入数据后，按Ctrl+Enter快捷键。

（2）如果只要同一行或同一列的多个单元格中输入相同的数据，可在活动单元格中输入数据，再拖动活动单元格右下角的自动填充柄进行自动填充。

9.2.2 输入公式与函数

输入公式与函数的方法如下。

1. 使用公式

公式中的运算符有以下4类。

（1）算术运算符，有+（加号）、-（减）、*（乘）、/（除）、%（百分比）和^（乘方）等用来进行四则运算。

（2）比较运算符，有=（等号）、>（大于）、<（小于）、>=（大于等于）、<=（小于等于）和<>（不等于）等用来进行比较运算。

（3）文本运算符，即&，用来将两个文本连接起来产生连续的文本。

（4）引用运算符，即：，用来进行区域运算，对两个引用单元格之间包括这两个单元格在内的所有单元格进行引用。

2. 公式的输入

公式一般可以直接输入。其操作步骤如下。

Step 01 选择要输入公式的单元格。

Step 02 在编辑栏或直接在单元格内部输入"="，接着输入运算表达式。公式中引用的单元格可以直接输入，也可以用鼠标选择要引用的单元格，如图9-6所示。

Step 03 按Enter键确认。

3. 公式的复制

复制公式的步骤如下。

Step 01 选择要复制的公式所在单元格。

Step 02 拖曳所选单元格右下角的自动填充柄到其他使用公式的单元格。

或者采用以下步骤。

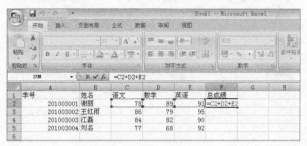

图 9-6　公式的输入

Step 01 选择要复制的公式所在单元格。在该单元格中单击鼠标右键，在弹出的快捷菜单中选择"复制"命令，或按Ctrl+C快捷键。

Step 02 选择要粘贴公式的单元格。在该单元格中单击鼠标右键，在弹出的快捷菜单中选择"粘贴"命令，或按Ctrl+V快捷键。

4. 使用函数

函数的使用方法如下。

（1）函数的输入

函数的输入有三种方法，一为直接输入，如图9-7所示。二为粘贴函数法即点击编辑栏左侧的 f_x 按钮，或点击"公式"选项卡中的"插入函数"按钮，在弹出的"插入函数"对话框中选择需要的函数，并设置相应参数。三是在"公式"选项卡中"函数表"功能组中选择需要的函数并设置参数。

图 9-7　常用函数的使用

（2）函数复制

函数的复制与公式的复制方法类似。

（3）常用函数的使用

1）求和函数SUM（number1,number2,…）。

2）求平均数函数AVERAGE（number1,number2,…）。

3）逻辑函数IF（logical_test,value_if_true,value_if_false）。

4）计数函数COUNT（value1,value2,…）。

5）求最大值函数MAX（number1,number2,…）。

6）求最小值函数MIN（number1,number2,…）。

例：求上面例表中王红雨总成绩可以在F3输入"=SUM(C3:E3)"，表示F3的值等于从C3到E3数据的和，如图9-8所示。

图 9-8 求和函数的使用

5.单元格的引用

（1）相对引用：即用字母表示列，用数字表示行。例如公式"=A5*A6"。当把一个含有相对引用的公式复制到其他单元格时，公式中的单元格地址会随之改变。如在例表中将F3的公式复制到F4时，则公式将自动变为"=SUM(C4:E4)"。

（2）绝对引用：即在列标和行号前分别加上"$"符号。例如公式"=125*$B$2"，绝对引用中单元格地址不会改变。

（3）混合引用：即在引用中同时存在相对引用和绝对引用。例如公式=$B3+A$2。

（4）三维地址引用格式为：[工作薄名]+工作表名+！+单元格引用。

（5）引用名字：名字引用为绝对引用。

9.2.3 数据编辑

数据编辑的各方法如下。

1.数据修改

在Excel 2007中，修改数据有两种方法，一是在编辑栏中修改，二是直接在单元格中修改。

2.数据删除

数据删除有两种方法。

（1）选中要删除数据的单元格，然后单击"开始"选项卡中"编辑"功能组中的"清除"按钮，在下拉菜单中选择清除方式，如图9-9所示。

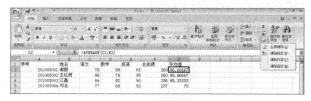

图 9-9 数据的清除

（2）选中要删除数据的单元格按Delete键。

3.数据复制和移动

数据的复制方法有两种：一是用"开始"选项卡中"剪贴板"功能组里的"复制"按钮；二是选中要复制数据的单元格按Ctrl+S快捷键。

数据的移动方法为：选中所要移动数据的单元格，将鼠标光标移至单元格的边框上，鼠标光标变成带箭头的十字形，按住鼠标左键拖动鼠标即可移动数据。

4. 查找与替换

在Excel中进行数据的查找和替换方法有两种。

（1）在"开始"选项卡"编辑"功能组中点击"查找和选择"按钮，在下拉菜单中选择需要的命令。

（2）按Ctrl+F快捷键调出"查找和替换"对话框进行操作，如图9-10所示。

图9-10 "查找和替换"对话框

5. 为单元格加批注

在Excel中可以用"审阅"选项卡"批注"功能组中的"新建批注"功能对单元格进行批注，还可以对批注进行编辑和修改。也可以直接在单元格上点击右键在弹出的快捷菜单中选择"插入批注"命令，如图9-11所示。

例如：对例表中谢丽的数学成绩批注出最高分，可以右键点击D2单元格，在弹出的快捷菜单中选择"插入批注"命令，在批注框中输入"最高分"，，如图9-12所示。

图9-11 单元格右键快捷菜单

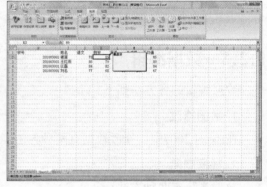

图9-12 插入批注

9.3 工作表的编辑和格式设置

对工作表的编辑和格式化可以创建更完善、更直观的Excel表格。

9.3.1 工作表的选取、插入、删除和重命名

工作表的选取、插入、删除和重命名操作方法如下。

1. 选取工作表

在Excel中对工作表的选取可以单击工作表标签来完成，对多张工作表的选择可以通过在按住Ctrl键的同时单击多个工作表标签来完成。

2. 插入工作表

在Excel中插入工作表的方法有以下几种。

（1）点击所有工作表标签右侧的插入工作表按钮。

（2）在"开始"选项卡"单元格"功能组中点击"插入"按钮，在弹出的下拉菜单中选择"插入工作表"命令。

（3）右键点击某个工作表标签，在弹出的快捷菜单中选择"插入"命令，在弹出的"插入"对话框中选择"工作表"，按"确定"按钮完成插入。如图9-13所示。

（4）按Shift+F11快捷键。

新插入的工作表默认以Sheet n命名，n为自然数，如图9-14所示。

图 9-13　工作表标签右键快捷菜单

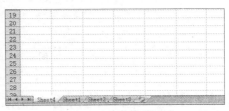

图 9-14　新插入工作表

3. 删除工作表

在Excel中对工作表进行删除的方法如下。

（1）右键点击工作表标签，选择快捷菜单中的"删除"命令。

（2）点击"开始"选项卡"单元格"功能组中的"删除"按钮，在下拉菜单中选择"删除工作表"命令，如图9-15所示。

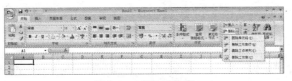

图 9-15　删除工作表

4. 重命名工作表

在Excel中对工作表的重命名方法如下。

（1）双击工作表标签，当标签名变为文本输入状态即可对工作表重命名。

（2）右键点击工作表标签，在快捷菜单中选择"重命名"命令。

9.3.2　工作表的复制与移动

在Excel中对工作表进行复制可以右键单击要复制和移动的工作表标签，在快捷菜单中选择"移动或复制工作表"命令，在弹出的"移动或复制工作表"对话框中进行操作，将工作表复制或移动到相应位置，如图9-16所示。

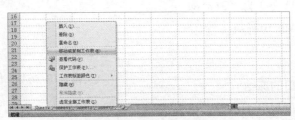

图 9-16　复制与移动工作表

9.3.3 隐藏和取消隐藏工作表

在Excel中要隐藏或取消隐藏工作表可以使用右键单击要隐藏或取消隐藏的工作表标签，在快捷菜单中选择"隐藏"或"取消隐藏"命令，如图9-17所示。

图 9-17 隐藏或取消隐藏工作表

9.3.4 工作表窗口的拆分与冻结

工作表窗口的拆分与冻结操作方法如下。

1. 工作表窗口的拆分

工作表窗口的拆分可分为三种：水平拆分、垂直拆分、水平和垂直同时拆分。点击"视图"选项卡"窗口"功能组中的"拆分"按钮，工作表窗口自动呈现水平和垂直同时拆分的状态；如图9-18所示。此时可拖动水平或垂直拆分线到列标行号位置，以取消水平或垂直拆分。

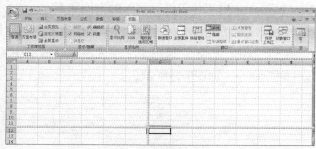

图 9-18 工作表的拆分

2. 工作表窗口的冻结

当我们在制作一个Excel表格时，有时会遇到行数和列数都比较多，一旦向下或向右滚屏时，上面的标题行或左边的标题列就会跟着滚动，这样在处理数据时往往难以分清各行或列数据对应的标题，这时就可以利用Excel的"冻结窗格"功能来解决这个问题，不让它滚动，以便于查看数据。

冻结窗口的操作方法如下。

Step 01 选择冻结位置，即点击要冻结行与要冻结列交叉点右下角的单元格。

Step 02 点击"视图"选项卡"窗口"功能组中的"冻结窗格"按钮，在下拉菜单中选择"冻结拆分窗格"命令，此命令在进行了拆分操作后会变为"取消冻结窗格"。冻结效果如图9-19所示。

图 9-19 冻结工作表窗口

3. 取消对工作表窗口的冻结

如果冻结窗口使用后想取消冻结，可以选择"视图"选项卡"窗口"功能组中的"冻结窗格"，在下拉菜单中选择"取消冻结窗格"命令即可。如图9-20所示。

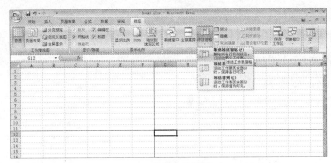

图 9-20 取消冻结窗口

9.3.5 设置工作表格式

工作表内可设置格式的对象包括数字、对齐方式、文字、边框、行、列等。

1. 设置数字格式

在Excel中对数字格式进行设置时，可以在"数据输入"一节中介绍过的"设置单元格格式"对话框中进行。如图9-21所示。

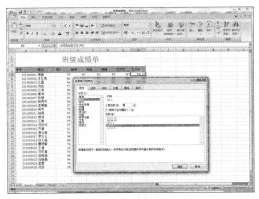

图 9-21 数字格式设置

2. 设置对齐方式

对单元格中数据对齐方式进行设置时，可以在"设置单元格格式"对话框中切换到"对齐"选项卡进行操作。如图9-22所示。也可以选中单元格后点击"开始"选项卡"对齐方式"功能组中的相应按钮来进行设置。

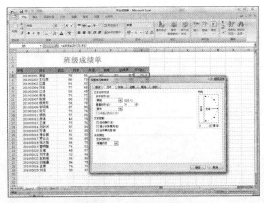

图 9-22 设置对齐格式

3. 设置文字格式

在Excel中对文字格式进行设置时，可以选中要设置的单元格或文字，点击"开始"选项卡"字体"功能组中的各文字设置按钮对文字格式进行设置，包括文字字体、文字字号、文字颜色等样式都可以进行更改。如图9-23所示。

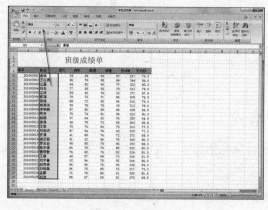

图9-23　设置字体

4. 设置边框

在Excel中对边框进行设置时，可以选中要设置边框线的单元格，点击"开始"选项卡"字体"功能组中的"边框"按钮进行相应设置。如图9-24所示。

也可以在"设置单元格格式"对话框"边框"选项卡中对边框线进行设置。如图9-25所示。

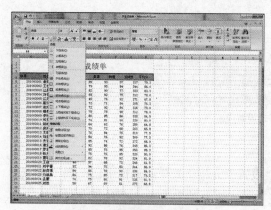

图9-24　设置边框线方法一

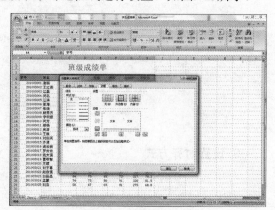

图9-25　设置边框线方法二

5. 设置单元格或单元格区域图案和颜色

要设置单元格格式或单元格区域图案和颜色，可以先选中要设置的单元格，然后在"设置单元格格式"对话框中切换到"填充"选项卡，进行填充颜色等各项设置。如图9-26所示。

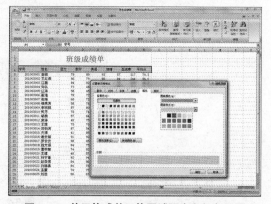

图9-26　单元格或单元格区域图案和颜色设置

6. 设置行高、列宽

在Excel中对单元格行高和列宽进行设置时，可以拖动行号与行号或列标与列标之间的分隔线来改变行高和列宽。如图9-27所示。

图 9-27-1-1 设置前行高

图 9-27-1-2 设置后行高

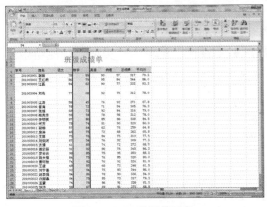

图 9-27-2-1 设置前列宽

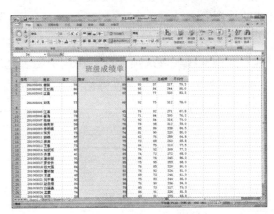

图 9-27-2-2 设置后列宽

9.4 图表的使用

Excel中可创建多种图表，以达到直观显示数据的目的。

9.4.1 创建图表

创建图表的方法如下。

（1）选择所需数据区域，在"插入"选项卡"图表"功能组中选择所需图表类型。如图9-28所示。

（2）选择所需数据区域，点击"图表"功能组右下角的"更多"按钮打开"插入图表"对话框，选择需要的图表类型，按"确定"按钮完成。如图9-29所示。

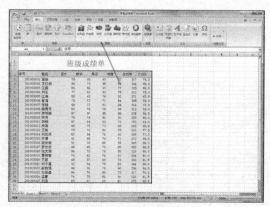

图 9-28　创建数据图表

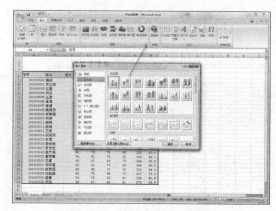

图 9-29　"插入图表"对话框

9.4.2　图表的编辑

图表的编辑包括图表类型的改变，图表数据的修改，图表中文字的字体、字号、颜色等样式的设置等。

如果要改变已创建图表的类型，可以选中图表后重复创建图表的操作，也可在"图表工具"选项卡区（该选项卡区只在选中图表之后才会出现）"设计"选项卡"类型"功能组中的"更改图表类型"按钮，在弹出的"更改图表类型"对话框中进行操作。图9-30~图9-33为改变图表类型的过程图。

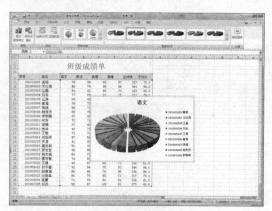

图 9-30　原图表

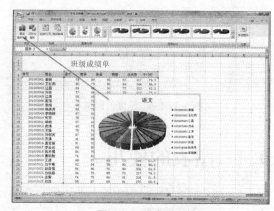

图 9-31　图表类型的改变

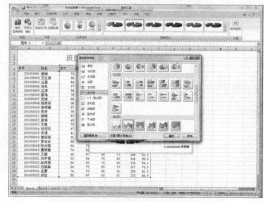

图 9-32　"更改图表类型"对话框

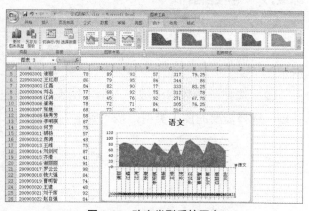

图 9-33　改变类型后的图表

　　图表数据的修改以及图表中文字的字体、字号、颜色等样式设置都可以在"图表工具"选项卡区的"设计"、"布局"和"格式"三个选项卡中进行，操作与文字格式设置以及Word中的操作类似，在此不作赘述。

9.4.3　图表的移动、复制、删除和缩放

　　可以用鼠标直接将图表拖动到工作表中任何位置，也可以移动到其他工作表中，如图9-34所示。图表和删除类似其他对象的复制和删除，如图9-35、图9-36所示。把鼠标放到图表边框上按住左键拖动可对图表进行缩放，如图9-37所示。

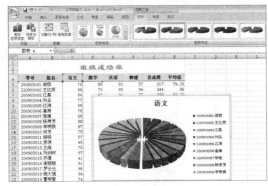

图 9-34-1　移动前图表

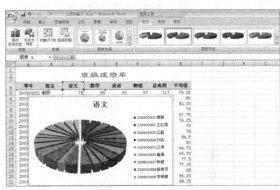

图 9-34-2　移动后图表

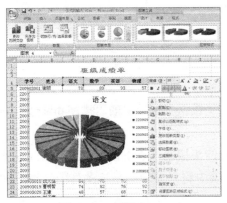

图 9-35-1　原图表

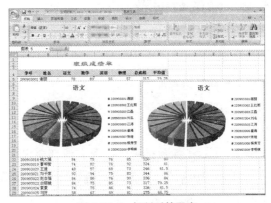

图 9-35-2　复制后的图表

图 9-36　图表的删除

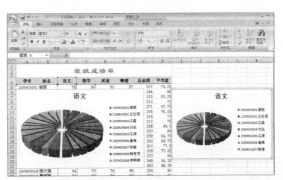

图 9-37　缩放后图表

9.5 数据处理

Excel 2007中对数据可进行筛选、排序、分类汇总等处理。

9.5.1 规范数据表格

在使用数据表格时，用户应注意规范以下几个问题，以便于处理数据。

（1）避免在一张工作表中建立多个数据表格。

（2）数据表格的数据和其他数据之间至少留出一个空行和空列。

（3）避免在数据表格的各条记录或各个字段之间放置空行和空列。

（4）最好使用标题行，而且把标题行作为字段的名称。

（5）标题行的字体、对齐方式等格式最好与数据表中其他数据相区别。

一个规范的数据表应如图9-38所示。

图 9-38 班级成绩表

9.5.2 筛选数据表

在Excel中可对数据进行筛选和高级筛选。

1. 筛选

筛选数据的步骤如下。

Step 01 选中要筛选数据区域中的任一单元格，在"数据"选项卡的"排序和筛选"功能组中点击"筛选"按钮。

Step 02 在标题行每个标题右边都会出现一个下拉箭头按钮，点击该按钮将弹出筛选条件菜单，如图9-39所示，在其中选择特定的条件后，工作表中将只显示满足该条件的数据。如图9-40、图9-41所示。

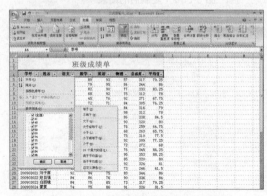

图 9-39 筛选语文成绩不及格同学

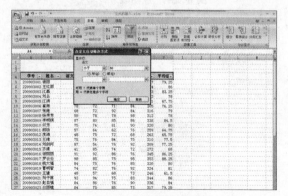

图 9-40 输入筛选条件

筛选完成后再次点击"数据"选项卡中的"筛选"按钮可以取消筛选，重新显示所有数据，如图9-42所示。

图 9-41　筛选结果

图 9-42　取消筛选

2. 高级筛选

如果要使用高级筛选，就要先建立一个条件区域。条件区域用来指定筛选的数据必须满足的条件。

如在例表中要筛选语文成绩大于75，数学成绩大于85的同学可以进行如下操作。

Step 01 在空白区域输入条件信息"语文＞75，数学＞75"，点击"数据"选项卡"排序和筛选"功能组中的"高级"按钮，弹出"高级筛选"对话框，如图9-43所示。

Step 02 点击"列表区域"和"条件区域"右侧的按钮，再用鼠标拖选相应数据区域，如图9-44所示。

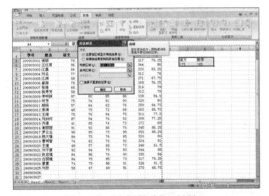

图 9-43　"高级筛选"对话框

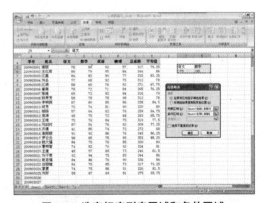

图 9-44　选定相应列表区域和条件区域

Step 03 按"确定"按钮完成筛选，结果如图9-45所示。

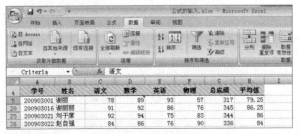

学号	姓名	语文	数学	英语	物理	总成绩	平均值
200903001	谢丽	78	89	93	57	317	79.25
200903016	谢丽丽	91	92	86	76	345	86.25
200903021	刘于滕	92	94	75	83	344	86
200903022	赵自强	84	86	76	90	336	84

图 9-45　高级筛选结果

9.5.3 数据排序

在Excel中对数据进行排序有以下两种方式。

1. 按单列排序

按单列进行数据排序的步骤如下。

Step 01 选中数据表中所要排序的一列数据单元格。

Step 02 单击"数据"选项卡"排序和筛选"功能组中的"排序"按钮，弹出"排序"对话框，如图9-46所示。

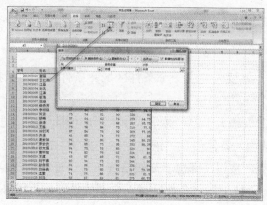

图9-46 "排序"对话框

Step 03 在"排序"对话框中进行排序条件设置，按"确定"后完成排序，如图9-47所示。

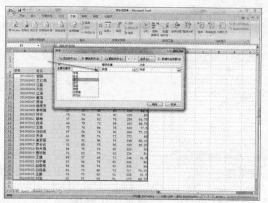

图9-47 设置排序条件

2. 按多列排序

按多列进行数据排序的步骤如下。

Step 01 选中数据区域中要排序的多列数据单元格，单击"数据"选项卡"排序和筛选"功能组中的"排序"按钮，弹出"排序"对话框，如图9-48-1所示。

Step 02 分别添加条件"主要关键字"和"次要关键字"，并输入关键字，选择好排序方式，按"确定"按钮完成操作。如图9-48-2、图9-48-3、图9-48-4所示。

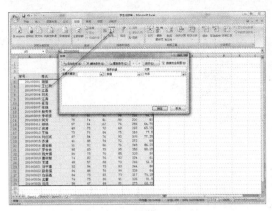

图 9-48-1 "排序"对话框

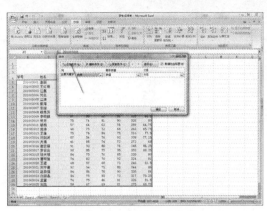

图 9-48-2 添加排序条件

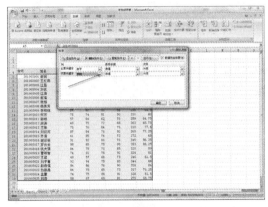

图 9-48-3 输入关键字

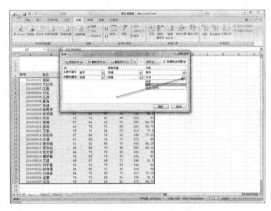

图 9-48-4 选择排序方式

9.5.4 分类汇总

建立数据清单后，可以依据某个字段将所有记录进行分类，把字段值相同的连续记录作为一类，得到每一类的统计信息。对数据清单数据进行分析处理时，运用分类汇总功能，可以免去一次次输入公式和调用函数对数据进行求和、求平均值、乘积等操作，从而提高工作效率。另外，在进行分类汇总之后，还可对清单进行分级显示。

在分类汇总之前必须对数据清单进行排序，以使数据清单中拥有同一主题的记录集中在一起，然后就可以对记录进行分类汇总了。具体操作步骤如下。

Step 01 选中要分类汇总的字段数据，单击"数据"选项卡"分级显示"功能组中的"分类汇总"按钮，弹出"分类汇总"对话框，如图9-49所示。

Step 02 在"分类字段"选项列表中选择字段名（应与排序时选择的字段名相同）；再在"汇总方式"选项列表中选择汇总函数；在"选定汇总项"列表中选择需要对其汇总计算的"字段名"，如要汇总学生总分和平均分，可勾选列表中的"总成绩"和"平均分"复选框，然后单击"确定"按钮，即可得到分类汇总结果，如图9-50所示。

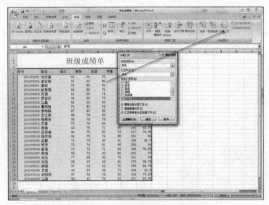

图 9-49 "分类汇总"对话框

图 9-50 分类汇总后的数据

9.6 建立和编辑数据透视表

Excel提供的数据透视表为数据分析带来极大的方便，点击"插入""表格"功能组中的"数据透视表"按钮，可对已有的数据清单或表格中数据制作各种交叉分析表，还可以对来自外部数据库的数据进行交叉制表和汇总。

9.6.1 建立简单的数据透视表

对数据清单建立数据透视表，步骤如下。

Step 01 选中数据清单中的任意单元格，点击"插入"选项卡"表格"功能组中的"数据透视表"图标按钮，弹出"创建数据透视表"对话框，如图9-51、图9-52所示。

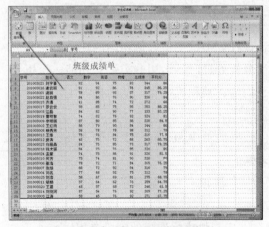

图 9-51 点击"数据透视表"图标按钮

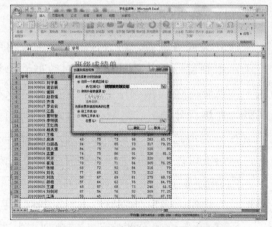

图 9-52 "创建数据透视表"对话框

Step 02 设置透视表的区域和透视表的放置位置，点击"确定"按钮，弹出透视表设置窗口，如图9-53所示。

Step 03 在"选择要添加到报表的字段"列表中选中需要的项目，就会在左侧出现结果报表，如图9-54所示。

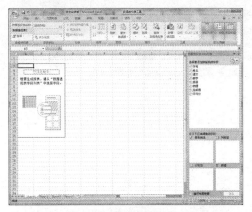

图 9-53　透视表设置窗口

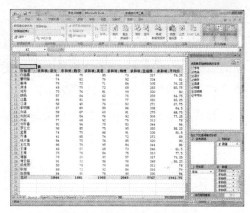

图 9-54　数据透视结果报表

创建数据透视表之后还可以点击"数据透视表工具"选项卡区"选项"选项卡"工具"功能组的"数据透视图"按钮把表格转换成透视图，如图9-55和图9-56所示。

图 9-55　创建数据透视图

图 9-56　数据透视表

9.6.2　编辑数据透视表

对数据透视表的编辑包括移动、删除、数据修改等操作。

1. 移动数据透视表中的数据

如要移动数据表中的数据，在单元格、行或列上右键单击，在弹出的快捷菜单中选择"移动"命令，然后在子菜单中选择要移动到的位置，如图9-57所示。

移动后的结果如图9-58所示。

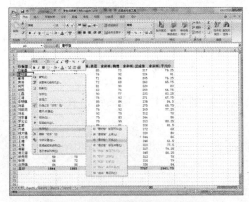

图 9-57　移动数据透视表中的数据

图 9-58　移动后的数据

2. 删除数据透视表中的数据

如要删除数据透视表中的数据，可以选中要删除的数据，点击鼠标右键，在弹出的快捷菜单中选择"删除"即可，如图 9-59 所示。

修改数据透视表中数据的方法与前面数据表的修改方法类似，在此不作赘述。

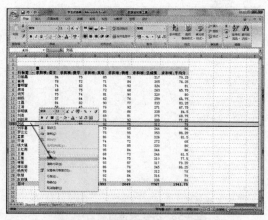

图 9-59　删除数据透视表中的数据

9.7　页面设置和打印

Excel 2007 的页面设置和打印操作与 Word 有相似之处，但也有不同的地方。

9.7.1　设置打印区域和分页

设置打印区域和分页的方法如下。

在 Excel 2007 中要设置打印区域可先选中要打印的工作表，在"视图"选项卡"工作簿视图"功能组中点击"分页预览"按钮，通过拖动分页符来设置每一页的打印区域。如图 9-60 和图 9-61 所示。设置打印分页可以通过调整工作表中的数据大小格式和打印边距来实现。

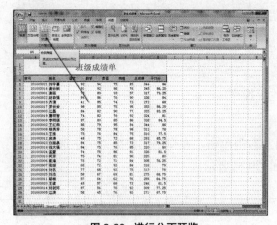

图 9-60　进行分页预览

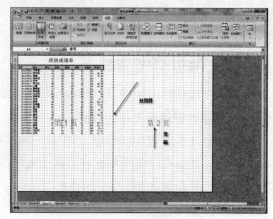

图 9-61　分页预览模式

9.7.2　页面的设置

要在 Excel 中进行页面设置时，可以点击快速访问工具栏右侧的下拉三角按钮，在弹出的下拉菜单中选择"打印预览"命令，如图 9-62 所示。

在打印预览窗口可点击"页面设置"按钮，弹出"页面设置"对话框，如图 9-63 所示。

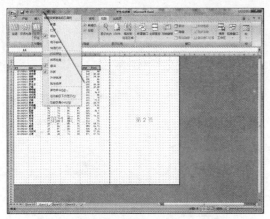

图 9-62 从快速访问工具栏进入打印预览

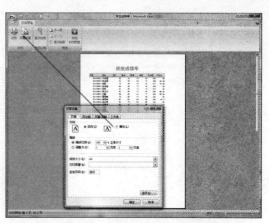

图 9-63 "页面设置"对话框

在"页面设置"对话框中可以对页面、页边距、页眉/页脚和工作表进行相应的打印设置。

9.7.3 打印预览和打印

打印预览可以对要打印的数据进行预打印，可以先看到打印的效果，如果有不合适的地方进行相应的调整。

除了上一小节提到的方法外，要进行打印预览还可以点击"Office按钮"，在弹出的下拉菜单中选择"打印"，在子菜单中选择"打印预览"命令，进入"打印预览"界面，如图9-64、图9-65所示。

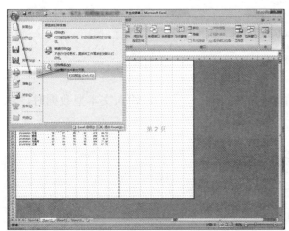

图 9-64 从"Office 按钮"菜单进入打印预览

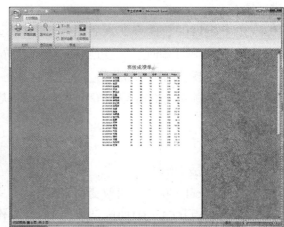

图 9-65 打印预览窗口

通过打印预览审核打印效果，如果设置无误可以进行打印。点击"Office按钮"，在弹出菜单中选择"打印"在子菜单中选择"打印"命令，弹出"打印内容"对话框，在其中可对打印机、打印纸张进行设置，如图9-66所示。

在"打印内容"对话框中可以设置打印的内容，首先选择打印机，选择可用的打印设备，然后设置打印范围，根据需要可以选择"全部"或一定范围的页数，再选定打印内容，最后确定打印的份数，如图9-67所示，这些设置好后就可以打印输出了。

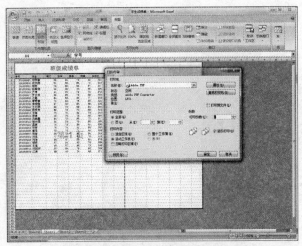

图 9-66　确定打印后设置打印选项

图 9-67　"打印内容"对话框

9.8　思考与练习

1. 填空题

（1）在Excel 2007中，一个工作簿默认情况下有＿＿＿个工作表，工作表由＿＿＿行和＿＿＿列组成。

（2）在Excel中输入数据时，如果输入的数据具有某种内在规律，则可以利用它的＿＿＿功能进行输入。

（3）Excel 2007的默认扩展名是＿＿＿，Excel 2003的默认扩展名是＿＿＿。

（4）拖动单元格的＿＿＿可以进行数据填充。

（5）正在操作的单元格称为＿＿＿单元格。

（6）给当前单元格输入数值型数据时，默认的对齐方式是＿＿＿，输入文本型数据时，默认对齐方式是＿＿＿。

2. 简答题

（1）什么是工作簿？

（2）在Excel 2007中如何改变列宽和行高？

（3）如何对从C1至H1的单元格进行合并操作？

（4）工作表中可设置格式的对象包括哪些？

第十章　PowerPoint 2007

10.1　PowerPoint 简介

PowerPoint是一款专门用来制作演示文稿的应用软件，也是Microsoft Office系列软件中的重要组成部分。使用PowerPoint可以制作出集文字、图形、图像、声音以及视频等多媒体元素为一体的演示文稿，让信息以更轻松、更高效的方式表达出来。中文版PowerPoint 2007在继承以前版本的强大功能的基础上，更以全新的界面和便捷的操作模式引导用户制作图文并茂、声形兼备的多媒体演示文稿。

PowerPoint和其他Office应用软件一样，使用方便，界面友好。简单来说，PowerPoint具有如下应用特点。

（1）简单易用。

（2）多媒体演示。

（3）发布应用。

（4）支持多种格式的图形文件。

（5）输出方式的多样化。

启动PowerPoint 2007应用程序后，用户将看到PowerPoint 2007的操作界面与Word、Excel界面在结构上大同小异，只是多了"幻灯片/大纲"任务窗格和"备注"栏，如图10-1所示。

图 10-1　PowerPoint 2007 操作界面

10.2　PowerPoint 视图与幻灯片编辑

在PowerPoint中创作的文件称为演示文稿，其默认扩展名为".pptx"。

10.2.1　PowerPoint 的视图方式

PowerPoint 2007提供了普通视图、幻灯片浏览视图、备注页视图和幻灯片放映4种视图模式，以满足用户不同的工作需求。

　　用户可以在功能区中选择"视图"选项卡，然后在"演示文稿视图"功能组中选择相应的按钮以改变视图模式，也可以分别单击PowerPoint 2007界面右下方的三个视图方式按钮在"普通视图"、"幻灯片浏览视图"和"幻灯片放映"视图方式间切换。

1. 普通视图

　　普通视图是PowerPoint 2007默认的视图方式，在该视图方式下可以对幻灯片进行编辑，如图10-2所示。

2. 幻灯片浏览视图

　　在该视图方式下可以浏览该演示文稿中所有幻灯片的整体效果，并且可以对其进行整体的调整，如调整演示文稿的背景、移动或复制幻灯片等，但不能编辑幻灯片中的具体内容，如图10-3所示。

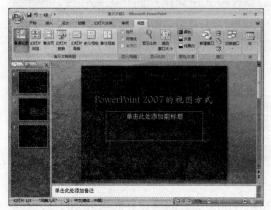

图 10-2　普通视图

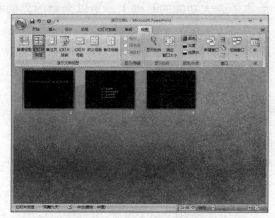

图 10-3　"幻灯片浏览"视图

3. 备注页视图

　　在该视图方式下可以查看备注页，编辑备注的打印效果，如图10-4所示。

4. 幻灯片放映视图

　　在该视图方式下可以查看幻灯片的放映效果，这也是最终用来演示文稿的视图方式，如图10-5所示。

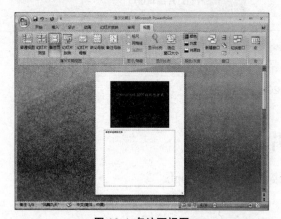

图 10-4　备注页视图

图 10-5　"幻灯片放映"视图

每种视图都包含有该视图下特定的工作区、功能区和其他工具。在不同的视图中，用户可以对演示文稿进行编辑和加工，同时这些改动都将反映到其他视图中。

10.2.2　PowerPoint 中的幻灯片操作

在PowerPoint中有演示文稿和幻灯片两个概念，使用PowerPoint制作出来的整个文件叫演示文稿。而演示文稿中的每一页叫做幻灯片，每张幻灯片都是演示文稿中既相互独立又相互联系的内容。

1. 添加新幻灯片

在启动PowerPoint 2007后，PowerPoint会自动创建一张新的幻灯片，随着制作过程的推进，需要在演示文稿中添加更多的幻灯片。要添加新幻灯片，可以按照下面的方法进行操作。

（1）单击"开始"选项卡，在"幻灯片"功能组中单击"新建幻灯片"按钮，即可添加一张默认版式的幻灯片。当需要应用其他版式时，单击"新建幻灯片"按钮右下方的下拉箭头，在下拉菜单中选择需要的版式即可将其应用到当前幻灯片中，如图10-6所示。

（2）按Ctrl+M快捷键，可在当前幻灯片后面插入一张新的幻灯片。

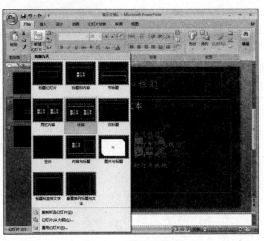

图 10-6　新建幻灯片

2. 选择幻灯片

在PowerPoint中，用户可以选中一张或多张幻灯片，然后对选中的幻灯片进行操作。以下是在普通视图中选择幻灯片的操作方法，如图10-7所示。

（1）选择单张幻灯片：无论是在普通视图还是在幻灯片浏览模式下，只需单击需要的幻灯片，即可选中该张幻灯片。

（2）选择编号相连的多张幻灯片：首先单击起始编号的幻灯片，然后按住Shift键，再单击结束编号的幻灯片，此时将有多张幻灯片被同时选中。

（3）选择编号不相连的多张幻灯片：在按住Ctrl键的同时，依次单击需要选择的每张幻灯片，此时被单击的多张幻灯片同时选中。在按住Ctrl键的同时再次单击已被选中的幻灯片，则该幻灯片被取消选择。

图 10-7　选择幻灯片

3. 复制幻灯片

PowerPoint支持以幻灯片为对象的复制操作。在制作演示文稿时，有时会需要两张内容基本相同的幻灯片。此时，可以利用幻灯片的复制功能，复制出一张相同的幻灯片，然后再对其进行适当的修改，如图10-8所示。复制幻灯片的基本方法如下。

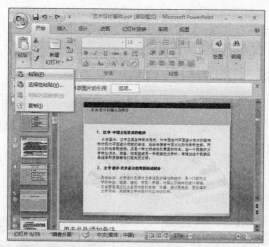

图 10-8　复制幻灯片

（1）在普通视图方式下的"幻灯片"任务窗格中选中需要复制的幻灯片，在"开始"选项卡的"剪贴板"功能组中单击"复制"按钮。

（2）在需要插入幻灯片的位置单击，然后在"开始"选项卡的"剪贴板"功能组中单击"粘贴"按钮。

4. 调整幻灯片顺序

在制作演示文稿时，如果需要重新排列幻灯片的顺序，就需要移动幻灯片。移动幻灯片的方法如下。

（1）在普通视图的"幻灯片"任务窗格中，选择要移动的幻灯片图标，按住鼠标左键不放将其拖动到目标位置释放鼠标左键，便可完成幻灯片的移动操作，若在拖动时按住Ctrl键不放则可复制该幻灯片。如图10-9与图10-10所示。

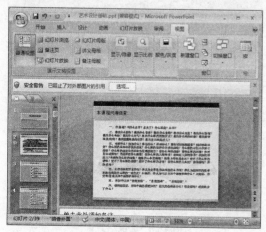

图 10-9　幻灯片移动前

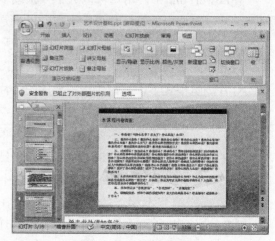

图 10-10　幻灯片移动后

（2）也可切换至幻灯片浏览视图，用以上的拖动方法移动所选幻灯片，如图10-11所示。

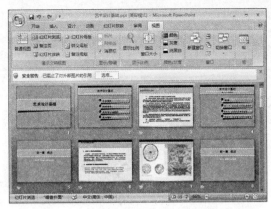

图 10-11　在幻灯片浏览视图移动幻灯片

10.3　编辑演示文稿

对演示文稿的编辑包括对文字、图像、表格、声音等对象的编辑，以及对幻灯片的设计。

10.3.1　文字的编辑

直观明了的演示文稿少不了文字的说明，文字是演示文稿中至关重要的组成部分。下面将讲述在幻灯片中添加文本、修饰演示文稿中的文字、设置文字的对齐方式和添加特殊符号的方法。

1. 占位符操作

PowerPoint 2007中的占位符是包含文字和图形等对象的容器，其本身是构成幻灯片内容的基本对象，具有自己的属性。用户可以对其中的文字进行操作，也可以对占位符本身进行大小调整、移动、复制、粘贴及删除等操作，如图10-12所示。

占位符常见的操作状态有两种：文本编辑与整体选中。在文本编辑状态中，用户可以编辑占位符中的文本；在整体选中状态中，用户可以对占位符进行移动、调整大小等操作。

图 10-12　幻灯片中的占位符

（1）复制、剪切、粘贴和删除占位符

用户可以对占位符进行复制、剪切、粘贴及删除等基本编辑操作。对占位符的编辑操作与对其他对象的操作相同，选中占位符之后，在"开始"选项卡的"剪贴板"功能组中选择"复制"、"粘贴"及"剪切"等相应按钮即可。

在复制或剪切占位符时，会同时复制或剪切占位符中的所有内容和格式，以及占位符的大小和其他属性。

当把复制的占位符粘贴到当前幻灯片时，被粘贴的占位符将位于原占位符的附近；当把复制的占位符粘贴到其他幻灯片时，则被粘贴的占位符的位置将与原占位符在幻灯片中的位置完全相同。

占位符的剪切操作常用来在不同的幻灯片间移动内容。

选中占位符后按键盘上的Delete键，可以把占位符及其内部的所有内容删除。

（2）设置占位符属性

在PowerPoint 2007中，占位符、文本框及自选图形等对象具有相似的属性，如颜色、线型等，设置它们的属性的操作是相似的。在幻灯片中选中占位符时，功能区将出现"格式"选项卡。通过该选项卡中的各个按钮和命令即可设置占位符的属性，如图10-13所示。

图10-13 设置占位符属性

（3）旋转占位符

在设置演示文稿时，占位符可以任意角度旋转。选中占位符，在"格式"选项卡的"排列"组中单击"旋转"按钮，在弹出的菜单中选择相应命令即可实现指定角度的旋转，如图10-14所示。

（4）对齐占位符

如果一张幻灯片中包含两个或两个以上的占位符，用户可以通过选择相应命令来左对齐、右对齐、左右居中或横向分布占位符。

在幻灯片中选中多个占位符，在"格式"选项卡的"排列"功能组中单击"对齐"按钮，此时在弹出的菜单中选择相应命令，即可设置占位符的对齐方式，如图10-15所示。

图10-14 旋转占位符

图10-15 对齐占位符操作

（5）设置占位符形状

占位符的形状设置包括"形状填充"、"形状轮廓"和"形状效果"设置。通过设置占位符的形状，可以自定义内部纹理、渐变样式、边框颜色、边框粗细、阴影效果、反射效果等，如图10-16所示。

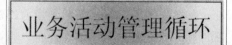

图10-16 设置占位符形状

2. 在幻灯片中添加文本

文本对演示文稿中主题、问题的说明及阐述作用是其他对象不可替代的。在幻灯片中添加文本的方法有很多种，常用的方法有使用占位符、文本框等。

（1）在占位符中添加文本

将文本插入点定位到标题和副标题占位符中，输入相应文本内容，如图10-17所示。

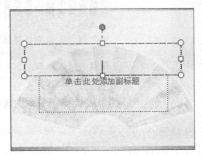

图 10-17　在占位符中添加文本

（2）使用文本框输入文本

用户除了可以使用复制的方法从其他地方将文本粘贴到幻灯片中直接生成文本框外，还可以在"插入"选项卡"文本"功能组中点击"文本框"按钮，直接在幻灯片中绘制文本框，并在其中输入文本，如图10-18所示。

图 10-18　在文本框中添加文本

3. 设置文本的基本属性

为了使演示文稿更加美观、清晰，通常需要对文本属性进行设置。文本的基本属性设置包括字体、字形、字号及字体颜色等设置。在PowerPoint 2007中，当幻灯片应用了版式后，幻灯片中的文字也具有了预先定义的属性。但在很多情况下，用户仍然需要按照自己的要求对它们重新进行设置。

（1）为幻灯片中的文字设置合适的字体和字号，如图10-19所示，可以使幻灯片的内容清晰明了。和编辑文本一样，在设置文本属性之前，首先要选择相应的文本。

（2）为了使文本的色彩外观与幻灯片的整体设计效果外观一直，通常在设计演示文稿时要进一步设置文字的颜色，如图10-20所示。

图 10-19　设置文本的字体、字号等

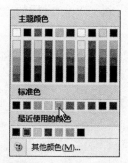

图 10-20　设置文本的颜色

（3）在PowerPoint 2007中，用户除了可以设置最基本的文字格式外，还可以在"开始"选项卡的"字体"功能组中选择相应按钮来设置文字的其他特殊效果，如为文字添加删除线等。单击"字体"功能组中的"更多"按钮，在打开的"字体"对话框中也可以设置特殊的文本格式，如图10-21所示。

图 10-21　设置特殊的文本格式

4. 插入符号和公式

在编辑演示文稿的过程中，除了输入文本或英文字符，在很多情况下还要插入一些符号和公式，例如2、β、∈、Fx＝Fcosβ等，这时仅通过键盘是无法输入这些符号的。Power-Point 2007提供了插入符号和公式的功能，用户可以在演示文稿中插入各种符号和公式。

要在文档中插入符号，可以先将光标置于要插入符号的位置，然后单击"插入"选项卡"文本"功能组中的"符号"按

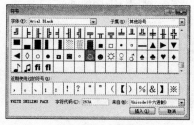

图 10-22　插入符号

钮，打开"符号"对话框，如图10-22所示，在其中选择要插入的符号，单击"插入"按钮即可。

在幻灯片中可以使用公式编辑器输入统计函数、数学函数、微积分方程式等复杂公式。单击"插入"选项卡"文本"功能组中的"对象"按钮，在打开的对话框中选择"Microsoft 公式3.0"，如图10-23所示，点击"确定"后则打开"公式编辑器"对话框，如图10-24所示，可在其中编辑所需要的各种样式的公式。完成后关闭"公式编辑器"即可把编辑好的公式插入到幻灯片中。

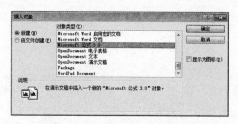

图 10-23　"Microsoft 公式 3.0"

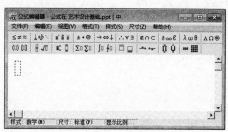

图 10-24　公式编辑器

5. 段落设置

为了使幻灯片中的文本层次分明，条理清晰，可以为幻灯片中的段落设置格式和级别，如使用不同的项目符号和编号来标识段落层次等。下面就介绍一下使用项目符号和编号、设置段落的对齐方式和缩进方式等方法。

（1）段落格式包括段落对齐、段落缩进及段落间距设置等。掌握了在幻灯片中编排段落格式的方法后，就可以为整个演示文稿设置更丰富的段落格式。

段落对齐是指段落边缘的对齐方式，包括左对齐、右对齐、居中对齐、两端对齐和分散对齐。

左对齐：段落左边对齐，右边不对齐。

右对齐：段落右边对齐，左边不对齐。

居中对齐：居中对齐时，段落居中排列。

两端对齐：两端对齐时，段落左右两端都对齐分布，但是段落最后不满一行的文字右边是不被对齐的。

分散对齐：分散对齐时，段落左右两边均对齐，而且当每个段落的最后一行不满一行时，将自动拉开字符间距使该行均匀分布。

在PowerPoint 2007中，可以设置段落与占位符或文本框左边框的距离，也可以设置首行缩进和悬挂缩进。使用"段落"对话框可以准确地设置缩进尺寸，单击"开始"选项卡"段落"功能组中的"更多"按钮可打开"段落"对话框，如图10-25所示。

（2）在演示文稿中，为了使某些内容更为醒目，经常要用到项目符号。项目符号用于强调一些特别重要的观点或条目，从而使主题更加美观、突出。

将光标定位在需要添加项目符号的段落中，单击"开始"选项卡"段落"功能组中"项目符号"按钮右侧的下拉箭头，打开项目符号菜单，在该菜单中选择需要使用的项目符号即可，如图10-26所示。

图 10-25 "段落"对话框

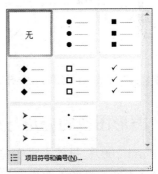

图 10-26 项目符号菜单

选择项目符号中的"项目符号和编号"命令可打开"项目符号和编号"对话框，其中可供选择的项目符号类型共有7种，此外PowerPoint还可以将图片设置为项目符号，这样就丰富了项目符号的形式，如图10-27所示。

图 10-27 设置项目符号和编号

在PowerPoint 2007中，除了系统提供的项目符号和图片项目符号外，还可以将系统符号库中的各种字符设置为项目符号。在"项目符号和编号"对话框中单击"自定义"按钮，将打开"符号"对话框，如图10-28所示。

在PowerPoint 2007中，可以为不同级别的段落设置项目编号，使主题层次更加分明、有条理。在默认状态下，项目编号是由阿拉伯数字构成。此外，PowerPoint还允许用户使用自定义项目编号样式。

要为段落设置项目编号，可将光标定位在段落中，然后打开"项目符号和编号"对话框，切换到"编号"选项卡，如图10-29所示，可以根据需要选择编号样式。

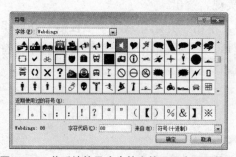

图 10-28 将系统符号库中的字符设置为项目符号

图 10-29 设置项目编号

10.3.2 图形图像的应用与编辑

PowerPoint 2007提供了大量实用的剪贴画，使用它们可以丰富幻灯片的版面效果。此外，用户还可以从本地磁盘插入图片到幻灯片中。使用PowerPoint 2007的绘图工具可以绘制各种简单的基本图形，这些基本图形可以组合成复杂多样的图案效果。使用艺术字和相册功能能够在适当主题下为演示文稿增色添彩。下面就介绍一下剪贴画、图片等图形对象的应用。

1. 插入图形对象

在演示文稿中插入图形对象，可以更生动形象地阐述其主题和要表达的思想。在插入图形对象时，要充分考虑幻灯片的主题，使图形对象和主题和谐一致。

（1）插入剪贴画

PowerPoint 2007附带的剪贴画库内容非常丰富，所有的图片都经过专业设计，它们能够表达不同的主题，适合于制作各种不同风格的演示文稿。

要插入剪贴画，可以在"插入"选项卡的"插图"功能组中单击"剪贴画"按钮，打开"剪贴画"任务窗格，如图10-30所示。

（2）插入外部的图片

用户除了可以插入PowerPoint 2007附带的剪贴画之外，还可以插入磁盘中的图片。这些图片可以是BMP位图，也可以是由其他应用程序创建的图片。从Internet下载的或通过扫描仪及数码相机输入的图片等，如图10-31所示。

图 10-30　插入剪贴画

图 10-31　插入外部的图片

2. 编辑图片

在演示文稿中插入图片后，用户可以调整其位置、大小，也可以根据需要进行裁剪、调整对比度和亮度、添加边框、设置透明色等操作。

（1）要调整图片位置，可以在幻灯片中选中该图片，然后按键盘上的方向键向上、下、左、右移动图片。或者按住鼠标左键拖动图片，等拖动到合适的位置后释放鼠标左键即可，如图10-32所示。

图 10-32　调整图片位置

（2）单击插入到幻灯片中的图片，图片周围将出现8个白色控制点，当鼠标移动到控制点上方时，鼠标光标变为双箭头形状，此时按下鼠标左键拖动控制点，即可调整图片的大小。

当拖动图片4个角上的控制点时，PowerPoint 2007会自动保持图片的长宽比例不变。

拖动4条边框中间的控制点时，可以改变图片原来的长宽比例。

在按住Ctrl键的同时调整图片大小时，将保持图片中心位置不变。

（3）在幻灯片中选中图片时，周围除了出现8个白色控制点外，还有1个绿色的旋转控制点。拖动该控制点，可自由旋转图片，如图10-33所示。另外，在"格式"选项卡的"排列"功能组中单击"旋转"按钮，可以通过该按钮下的命令控制图片旋转的方向。

（4）对图片的位置、大小和角度进行调整时，只能改变整个图片在幻灯片中所处的位置和所占的比例。而当插入的图片中有多余的部分时，可以使用"裁剪"操作，将图片中多余的部分隐藏，如图10-34所示。

图10-33 旋转图片

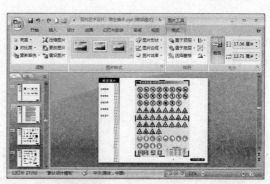

图10-34 "裁剪"图片

（5）图片的亮度是指图片整体的明暗程度，对比度是指图片中最亮部分和最暗部分的差别。用户可以通过调整图片的亮度和对比度，使效果不好的图片看上去更为舒适，也可以将正常的图片调高亮度或降低对比度达到某种特殊的效果。

在调整图片对比度和亮度时，首先应选中图片，然后在"格式"选项卡"调整"功能组中单击"亮度"按钮和"对比度"按钮进行设置。

（6）PowerPoint 2007提供改变图片外观的功能，该功能可以赋予普通图片形状各异的样式，从而达到美化幻灯片的效果。要改变图片的外观样式，应首先选中该图片，然后在"格式"选项卡的"图片样式"功能组中选择图片的外观样式，如图10-35所示。

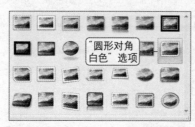

图10-35 改变图片外观

（7）PowerPoint允许用户将图片中的某部分设置为透明色，例如，让某种颜色区域透出被它所覆盖的内容，或者让图片的某些部分与背景分离开。可在除gif动态图片以外的大多数图片中设置透明区域，如图10-36所示。

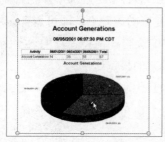

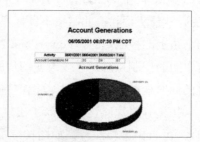

图10-36 设置图片透明区域

10.3.3　表格与图表及 SmartArt 图形功能

PowerPoint 2007除了提供绘制图形、插入图像等最基本的功能外，还提供了多种辅助功能，如绘制表格、插入SmartArt图形、插入图表等。使用这些辅助功能可以使一些主题表达更为专业化。

本节介绍了在幻灯片中绘制表格的两种方法，如何使用SmartArt图形表现各种数据、人物关系，以及在幻灯片中插入与编辑Excel图表等内容。

1. 插入表格

使用PowerPoint 2007制作一些专业型演示文稿时，通常需要使用表格。例如，销售统计表、个人简历表、财务报表等。表格采用行列化的形式，它与幻灯片页面文字相比，更能体现内容的对应性及内在的联系。适合用来表达比较性、逻辑性的主题内容。

PowerPoint 2007支持多种插入表格的方式，例如可以在幻灯片中直接插入，也可以从Word和Excel应用程序中调入。自动插入表格功能能够方便地辅助用户完成表格的输入，提高在幻灯片中添加表格的效率。

也可以直接在幻灯片中绘制表格。绘制表格的方法很简单，单击"插入"选项卡，在"表格"功能组中单击"表格"按钮，在弹出的菜单中选择"绘制表格"命令即可。选择该命令后，鼠标指针将变为笔形形状时，此时可以在幻灯片中进行绘制，如图10-37所示。

图 10-37　绘制表格

插入到幻灯片中的表格不仅可以像文本框和占位符一样被选中、移动、调整大小及删除，还可以为其添加底纹、设置边框样式、应用阴影效果等。除此之外，用户还可以对单元格进行编辑，如拆分、合并、添加行、添加列、设置行高和列宽等。

2. SmartArt 图形

使用SmartArt图形可以非常直观地说明层级关系、附属关系、并列关系、循环关系等各种常见关系，而且制作出来的图形漂亮精美，具有很强的立体感和画面感。

在"插入"选项卡"插图"功能组中单击"SmartArt"按钮，打开"选择SmartArt图形"对话框，如图10-38所示。

用户可以根据需要对插入的SmartArt图形进行

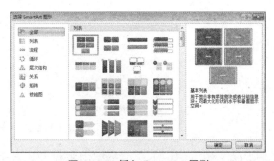

图 10-38　插入 SmartArt 图形

编辑，如添加、删除形状，设置形状的填充色、效果等。选中插入的SmartArt图形，功能区将显示"设计"和"格式"选项卡，通过选项卡中各个功能按钮的使用，可以设计出各种美观大方的SmartArt图形。

3. 插入图表

插入图表的方法与插入图片、影片、声音等对象的方法类似，在"插入"选项卡"插图"功能组中单击"图表"按钮即可。单击该按钮，将打开"插入图表"对话框，如图10-39所示，该对话框提供了11种图表类型，每种类型可以分别用来表示不同的数据关系。

图 10-39　插入图表

10.3.4　声音和影片的编辑

在PowerPoint 2007中可以方便地插入影片和声音等多媒体对象，使用户的演示文稿从画面到声音，多方位地向观众传递信息。在使用多媒体素材时，必需注意所使用的对象均切合主题，否则反而会使演示文稿冗长、累赘。下面介绍一下在幻灯片中插入影片及声音的方法，以及对插入的这些多媒体对象进行设置的方法。

1. 插入视频与动画

PowerPoint 2007中的可插入影片包括视频和动画，用户可以在幻灯片中插入的视频格式有十几种，而可以插入的动画则主要是gif动画。PowerPoint 2007支持的影片格式会随着媒体播放器的不同而有所不同。插入视频及动画的方式主要有从剪辑管理器插入和从文件插入两种。

（1）在"插入"选项卡"媒体剪辑"功能组中单击"影片"按钮下方的下拉箭头，在弹出的菜单中选择"剪辑管理器中的影片"命令，如图10-40所示，此时PowerPoint将自动打开"剪贴画"窗格，该窗格显示了剪辑中所有的影片，如图10-41所示。

图 10-40　"影片"按钮下拉菜单　　　　图 10-41　插入"剪辑管理器中的影片"

（2）很多情况下，剪辑库中提供的影片并不能满足用户的需要，这时可以选择插入来自文件中的影片。单击"影片"按钮下方的箭头，在弹出的菜单中选择"文件中的影片"命令，打开"插入影片"对话框，如图10-42所示。

选择要插入的影片并单击"确定"后，再次弹出一个选择开始播放影片方式的对话框，如图10-43所示，根据实际需要选择"自动"或"在单击时"开始播放插入的影片。

图 10-42　插入"文件中的影片"

图 10-43　选择影片播放方式

（3）对于插入到幻灯片中的视频，不仅可以调整它们的位置、大小、亮度、对比度、旋转等操作，还可以进行剪裁及设置边框等，这些操作都与图片的操作相同，如图10-44所示。

图 10-44　设置幻灯片中的视频

2. 插入声音

在制作幻灯片时，用户可以根据需要插入声音，以增加向观众传递信息的通道，增强演示文稿的感染力。插入声音文件时，需要考虑到在演讲时的实际需要，不能因为插入的声音影响演讲及观众的收听。

（1）在"插入"选项卡中单击"声音"按钮下方的下拉箭头，在打开的命令列表中选择"剪辑管理器中的声音"命令，此时PowerPoint将自动打开"剪贴画"窗格，该窗格显示了剪辑中所有的声音，如图10-45所示。

（2）从文件中插入声音时，需要在命令列表中选择"文件中的声音"命令，打开"插入声音"对话框，从该对话框中选择需要插入的声音文件。

图 10-45　插入"剪辑管理器中的声音"

图 10-46　插入"文件中的声音"

（3）每当用户插入一个声音后，系统都会自动创建一个声音图标，用以显示当前幻灯片中插入的声音。用户可以单击选中的声音图标，也可以使用鼠标拖动来移动位置，或是拖动其周围的控制点来改变大小，如图10-47所示。

（4）在幻灯片中选中声音图标，功能区将出现"声音工具"选项卡。可通过该选项卡中的选项对插入幻灯片中的声音设置，如图10-48所示。

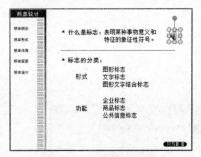

图 10-47　调整声音图标

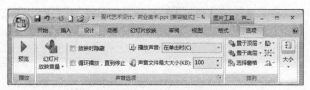

图 10-48　"声音工具"选项

10.3.5　幻灯片设计

在设计幻灯片时，可以使用PowerPoint 2007提供的预设格式；如设计模板、主题样式等，可轻松地制作出具有专业效果的演示文稿。如图10-49所示。

图 10-49　幻灯片"主题"及"背景"样式的应用

1. 利用模板新建演示文稿

为了快速创建演示文稿，可以使用PowerPoint 2007已安装的模板直接新建演示文稿，单击"Office按钮"，在弹出的菜单中选择"新建"命令，弹出"新建演示文稿"对话框，可以从中选择一个已安装的模板创建一个新的演示文稿，如图10-50所示。

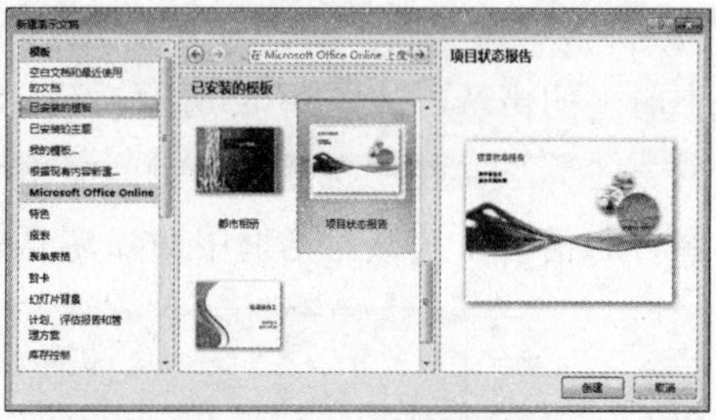

2. 幻灯片的主题颜色

PowerPoint 2007为每种设计模板提供了几十种内置

图 10-50　使用已安装的模板创建演示文稿

的主题颜色，用户可以根据需要选择不同的颜色来设计演示文稿。这些颜色是预先设置好的协调色，自动应用于幻灯片的背景、文本线条、阴影、标题文本、填充、强调和超链接。

应用设计模板后，在功能区显示"设计"选项卡，单击"主题"组中的"颜色"按钮，将打开主题颜色菜单，对幻灯片主题颜色进行设置。

3. 幻灯片的背景样式设计

PowerPoint 2007的背景样式功能可以控制母版中的背景图片是否显示，以及控制幻灯片背景颜色的显示样式。

在设计演示文稿时，用户除了在应用模板或改变主题颜色时更改幻灯片的背景外，还可以根据需要任意更改幻灯片的背景颜色和背景设计，如删除幻灯片中的设计元素、添加底纹、图案、纹理或图片等。

10.4　幻灯片母版的编辑

在PowerPoint 2007中要想将同一背景、标题文本及主要文字格式等统一的幻灯片风格应用到整个演示文稿的所有幻灯片上，就可以使用幻灯片母版功能。幻灯片母版是用于统一和存储幻灯片信息的模板信息，在对模板信息进行加工之后，可以快速地制作风格一致的幻灯片，这样可以提高工作效率，减少不必要的重复输入和编辑。

10.4.1　查看母版类型

PowerPoint 2007中的母版有幻灯片母版、讲义母版和备注母版三种类型，且各自的作用和视图各不相同。运用幻灯片母版进行设计后的幻灯片样式将出现在"新建幻灯片"按钮的下拉列表框中，需要使用该样式的幻灯片时，可直接在其中选择。

1. 幻灯片母版

在"视图"选项卡"演示文稿视图"功能组中单击"幻灯片母版"按钮，如图10-51可查看幻灯片母版。

在标题及文本的版面配置区中包含了标题、文本对象、日期、页脚和数字5种占位符，在母版中更改和设置的内容将应用于同一演示文稿中的所有幻灯片，如图10-52所示。

图 10-51　进入"幻灯片母版"

图 10-52　"幻灯片母版"视图

2. 讲义母版

在"视图"选项卡，"演示文稿视图"功能组中单击"讲义母版"按钮就可进入讲义母版视图。在讲义母版中可查看一页纸张里显示的多张幻灯片，也可以设置页眉和页脚的内容并调整其位置，以及改变幻灯片的放置方向等。当需要将幻灯片作为讲义稿打印并装订成册时，就可以使用讲义母版形式将其打印出来，如图10-53所示。

图 10-53　"讲义母版"视图

3. 备注母版

若在查看幻灯片内容时，需要将幻灯片和备注显示在同一页面中，就可以在备注母版视图中进行查看。在"视图"选项卡"演示文稿视图"功能组中单击"备注母版"按钮就可以进入备注母版视图，如图10-54所示。

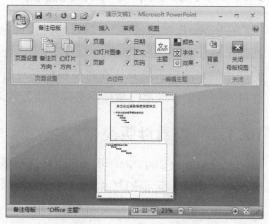

图 10-54 "备注母版"视图

10.4.2 设计母版

设计和编辑母版样式包括在母版中设置幻灯片的背景、文本样式、插入图形以及添加页眉和页脚等，这些都是为了统一幻灯片样式所进行的操作。由于讲义母版和备注母版不常使用且操作方法较为简单，我们主要讲解一下在幻灯片版母版中设计和编辑母版的操作方法。

Step 01 新建空白演示文稿后，在"视图"选项卡"演示文稿视图"功能组中单击"幻灯片母版"按钮，如图10-55所示。

Step 02 选择第一张母版幻灯片，在"背景"组中单击"对话框启动器"按钮，如图10-56所示。

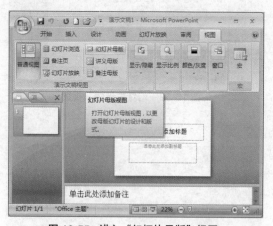

图 10-55 进入"幻灯片母版"视图

图 10-56 设置母版背景

这里需要注意的是，对第一张版幻灯片的编辑将会应用到其他含有该编辑内容的母版幻灯片中。

Step 03 在打开的"设置背景格式"对话框中，选中"图片或纹理填充"单选按钮，在"插入自"选项中单击"文件"按钮，如图10-57所示。

Step 04 在打开的"插入图片"对话框的"查找范围"下拉列表框中，选择图片的存放路径，在中间的列表框中选择要插入的图片。

Step 05 单击"插入"按钮后，再单击"关闭"按钮，如图10-58所示。

图10-57 设置背景格式

图10-58 选择要插入的背景图片

Step 06 选中"单击此处编辑母版标题样式"文本，在"开始"选项卡，"字体"功能组中将"字体"设为所需字体，"字号"设为所需字号。

Step 07 在"字体颜色"下拉列表中选择所需颜色，如图10-59所示。

Step 08 选中中间文本框中的所有文本，在"字体颜色"下拉列表框中选择所需颜色，设置方法参考前面步骤。

Step 09 在"插入"选项卡"插图"功能组中单击"剪贴画"按钮，在打开的"剪贴画"任务窗格的"搜索文字"文本框中输入关键字，单击"搜索"按钮。

Step 10 在显示搜索结果的列表框中，单击需要的剪贴画将其插入到母版幻灯片中，此时可将剪贴画放大或缩小以及移动到所需位置，如图10-60所示。

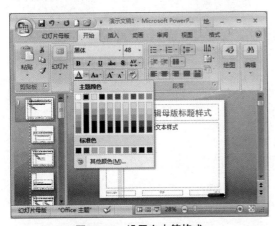

图10-59 设置文本等格式

图10-60 插入剪贴画

Step 11 单击"插入"选项卡"插图"功能组中的"形状"按钮，在弹出的下拉列表框中选择"动作按钮"栏中的相应选项，制作播放控制按钮效果，如图10-61所示。

Step 12 可以给每个控制按钮设置相应的动作功能，首先选择要设置动作的按钮图形，单击"插入"选项卡"链接"功能组中的"动作"命令，如图10-62所示。

图 10-61 插入"动作按钮"形状图形

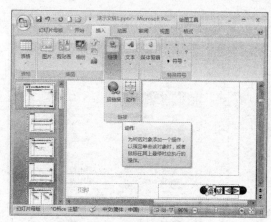

图 10-62 设置控制按钮动作

在弹出的"动作设置"对话框中选择相应的动作项,如图10-63所示。

Step 13 可以根据需要,继续设置和编辑第一张和其他幻灯片母版的模板样式。

Step 14 选择"幻灯片母版"选项卡,在"关闭"栏中单击"关闭母版视图"按钮,回到普通视图后,单击"新建幻灯片"按钮右下角的"更多"按钮,在弹出的下拉列表框中将显示用母版设计后的幻灯片样式,完成效果如图10-64所示。

图 10-63 动作设置

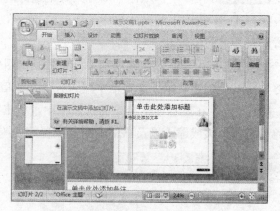

图 10-64 编辑好母版后新建幻灯片

10.5 演示文稿动画设计

演示文稿与其他文件最大的不同就是可以设置动画,下面进行具体介绍。

10.5.1 幻灯片的切换

幻灯片切换效果是指一张幻灯片如何从屏幕上消失,以及另一张幻灯片如何显示在屏幕上的方式。幻灯片切换方式可以是简单地以一个幻灯片代替另一个幻灯片,也可以使幻灯片以特殊的效果出现在屏幕上。可以为一组幻灯片设置同一种切换方式,也可以为每张幻灯片设置不同的切换方式。各种切换方式如图10-65所示。

图 10-65 幻灯片的切换

10.5.2　幻灯片的动画

在PowerPoint 2007中，除了幻灯片切换动画外，还包括自定义动画。所谓自定义动画，是指为幻灯片内部各个对象设置的动画，它又可以分为项目动画和对象动画。其中项目动画是指为文本中的段落设置的动画，对象动画是指为幻灯片中的图形、表格、SmartArt图形等设置的动画。

1."进入"动画

"进入"动画可以设置文本或其他对象以多种动画效果进入放映屏幕。在添加动画效果之前需要选中对象，在"动画"选项卡"动画"功能组中单击"自定义动画"按钮，在弹出的"自定义动画"任务窗格中单击"添加效果"按钮，在下拉菜单中选择"进入"项的各种动画，可添加"进入"动画效果。选择"其他效果"命令可打开"添加进入效果"对话框，添加更多动画效果，如图10-66所示。对于占位符或文本框来说，选中占位符、文本框，以及进入其文本编辑状态时，都可以为它们添加动画效果。

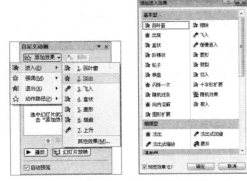

图 10-66 "进入"动画效果设置

2."强调"动画

"强调"动画是为了突出幻灯片中的某部分内容而设置的特殊动画效果。添加强调动画的过程和添加进入效果大体相同，选择对象后，在"自定义动画"任务窗格中单击"添加效果"按钮，选择"强调"菜单中的命令，即可为幻灯片中的对象添加"强调"动画效果。用户同样可以选择"其他效果"命令，打开"添加强调效果"对话框，添加更多"强调"动画效果，如图10-67所示。

图 10-67 "强调"动画效果设置

3."退出"动画

除了可以给幻灯片中的对象添加"进入"、"强调"动画效果外，还可以添加"退出"动画。"退出"动画可以设置幻灯片中的对象退出屏幕的效果，如图10-68所示。添加"退出"动画的过程和添加"进入"、"强调"动画效果大体相同。

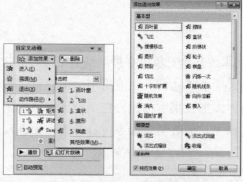

图 10-68 "退出"动画效果设置

4."动作路径"动画

"动作路径"动画又称为路径动画，可以指定文本等对象沿预定的路径运动。PowerPoint 2007中的动作路径动画不仅提供了大量预设路径效果，还可以由用户自定义路径动画，如图10-69所示。

图 10-69 "动作路径"动画效果设置

10.5.3 其他动画项的设置

除了以上的幻灯片切换及自定义等动画项设置外，还可以设置切换声音、切换速度以及换片方式等项目，可根据需要设置相应的项目，如图10-70所示。

图 10-70 其他动画项的设置

10.6 演示文稿的放映设置

PowerPoint 2007提供了多种放映和控制幻灯片的方法，如正常放映、计时放映、录音放映、跳转放映等。用户可以选择最为理想的放映速度与放映方式，使幻灯片放映结构清晰、节奏明快、过程流畅。另外，在放映时还可以利用绘图笔在屏幕上随时进行标注或强调，使重点更为突出。下面就创建交互式演示文稿以及幻灯片放映方式的设置等做一下介绍。

10.6.1 幻灯片链接

在PowerPoint 2007中，用户可以为幻灯片中的文本、图形、图片等对象添加超链接或者动作。当放映幻灯片时，可以在添加了动作的按钮或者超链接的文本上单击，则可跳转到指定的幻灯片页面，或者执行指定的程序。演示文稿不再是从头到尾播放的线形模式，而是具有了一定的交互性，能够按照预先设定的方式，在适当的时候放映需要的内容，或做出相应的反应。

1. 超链接设置

超链接是指向特定位置或文件的一种连接方式，可以利用它指定程序的跳转位置。超链接只有在幻灯片放映时才有效。在PowerPoint 2007中，超链接可以跳转到当前演示文稿中的特定幻灯片、其他演示文稿中特定的幻灯片、自定义放映、电子邮件地址、文件或Web页上。

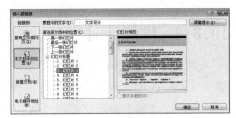

图 10-71 超链接设置

选择要添加超链接的文本，单击"插入"选项卡中"链接"功能组内的"超链接"命令，则可打开"插入超链接"对话框，如图10-71所示，根据需要进行相应的设置。

2. 动作设置

动作按钮是PowerPoint 2007中预先设置好的一组带有特定动作的图形按钮，这些按钮被预先设置为指向前一张、后一张、第一张、最后一张幻灯片、播放声音及播放电影等链接，应用这些预置好的按钮，可以实现在放映幻灯片时跳转的目的。

在实际的幻灯片制作过程中，也可以给文本、图片或其他图形等对象添加动作，以及对已设置好的动作进行修改，具体操作方法与超链接设置相似，如图10-72所示。

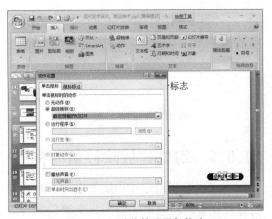

图 10-72 动作的设置与修改

3. 隐藏幻灯片

如果通过添加超链接或动作按钮将演示文稿的结构设置得较为复杂时，并希望在正常的放映中不显示这些幻灯片，只有单击指向它们的链接时才会被显示，就可以使用到幻灯片的隐藏功能。

在普通视图模式下，右击"幻灯片"任务窗格中的幻灯片缩略图，在弹出的快捷菜单中选择"隐藏幻灯片"命令，或者在"幻灯片放映"选项卡中单击"隐藏幻灯片"按钮即可隐藏幻灯片。被隐藏的幻灯片编号上将显示一个带有斜线的灰色小方框，该张幻灯片在正常放映时不会被显示，只有当用户单击了指向它的超链接或动作按钮后才会放映该幻灯片，如图10-73所示。

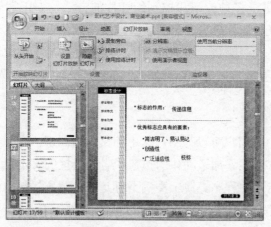

图 10-73　隐藏幻灯片

10.6.2　排练计时

当完成演示文稿内容制作之后，可以运用PowerPoint 2007的"排练计时"功能来排练整个演示文稿放映的时间。在"排练计时"的过程中，演讲者可以确切了解每一页幻灯片需要讲解的时间，以及整个演示文稿的总放映时间，如图10-74所示。

当结束放映完成排练时，会弹出提示框，如图10-75所示，可根据需要选择"是"或"否"。

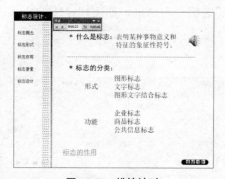

图 10-74　排练计时

图 10-75　结束放映完成排练计时

10.6.3　幻灯片放映停留时间

用户在设置幻灯片切换效果时，可以设置每张幻灯片在放映时停留的时间，当等待到设定的时间后，幻灯片将自动往后继续放映。

在"动画"选项卡中，为当前选定的幻灯片设置自动切换时间后，再单击"全部应用"按钮，为演示文稿中的每张幻灯片设定相同的切换时间，这样就实现了幻灯片的连续自动放映，如图10-76所示。

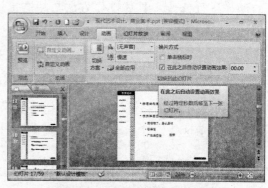

图 10-76　幻灯片放映停留时间设置

需要注意的是，由于每张幻灯片的内容不同，放映的时间可能不同，所以设置连续放映的最常见方法是通过"排练计时"功能完成。用户也可以根据每张幻灯片的内容不同，为每张幻灯片单独设定放映时间。

10.6.4　设置放映方式

PowerPoint 2007中的放映方式有循环放映和自定义放映两种。

1. 循环放映

用户可将制作好的演示文稿设置为循环放映，应用于如展览会场的展台等场合，让演示文稿自动运行并循环播放。

单击"幻灯片放映"选项卡中"设置"功能组内的"设置幻灯片放映"命令，弹出"设置放映方式"对话框，如图10-77所示，在"放映选项"选项区域中选中"循环放映，按Esc键终止"复选框，则在播放完最后一张幻灯片后，会自动跳转到第1张幻灯片，而不是结束放映，直到用户按Esc键时才退出放映状态。

也可以在"放映类型"选项区域中直接选择"在展台浏览（全屏幕）"选项，这样会自动打开循环放映选项。

图 10-77　设置放映方式

2. 自定义放映

用户可以自定义演示文稿放映的张数，使一个演示文稿适用于多种观众，即可以将一个演示文稿中的多张幻灯片进行分组，以便给特定的观众放映演示文稿中的特定部分。用户可以用超链接分别指向演示文稿中的各个自定义放映部分，也可以在放映整个演示文稿时只放映其中的某个自定义放映部分。

单击"幻灯片放映"选项卡中"开始放映幻灯片"功能组内的"自定义幻灯片放映"列表菜单，选取其中的"自定义放映"命令，如图10-78所示。

在弹出"自定义放映"对话框中，可以点击"新建"按钮来定义自定义放映，也可以对已经定义好的自定义放映进行编辑、删除等操作，如图10-79所示。

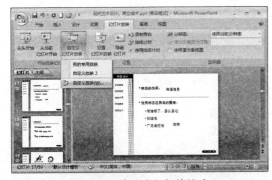

图 10-78　自定义幻灯片放映

图 10-79　定义自定义放映

10.6.5　绘图笔在放映时的应用

幻灯片放映时，用户可以使用绘图笔在幻灯片中绘制重点，书写文字等。绘图笔的作用类似于板书笔，常用于强调或添加注释。在PowerPoint 2007中，用户可以选择绘图笔的形状和颜色，也可以随时擦除绘制的笔迹。

打开演示文稿，选择要放映的幻灯片后，单击"幻灯片放映"选项卡"开始放映幻灯片"功能组中的"从当前幻灯片开始"按钮，开始全屏放映，右击幻灯片弹出快捷菜单，选择"指针选项/荧光笔"命令，可进一步选择"墨迹颜色"，这样就可以为幻灯片内容做标记了。可以切换"指针选项"为"毛毡笔"等，对不合适的标记墨迹可以随时用"橡皮擦"工具擦除，如图10-80所示。

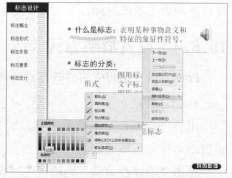

图 10-80　用绘图笔为放映幻灯片内容做标记

10.7　演示文稿的保存、输出与发布

PowerPoint 2007提供了多种保存、输出演示文稿的方法，用户可以将制作出来的演示文稿输出为多种形式，以满足在不同环境下的需要。下面就介绍一下演示文稿的保存与打包、打印输出演示文稿，以及将演示文稿保存输出为Web格式及常用图形格式等的方法。

10.7.1　保存与输出演示文稿

保存与输出演示文稿的方法如下。

1. 保存演示文稿

单击"Office按钮"，在弹出的下拉菜单中选择"保存"命令，如果是第一次保存，则弹出"另存为"对话框，在这里可指定存储位置、文件名和保存类型。PowerPoint 2007默认的保存类型为".pptx"，你可以根据需要修改保存类型为"PowerPoint 97-2003演示文稿（.ppt）"的低版本格式，如图10-81所示。

当然也可以直接使用"另存为"子菜单下的"PowerPoint 97-2003演示文稿"命令，存储为低版本的演示文稿，如图10-82所示。

图 10-81　保存演示文稿

图 10-82　另存为低版本的演示文稿

2. 输出为其他格式

用户可以将演示文稿输出为其他形式，以满足用户多用途的需要。在PowerPoint 2003中，可以将演示文稿输出为网页、多种图片格式以及幻灯片放映等格式文件。

操作方法是，单击"Office按钮"，在下拉菜单中选择"另存为"子菜单，则可看到5项子菜单命令，如图10-83所示。单击"其他格式"命令，则可打开"另存为"对话框，在保存类型列表中可以选择所需要的格式输出。

使用PowerPoint 2007可以方便地将演示文稿输出为网页文件，再将网页文件直接可以发布到局域网或Internet上供用户浏览。在"另存为"对话框的"保存类型"列表中选择"单个文件网页"或"网页"格式，则可输出为网页格式文件，用网页的形式在浏览器中查看该演示文稿了，如图10-84所示。

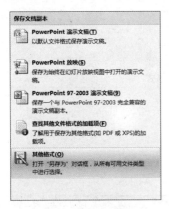

图 10-83　另存为其他格式

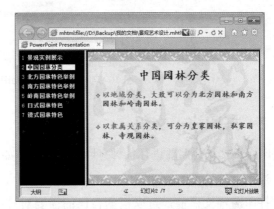

图 10-84　以网页形式在浏览器中查看演示文稿

3. 输出为图形格式的文件

PowerPoint 2007支持将演示文稿中的幻灯片输出为gif、jpg、png、tiff、bmp、wmf及emf等格式的图形文件。这有利于用户在更大范围内交换或共享演示文稿中的内容。同样在"另存为"对话框的"保存类型"列表中选择"jpeg文件交换格式"或其他图形格式（如png格式），则可输出为相应的图片格式文件，在导出时可选择输出所有幻灯片还是"仅当前幻灯片"，如图10-85所示。输出图片效果如图10-86所示。

图 10-86　查看输出的图片效果

图 10-85　选择输出所有幻灯片范围

4. 输出为"PowerPoint 放映"格式

如图10-87所示，若输出为"PowerPoint放映"格式，保存后的文件属性为始终在幻灯片放映视图中打开演示文稿，该格式的文件打开后会直接进行放映。

图 10-87　输出为"PowerPoint 放映"格式

10.7.2　打印演示文稿

打印演示文稿前需要进行各种打印设置，具体如下。

1. 演示文稿的页面设置

在打印演示文稿前，可以根据自己的需要对打印页面进行设置，使打印的形式和效果更符合实际需要。在"设计"选项卡的"页面设置"功能组中单击"页面设置"按钮，在打开的"页面设置"对话框中对幻灯片的大小、编号和方向进行设置，如图10-88所示。

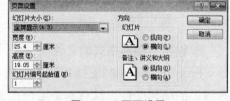

图 10-88　页面设置

在PowerPoint 2007中可以将制作好的演示文稿通过打印机打印出来。在打印时，可根据不同的目的将演示文稿打印为不同的形式，常用的打印稿形式有幻灯片、讲义、备注和大纲视图。

2. 打印预览

用户在页面设置中设置好打印的参数后，在实际打印之前，可以利用"打印预览"功能先预览一下打印的效果。预览的效果与实际打印出来的效果非常相近，可以避免重复打印，如图10-89所示。

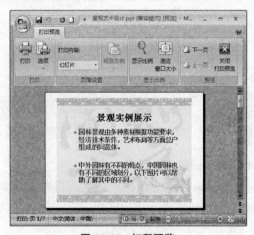

图 10-89　打印预览

3.打印

对当前的打印设置及预览效果满意后，可以连接打印机开始打印演示文稿。单击"Office
按钮"，在弹出的菜单中选择"打印"子菜单中的"打印"命令，打开"打印"对话框，如图
10-90所示，进行相应的设置后就可以开始打印了。

图 10-90　打印

10.7.3　发布为"CD 数据包"

PowerPoint 2007中提供了发布为"CD数据包"功能，可以将演示文稿打包成CD。这样即使
在其他没有安装PowerPoint 2007的电脑中也能放映该演示文稿，轻松实现演示文稿的分发或转
移到其他计算机上进行演示。

1.打包演示文稿

单击"Office按钮"，在弹出的下拉菜单中选择"发布"命令，如图10-91所示，在弹出的
子菜单中选择"CD数据包"命令。

在弹出的"打包成CD"对话框中，根据需要进行相应的设置和选择，如图10-92所示。

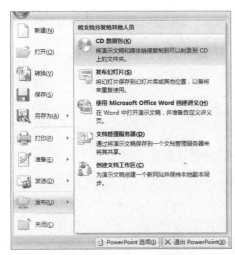

图 10-91　发布为"CD 数据包"

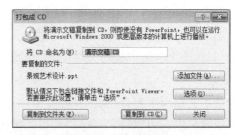

图 10-92　打包成 CD

选择"复制到CD"，可在有刻录光驱的计算机上可以方便地将制作的演示文稿及其链接的
各种媒体文件一次性打包到CD上；若选择"复制到文件夹"，则直接打包到本地磁盘的文件夹
里，如图10-93所示。

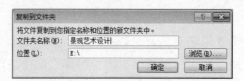

图 10-93　打包到本地文件夹

2. 放映打包后的演示文稿

将打包的演示文稿文件复制到其他电脑仍可以进行放映观看。其操作方法是打开打包后演示文稿所在的文件夹，如图10-94所示，双击文件夹中名为"PPTVIEW.EXE"的可执行文件，打开"Microsoft Office PowerPoint Viewer"对话框，打开其中的演示文稿文件，则开始自动放映该演示文稿。

图 10-94　放映打包后的演示文稿

10.8　思考与练习

1. 填空题

（1）在PowerPoint 2007中演示文稿视图有_____、_____、_____、_____4种。

（2）一般来说，幻灯片放映方式有三种，以满足用户在不同的场合使用，这三种方式包括_____、_____、_____。

2. 简答题

（1）幻灯片演示文稿的作用有哪些？

（2）怎样在幻灯片演示文稿中插入声音和视频？

3. 操作练习

（1）做一个以童年的故事为主题的演示文稿。

要求如下。

1）演示文稿至少要有10页幻灯片。

2）要求故事完整，情节细腻，字数不少于200字。

3）要求有背景音乐，有至少5幅画面，有必要的超链接，有使用艺术字。

（2）制作一个名为"我的大学生活"的幻灯片演示文稿。

要求如下。

1）演示文稿至少要有15页幻灯片。

2）主题突出、内容明了、形象直观、思想健康。

3）幻灯片中要包含有标题、文字、插图、背景、艺术字、超链接等内容。

第十一章　多媒体技术

11.1　多媒体技术概述

多媒体技术目前在计算机中的应用越来越多，也渐渐成为计算机不可或缺的技术之一。

多媒体（Multimedia）指多种方法、多种形态传输（传播）信息介质、载体的表现形式以及存储、显示和传递方式。多媒体就是多种媒体的综合。

而多媒体技术是指计算机综合处理文本、图形、图像、音频与视频等多种媒体信息，使多种信息建立逻辑连接，集成为一个系统并且具有交互性的技术。

多媒体技术的特性主要包括信息载体的多样化、多媒体的集成性和交互性三个方面，这是多媒体的主要特征。此外还有非循序性、非纸张输出等。

（1）信息载体的多样化

信息载体的多样化是相对于计算机而言的，指的就是信息媒体的多样化。把计算机所能处理的信息空间范围扩展和放大，而不再局限于数值、文本或特定的图形或图像。

（2）多媒体的集成性

早期多媒体中的各项技术都可单一使用，但很难有大的作为，因为它们是单一、零散的。多媒体的集成性主要表现在两个方面，即多媒体信息媒体的集成和处理这些媒体的设备的集成。

（3）多媒体的交互性

多媒体的交互性使得向用户提供更加有效的控制和使用信息的手段成为可能，同时也为多媒体应用开辟了更加广阔的领域。

从这三个方面就可判断什么是多媒体。如电视等设备不具备交互性所以不是多媒体。

11.2　多媒体计算机

多媒体计算机"Multimedia Computer"是指能够对声音、图像、视频等多媒体信息进行综合处理的计算机。

11.2.1　多媒体计算机的概念

多媒体计算机一般指多媒体个人计算机（MPC），1985年出现了第一台多媒体计算机，其主要功能是把音频视频、图形图像和计算机交互式控制结合起来，进行综合的处理。

多媒体计算机一般由4个部分构成：多媒体硬件平台（包括计算机硬件、声像等多种媒体的输入输出设备和装置）、多媒体操作系统（MPCOS）、图形用户接口（GUI）和支持多媒体数据开发的应用工具软件。随着多媒体计算机应用越来越广泛，其在办公自动化领域、计算机辅助工作、多媒体开发和教育宣传等领域都发挥了重要作用。

11.2.2　多媒体计算机系统结构

计算机系统由硬件系统和软件系统两部分组成。

硬件系统：机器的物理系统，是看得到、摸得着的物理器件，它包括计算机主机及其外围设备，主要由中央处理器、主存储器、输入/输出设备等组成。

软件系统：管理计算机软件系统和硬件系统资源、控制计算机运行的程序、命令、指令、数据等，广义地说，软件系统还包括电子的和非电子的有关说明资料，如说明书、用户指南、操作手册等文档。

硬件是物质基础，是软件的载体，两者相辅相成，缺一不可。我们平时在谈到"计算机"一词时，都是指含有硬件和软件的计算机系统。

多媒体个人计算机（MultimediaPC）是在现有PC机的基础上加上一些硬件板卡及相应软件，使其具有综合处理声、文、图信息的功能。

交互式多媒体计算机协会IMA（Interactive Multimedia Association）由多媒体产业供应商和最终用户组成。主要支持者是微软、Tandy、NEC等公司。该协会制定了MPC平台标准，主要解决了以下两个问题。

1.应用软件和工具软件在各种软、硬件平台上的兼容性。

2.数据交换的兼容性。

多媒体个人计算机（MPC）包括5个层次的结构。

第一层：多媒体计算机硬件系统。其主要任务是能够实时地综合处理文、图、声、像信息，实现全动态视像和立体声的处理。还需对多媒体信息进行实时的压缩与解压缩。

第二层：多媒体的软件系统。主要包括多媒体操作系统、多媒体通信软件等部分。操作系统具有实时任务调度、多媒体数据转换和同步控制、对多媒体设备的驱动和控制以及图形用户界面管理等功能。为支持计算机对文字、音频、视频等多媒体信息的处理，解决多媒体信息的时间同步问题，提供了多任务的环境。

第三层：多媒体API（应用程序接口）。该层是为上一层提供软件接口，以便在高层软件调用系统功能，并能在应用程序中控制多媒体硬件设备，便于程序员开发多媒体应用系统。

第四层：多媒体创作工具及软件。在多媒体操作系统的支持下，利用图形和图像编辑软件、视频处理软件、音频处理软件等，编辑与制作多媒体节目素材，并在多媒体著作工具软件中集成。多媒体著作工具的设计目标是缩短多媒体应用软件的制作开发周期，降低对制作人员技术方面的要求。

第五层：多媒体应用系统。该层直接面向用户，是为满足用户的各种需求服务的。应用系统要求有较强的多媒体交互功能、良好的人机界面，如图11-1所示。

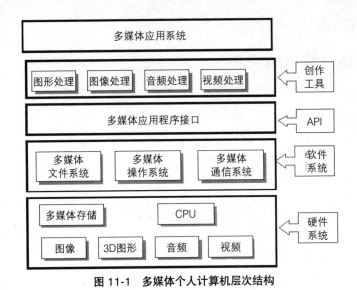

图 11-1　多媒体个人计算机层次结构

一个功能完善的多媒体计算机硬件系统应有如图11-2所示的结构。

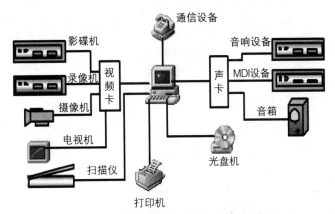

图 11-2　完善的多媒体计算机硬件系统结构

（1）大容量的存储设备。各种数字化的媒体信息其数据量通常都很大，尤其是高质量的图像、声音和视频数据。所以大容量的存储设备是多媒体计算机的必备部件。

（2）声卡。声卡（Sound Card）也叫音频卡：声卡是多媒体技术中最基本的组成部分，是实现声波／数字信号相互转换的一种硬件。声卡的基本功能是把来自话筒、磁带、光盘的原始声音信号加以转换，输出到耳机、扬声器、扩音机、录音机等声响设备，或通过音乐设备数字接口（MIDI）使乐器发出美妙的声音。现在的主板上几乎都有集成声卡，声卡已经成为多媒体计算机的基本配置。

（3）视频卡。视频卡又称视频采集卡，它是将模拟摄像机、录像机、LD视盘机、电视机输出的视频信号等视频数据或者视频与音频的混合数据输入电脑，并转换成电脑可辨别的数字数据，存储在电脑中，成为可编辑处理的视频数据文件。简单地说，就是实现对语音、图像的采集、压缩和重放。

（4）扫描仪。扫描仪是常用的图形、图像、文本信息的输入设备。

（5）数码相机与数码摄像机。数码相机、数码摄像机和某些手机是获取电子图像、动态影像等信息最直接的途径。数码相机与数码摄像机都可以通过USB接口与计算机相连，并将存储的数字信息直接传送到计算机中。

11.2.3 多媒体计算机的应用

多媒体计算机的应用如下。

1. 多媒体电子出版物的创作

多媒体电子出版物包括电子图书、电子期刊、电子新闻报纸、电子手册与说明、电子公文或文献、电子图画、广告和电子声像制品等。

2. 视频会议系统

视频会议系统主要包括点对点的视频会议系统和多点视频会议系统。点对点的视频会议系统如可视电话、台式机-台式机视频会议和会议室-会议室视频会议。多点视频会议系统允许三个或三个以上不同地点的参加者同时参与会议。多点视频会议系统一个关键技术是多点控制问题，多点控制单元（MCU）在通讯网络上控制各个点的视频、音频、通用数据和控制信号的流向，使与会者可以接收到相应的视频、音频等信息，维持会议正常进行。

3. 多媒体数据库

人们对文本透彻理解、广泛应用已有很长一段时间了，而多媒体存储是较新的议题。多媒体存储有一些新的需要考虑的问题：巨大的存储空间、大型对象、多个相关对象、对检索时间的要求等。

4. 基于内容检索系统的设计与实现

随着多媒体技术的迅速普及，Web上将大量出现多媒体信息，例如，在医疗、安全、商业等领域中每天都不断产生大量的图像信息。这些信息的有效组织管理和检索都依赖于对图像内容的检索。

11.3 多媒体信息的获取与处理

多媒体信息的获取与处理即音频信息、视频信号和图像信息的获取与处理。

11.3.1 音频信息的获取与处理

声音是多媒体信息的一个重要组成部分，也是表达思想和情感的一种必不可少的媒体。无论其应用目的是什么，声音的合理使用可以使多媒体应用系统变得更加丰富多彩。在多媒体系统中，音频可被输入或输出。输入的可以是自然语言或语音命令，输出的可以是语音或音乐，这些都会涉及到音频处理技术。

1. 音频信号的形式

在日常生活中，音频（Audio）信号可分为两类：语音信号和非语音信号。语音是语言的物质载体，是社会交际工具的符号，它包含了丰富的语言内涵，是人类进行信息交流所特有的形式。非语音信号主要包括音乐和自然界存在的其他声音形式。非语音信号的特点是不具有复杂的语义和语法信息，信息量低、识别简单。我们之所以能听到日常生活中的各种声音信息，其实就是不同频率的声波通过空气产生震动，刺激人耳的结果。在物理上，声音可用一条连续的曲线来表示。这条连续的曲线无论多复杂，都可分解成一系列正弦波的线性叠加。规则音频是一种连续变化的模拟信号，可用一条连续的曲线来表示，称为声波。因声波是在时间和幅度上都连续变化的量，我们称之为模拟量。

用声音录制软件记录的英文单词Hello的语音实际波形如图11-3所示。

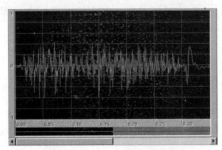

图 11-3　Hello 语音实际波形

2. 模拟音频信号的物理特征

模拟音频信号有两个重要参数：频率和幅度。声音的频率体现音调的高低，声波幅度的大小体现声音的强弱。一个声源每秒钟可产生成百上千个波，我们把每秒钟波峰所发生的数目称为信号的频率，单位用赫兹（Hz）或千赫兹（kHz）表示。例如一个声波信号在一秒钟内有5000个波峰，则可将它的频率表示为5000Hz或5kHz。人们在日常说话时的语音信号频率范围在300Hz~3000Hz之间。频率小于20Hz的信号称为亚音（Subsonic）；频率范围为20Hz~20kHz的信号称为音频（Audio），高于20kHz的信号称为超音频（Ultrasonic）。

与频率相关的另一个参数是信号的周期。它是指信号在两个峰点或谷底之间的相对时间。周期和频率之间的关系是互为倒数。信号的幅度是从信号的基线到当前波峰的距离。幅度决定了信号音量的强弱程度。幅度越大，声音越强。对音频信号，声音的强度用分贝（dB）表示，分贝的幅度就是音量。

3. 声音的 A/D 与 D/A 转换

模拟信号很容易受到电子干扰，因此随着技术的发展，声音信号就逐渐过渡到了数字存储阶段，A/D转换和D/A转换技术便应运而生。这里，A代表Analog（类比、模拟），D代表Digital（数字、数码），A/D转换就是把模拟信号转换成数字信号的过程，模拟电信号变为了由0和1组成的位信号。这样做的好处是显而易见的，声音存储质量得到了加强，数字化的声音信息使计算机能够进行识别、处理和压缩，这也就是为什么如今磁带逐渐被淘汰，CD唱片却趋于流行的原因。A/D转换的一个关键步骤是声音的采样和量化，得到数字音频信号，它在时间上是不连续的离散信号。借助于A/D或D/A转换器，模拟信号和数字信号可以互相转换。

4. 声音质量的评价

我们经常会对某一位歌手的歌声发表意见，并与其他歌手进行比较，这其实是在对声音的质量进行评价。声音质量的评价是一个很困难的问题，也是一个值得研究的课题。目前来看，声音质量的度量有两种基本方法，一种是客观质量度量，另一种是主观质量的度量。

声音的客观质量度量方法即是声波的测量与分析。传统的方法是先用机电换能器把声波转换为相应的电信号，然后用电子仪表放大到一定的电压级进行测量与分析。由于计算技术的发展，使许多计算和测量工作都使用了计算机或程序实现。

5. 模拟音频的数字化

如果要用计算机对音频信息进行处理，则首先要将模拟音频信号（如语音、音乐等）转变成数字信号。数字化的声音易于用计算机软件处理，现在几乎所有的专业化声音录制、编辑器都是数字方式。对模拟音频数字化过程涉及到音频的采样、量化和编码。

6. 音频信号的压缩编码

将量化后的数字声音信息直接存入计算机将会占用大量的存储空间。在多媒体系统中，一般是对数字化声音信息进行压缩和编码后再存入计算机，以减少音频的数据量。

7. 数字音频的文件格式

在多媒体技术中，存储音频信息的文件格式主要有wav文件、voc文件和mp3文件等。

（1）wav文件

wav文件又称波形文件，是微软公司的音频文件格式。自从Windows视窗操作系统面世以来，微软就将wav文件作为其标准格式的文件使用。用于保存Windows平台的音频信息资源，被Windows平台及其应用程序所广泛支持。wav文件来源于对声音模拟波形的采样，并以不同的量化位数把这些采样点的值转换成二进制数，然后存入磁盘，这就产生了波形文件。

（2）voc文件：voc文件是Creative公司所使用的标准音频文件格式，也是声霸卡（Sound Blaster）所使用的音频文件格式。voice文件是 Creative Labs（创新公司）开发的声音文件格式，多用于保存 Creative Sound Blaster（创新声霸）系列声卡所采集的声音数据，被Windows平台和DOS平台所支持，支持CCITT A Law和CCITT μ Law等压缩算法。

与wav格式类似，voc文件由文件头块和音频数据块组成。文件头包含一个标识、版本号和一个指向数据块起始地址的指针，这个指针帮助数据块定位以便顺利找到第一个数据块。数据块分成各种类型的子块，如声音数据、静音、标记、ASCII码文件、重复、重复的结束及终止标记等。

（3）MPEG音频文件——.mp1/.mp2/.mp3

这里的音频文件格式指的是MPEG标准中的音频部分，即MPEG音频层（MPEG Audio Layer）。MPEG音频文件的压缩是一种有损压缩，根据压缩质量和编码复杂程度的不同可分为三层（MPEG Audio Layer 1/2/3），分别对应mp1、mp2和mp3这三种声音文件。

MPEG音频编码具有很高的压缩率，MP1和MP2的压缩率分别为4:1和6:1~8:1，而mp3的压缩率则高达10:1~12:1，也就是说一分钟CD音质的音乐，未经压缩需要10MB存储空间，而经过mp3压缩编码后只有1MB左右，同时其音质基本保持不失真。

mp3的流行得益于Internet的推波助澜，它用网络代替了传统唱片的传播途径，扩大了数字音乐的流传范围，加速了数字音乐的传播速度，mp3凭借其优美的音质和高压缩比而成为最为流行的音乐格式。mp3是Internet上流行的音乐格式。

（1）数字音频处理器（DSP）、FM合成器以及MIDI控制器。其任务是完成声波信号的模/数（A/D）、数/模（D/A）转换，调频技术控制声音的音调、音色和幅度，FM音乐合成器具有多种复音操作的功能。DSP可完成8位或16位单声道/立体声数字声音的记录和播放；完成4:1、3:1和2:1的ADPCM压缩/解压缩，控制取样频率，翻译与声卡兼容的MIDI指令，提供扬声器控制，控制各种直接存取DMA方式。

（2）混合信号处理器。内置数字/模拟混音器、混音器的声源可以是MIDI信号、CD音频、话筒和PC的扬声器等，可以选择不同音源进行混合录音。

（3）功率放大器。使输出的音频信号有足够的输出功率。

（4）计算机总线接口和控制器。ISA总线和PCI总线，总线接口和控制器由数据总线双向驱动器、总线接口控制逻辑、总线中断逻辑及DMA逻辑组成。总线接口负责为总线和声卡各部分提供握手信号和数据传输。

声卡的工作原理是将模拟音频进行模数转换送入计算机，进行处理后再经过数模转换，输出加工后合成音频。

11.3.2 视频信号的显示和获取

视频信号的显示和获取方式如下。

1. 视频信号显示

多媒体计算机处理图像和视频时，首先把连续的图像函数f（x,y）进行空间和幅值的离散化处理，空间连续坐标（x,y）的离散化叫作采样；f（x,y）颜色的离散化叫作量化。两种离散化结合在一起，叫作数字化，离散化的结果称为数字图像。

量化是对每个离散点——像素的灰度或颜色样本进行数字处理化处理。就是在样本幅值动态范围内进行分层、取整、以正整数表示。例如一幅黑白灰度图像，在计算机中灰度级以2的幂次方表示，即2^m，m=8,7,6…3,2,1，对应的灰度级为256,128,64,…2，二级灰度构成黑白图像。通常由A/D变换设备产生多级灰度。以保证有足够的灰度层次。

2. 视频信息获取

计算机常用的图像有图形、静态图像和动态图像（也称视频）三种，获取的方法有以下4种。

（1）计算机产生彩色图形、静态图像和动态图像。

（2）用彩色扫描仪扫描输入彩色图形和动态图形。

（3）将视频信号数字化后，输入到计算机中，可获得静态或动态图像。

（4）用数码相机或数码摄像机直接获取。

3. 常用视频采集卡

视频卡是多媒体计算机获得图像处理功能的适配卡，它的接口功能分为视频采集、数据压缩、解压缩、视频输出和电视接收。

视频卡分为视频叠加卡（Video overlay card）、视频捕捉卡（Video capture card）、电视解码卡（PC-TV）、MPEG解压卡和TV Turner卡。

视频叠加卡将标准视频信号与VGA信号叠加，将之显示在计算机的显示器上；视频捕捉卡的功能是实现模拟信号的数字化，它实现视频单画面和动态画面的连续捕捉，并以AVI的格式存储；PC-TV将显示器的VGA信号转换成视频信号，从而可从电视上观看显示器的画面，或通过录像机转录到录像带上；MPEG解压卡是针对数据压缩标准JPEG、MPEG而设计开发的，具有很强的压缩与解压缩功能，集成多种算法于多媒体专用芯片中。

11.3.3　图像信息的获取与处理

图像信息的获取与处理方法如下。

1. 图像的采集

图像数据的获取方法主要有以下几种。

（1）使用扫描仪扫入图像。

（2）使用数字相机拍摄图像。

（3）使用摄像机捕捉图像。

（4）利用绘图软件创建图像以及通过计算机程序生成图像。

（5）购买图像光盘。

2. 图像的类型

图像的类型有以下两种。

（1）点阵图

点阵图又称位图，是对视觉信号在空间和亮度上做数字化处理后获得的数字图像。点阵图由若干个像素组成，把描述图像中各个像素点的亮度和颜色的数位值对应一个矩阵进行存储，这些矩阵值映射成图像。点阵图可以装入内存直接显示。

（2）矢量图

矢量图不用大量的单个点来建立图像，而是用一个指令集合来描述图像。

3. 图像的存储格式

对于图像文件，当前比较流行的图像格式有bmp、gif、jpeg、tiff、psd、pcx、png及wmf、eps、ai等。gif格式能储存成背景透明化的形式，且可将数张图存成一个文件，形成动画效果。wmf是以矢量格式存放的文件，是Windows系统下与设备无关的最好格式。eps格式支持多个平台，是许多高级绘图软件都有的一种矢量文件格式，如 CorelDRAW、Freehand、Illustrator等软件。

11.4　思考与练习

简答题

（1）什么是多媒体技术？

（2）什么是多媒体计算机，有哪些应用？

（3）常见多媒体播放工具有哪些？

第十二章 常用工具软件

12.1 系统备份与恢复工具"一键 GHOST"

目前最常用的系统备份与恢复工具就是一键GHOST。

12.1.1 软件及其功能介绍

一键GHOST是"DOS之家"首创的4种版本（硬盘版/光盘版/优盘版/软盘版）同步发布的启动盘（官方网址：http://doshome.com/soft/），适应各种用户需要，既可独立使用，又能相互配合。主要功能包括：一键备份系统、一键恢复系统以及DOS工具箱等。

一键GHOST是高智能的软件，只需按一个键，就能实现全自动无人值守操作，轻松完成系统的备份与恢复。

12.1.2 主要特点

（1）硬盘版特别适于无光驱/无USB接口/无人值守的台式机/笔记本/服务器等使用。

（2）支持VISTA / Windows等新系统以及GRUB4DOS菜单的DOS/Windows全系列多系统。

（3）安装快速，只需1~2分钟；卸载彻底，不留垃圾文件，安全绿色无公害。

（4）多种启动方案任由用户选择。

（5）一键备份系统的映像在FAT格式系统下深度隐藏，在NTFS格式系统下能有效防止误删除或病毒恶意删除。

（6）GHOST运行之前会自动删除auto类病毒引导文件，避免返回系统后被病毒二次感染。

（7）界面友好，全中文操作，无需英语和计算机专业知识。

（8）进行危险操作之前会进行提示使用放心。

（9）密码设置功能可以避免在多人共用一台计算机的情况下被非法用户侵入。

（10）多种引导模式，可兼容各种型号计算机，让特殊机型也能正常启动该软件。

12.1.3 一键 GHOST 硬盘版的安装与运行

一键GHOST硬盘版的安装与运行方法如下。

1. 安装

安装步骤如下。

Step 01 确认计算机的第一硬盘是IDE或SATA硬盘。如果是SATA串口硬盘，一般不需要设置BIOS，如果不能运行GHOST，请将BIOS设置成Compatible（兼容模式）和IDE（ATA模式），具体设置请参看计算机自带"主板说明书"关于BIOS或CMOS设置的章节。

Step 02 双击"一键GHOST硬盘版.exe"开始安装，如图12-1所示。

Step 03 在安装过程中只要单击"下一步"按钮,直到最后单击"完成"即可,如图12-2所示。

图 12-1　安装一键 GHOST 硬盘版

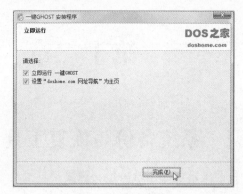

图 12-2　完成安装

2. 运行

一键GHOST的运行方法如下。

（1）Windows下的运行方法

安装后勾选"立即运行"复选框或单击"开始"按钮，执行"所有程序>一键GHOST>一键GHOST"命令。根据不同情况（C盘映像是否存在）会自动定位到不同的选项。

不存在映像，则自动定位到"备份"选项，如图12-3所示。

存在映像，则自动定位到"恢复"选项，如图12-4所示。

图 12-3　不存在备份映像情况

图 12-4　存在备份映像情况

（2）开机界面运行方法

在开机界面运行一键GHOST有两种方法。

1）在Windows启动菜单中运行，如图12-5所示（左：Win2000/XP/2003，右：Vista/Windows 7）。

2）在GRUB4DOS菜单中运行，如图12-6所示。

图 12-5　一键 GHOST 的 Windows 启动菜单

图 12-6　一键 GHOST 的 GRUB4DOS 启动菜单

根据不同情况（C盘映像是否存在）会自动弹出不同的警告窗口。

不存在映像，则出现"备份"窗口，如图12-7所示。

存在映像，则出现"恢复"窗口，如图12-8所示。

图 12-7　不存在 GHO 时出现的"备份"窗口

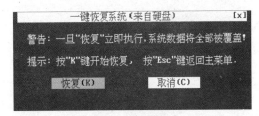

图 12-8　存在 GHO 时出现的"恢复"窗口

12.2　下载工具"迅雷"

国内比较知名的下载软件主要有：迅雷（Thunder）、网际快车（Flashget）、电驴（emule）等几种，下面主要介绍迅雷的安装与使用方法。

12.2.1　迅雷的安装

迅雷的安装步骤如下。

Step 01　从迅雷官网下载最新版本的迅雷，双击运行迅雷7如图12-9所示。

Step 02　阅读"软件许可协议"，选择"接受"继续安装。根据自己的需要，设置迅雷7的安装选项，单击"下一步"按钮将开始安装，如图12-10所示。

图 12-9　迅雷 7 安装包

图 12-10　设置迅雷安装选项

Step 03　安装过程结束后，可能会提示安装迅雷中捆绑的第三方程序，可根据自己的需要选择安装，然后单击"下一步"按钮继续。

Step 04　安装完成后，用户可根据需要选择安装结束后是否立即启动迅雷7，或是设置迅雷看看为浏览器首页，如图12-11所示。

Step 05　启动迅雷后，弹出其主窗口界面，如图12-12所示。

图 12-11　完成安装

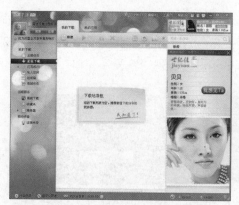

图 12-12　迅雷 7 程序窗口界面

12.2.2　使用迅雷下载

使用迅雷下载的方法如下。

1. 直接单击下载资源链接

单击要下载的资源链接后会自动启动迅雷来下载相应的资源，如图12-13所示，前提是已设置迅雷为系统的默认下载工具。

图 12-13　自动启动迅雷下载资源

2. 右键单击资源链接

在下载链接上，单击鼠标右键，在弹出的快捷菜单中选择"使用迅雷下载"，如图12-14所示，可下载单个链接文件或者该页面内全部链接文件。

图 12-14　迅雷下载右键菜单

12.3　数据恢复软件"EasyRecovery"

目前常用的数据恢复软件有EasyRecovery、Finaldata和超级硬盘数据恢复软件等多款软件，可根据不同的情形选择适合自己的一款恢复软件，下面主要介绍EasyRecovery的安装与使用。

12.3.1　软件简介

EasyRecovery是一款功能非常强大的数据恢复软件，可以恢复由于病毒破坏、误删除或误格式化甚至分区损坏等造成的数据丢失，使用EasyRecovery可以修复主引导扇区（MBR）、BIOS参数块（BPB）、分区表（DPT）、文件分配表（FAT）中目录及文件。

当从计算机中删除文件时，它们并未真正被删除，文件的结构信息仍然保留在硬盘上，除非新的数据将之覆盖了。能用EasyRecovery找回数据的前提就是硬盘中还保留有文件的信息和数据块。但在进行了格式化硬盘等操作后，再在对应分区内写入大量新信息时，这些需要恢复的数据就很有可能被覆盖了。这时，无论如何都找不回想要的数据了。

12.3.2　软件安装与使用

EasyRecovery的安装与使用步骤如下。

1. 安装

`Step 01` 将下载到的EasyRecovery压缩包解压后双击安装程序开始安装，如图12-15所示。

`Step 02` 安装过程非常简单，单击"下一步"按钮继续，根据提示完成安装，在最后一步单击完成界面的"完成"按钮，如图12-16所示，结束安装并启动EasyRecovery。

图 12-15　安装 EasyRecovery

图 12-16　完成安装

2. EasyRecovery 的使用

EasyRecovery Pro 6.21.04 汉化版打开后的界面如图12-17所示。

其中"磁盘诊断"模块以及所含功能如图12-18所示。

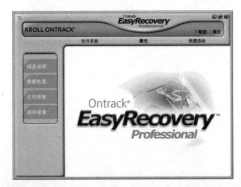

图 12-17 "EasyRecovery Pro 6.21.04 汉化版"的界面

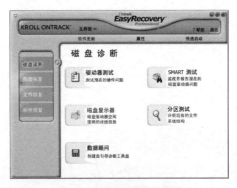

图 12-18 "磁盘诊断"模块

"数据恢复"模块及其所含功能如图12-19所示。

"文件修复"模块及其所含功能界面如图12-20所示。

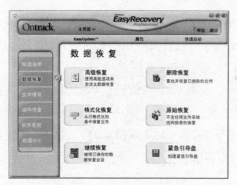

图 12-19 "数据恢复"模块

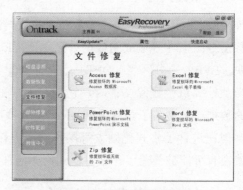

图 12-20 "文件修复"模块

3. 注意事项

不要把EasyRecovery安装在要恢复文件所在的磁盘，除了用EasyRecovery扫描此盘外不要对此盘进行其他操作，防止数据被覆盖。同时被恢复的数据必须选择一个不同于源文件的位置存放。在进行数据恢复时程序会对此进行提示，如图12-21所示。

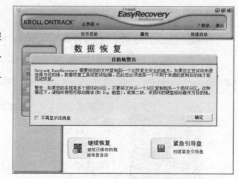

图 12-21 警告提示

12.4 思考与练习

简答题

（1）一键GHOST的主要功能是什么？

（2）常用下载工具有哪些，你所使用的是哪一款或几款？

（3）用EasyRecovery怎么找回文件？